天津市人防工程预算基价

DBD 29-601-2020

上 册

天津市住房和城乡建设委员会

天津市建筑市场服务中心 主编

中国计划出版社

图书在版编目（CIP）数据

天津市人防工程预算基价：上、下册 / 天津市建筑
市场服务中心主编. -- 北京：中国计划出版社，
2020.11
ISBN 978-7-5182-1126-5

Ⅰ. ①天… Ⅱ. ①天… Ⅲ. ①人防地下建筑物－建筑
工程－建筑预算定额－天津 Ⅳ. ①TU723.34

中国版本图书馆CIP数据核字(2020)第005140号

天津市人防工程预算基价

DBD 29-601-2020

天津市住房和城乡建设委员会

天津市建筑市场服务中心　主编

中国计划出版社出版发行

网址：www.jhpress.com

地址：北京市西城区木樨地北里甲 11 号国宏大厦 C 座 3 层

邮政编码：100038　电话：(010)63906433(发行部)

三河富华印刷包装有限公司印刷

850mm×1168mm　横 1/16　33 印张　973 千字

2020 年 11 月第 1 版　2020 年 11 月第 1 次印刷

印数 1—1000 册

ISBN 978-7-5182-1126-5

定价：　260.00 元(上、下册)

天津市住房和城乡建设委员会

津住建建市函〔2020〕30 号

市住房城乡建设委关于发布2020《天津市建设工程计价办法》
和天津市各专业工程预算基价的通知

各区住建委,各有关单位:

　　根据《天津市建筑市场管理条例》和《建设工程工程量清单计价规范》,在有关部门的配合和支持下,我委组织编制了 2020《天津市建设工程计价办法》和《天津市建筑工程预算基价》、《天津市装饰装修工程预算基价》、《天津市安装工程预算基价》、《天津市市政工程预算基价》、《天津市仿古建筑及园林工程预算基价》、《天津市房屋修缮工程预算基价》、《天津市人防工程预算基价》、《天津市给水及燃气管道工程预算基价》、《天津市地铁及隧道工程预算基价》以及与其配套的各专业工程量清单计价指引和计价软件,现予以发布,自 2020 年 4 月 1 日起施行。2016《天津市建设工程计价办法》和天津市各专业工程预算基价同时废止。

　　特此通知。

2020 年 3 月 10 日

主编部门：天津市建筑市场服务中心

主编单位：天津市人防工程定额管理站

批准部门：天津市住房和城乡建设委员会

专 家 组： 杨树海　宁培雄　兰明秀　李庆河　陈友林　袁守恒　马培祥　沈　萍　王海娜　潘　昕　程春爱　焦　进

杨连仓　周志良　张宇明　施水明　李春林　邵玉霞　柳向辉　张小红　聂　帆　徐　敏　李文同

综 合 组： 高　迎　赵　斌　袁永生　姜学立　顾雪峰　陈召忠　沙佩泉　张绪明　杨　军　邢玉军　戴全才

编制人员： 赵　斌　袁永生　姜学立　隋家强　崔文琴　闫　玮　尚　惠　李建婷

费 用 组： 邢玉军　张绪明　关　彬　于会逢　崔文琴　张依琛　许宝林　苗　旺

电 算 组： 张绪明　于　堃　张　桐　苗　旺

审　　定： 杨瑞凡　华晓蕾　翟国利　黄　斌

发　　行： 倪效聃　贾　羽

上 册 目 录

总　说　明

　　一、天津市人防工程预算基价(以下简称"本基价")是根据国家和本市有关法律、法规、标准、规范等相关依据,按正常的施工工期和生产条件,考虑常规的施工工艺、合理的施工组织设计,结合本市实际编制的。本基价是完成单位合格产品所需人工、材料、机械台班和其相应费用的基本标准,反映了社会平均水平。

　　二、本基价适用于天津市行政区域内按《人民防空工程设计规范》GB 50225-2005、《人民防空地下室设计规范》GB 50038-2005、《人民防空工程施工及验收规范》GB 50134-2004等进行设计、施工和验收的各类新建和扩建人防(含防空地下室)工程(包括工程口部单个建筑面积在200m² 以内的伪装建筑和小型附属建筑)及加固改造、防护密闭工程。

　　三、本基价是编制估算指标、概算定额和初步设计概算、施工图预算、竣工结算、招标控制价的基础,是建设项目投标报价的参考。

　　四、凡采用掘开方式(包括逆作法)构筑的工程和坑地道工程支护(被覆)结构完成后的内部工程及切口以外的建筑工程均按本基价执行。人防工程的装饰项目和安装项目执行2020年天津市相应专业预算基价。

　　五、附建(结建式)人防工程与地面建筑工程以人防工程顶板(含顶板反梁)上表面为界。

　　六、本基价各子目中的预算基价由人工费、材料费和机械费组成。基价中的工作内容为主要施工工序,次要施工工序虽未做说明,但基价中已考虑。

　　七、本基价适用于采用一般计税方法计取增值税的建筑工程,各子目中材料和机械台班的单价为不含税的基期价格。

　　八、本基价人工费的规定和说明:

　　1.人工消耗量以现行《建设工程劳动定额》《人民防空工程预算定额》《房屋建筑与装饰工程消耗量定额》为基础,结合本市实际,包括施工操作的基本用工、辅助用工、材料在施工现场超运距用工及人工幅度差。人工效率按8小时工作制考虑。

　　2.人工单价根据《中华人民共和国劳动法》的有关规定,参照编制期天津市建筑市场劳动力价格水平综合测算的。按技术含量分为三类:一类工每工日153元;二类工每工日135元;三类工每工日113元。

　　3.人工费是支付给从事建筑工程施工的生产工人和附属生产单位工人的各项费用以及生产工具用具使用费,其中包括按照国家和本市有关规定,职工个人缴纳的养老保险、失业保险、医疗保险及住房公积金。

　　九、本基价材料费的规定和说明:

　　1.材料包括主要材料、次要材料和零星材料,主要材料和次要材料为构成工程实体且能够计量的材料、成品、半成品,按品种、规格列出消耗量;零星材料为不构成工程实体且用量较小的材料,以"元"为单位列出。

　　2.材料费包括主要材料费、次要材料费和零星材料费。

　　3.材料消耗量均按合格的标准规格产品编制,包括正常施工消耗和材料从工地仓库、现场集中堆放或加工地点运至施工操作、安装地点的堆放和运输损耗及不可避免的施工操作损耗。

　　4.当设计要求采用的材料、成品或半成品的品种、规格型号与基价中不同时,可按各章规定调整。

　　5.材料价格按本基价编制期建筑市场材料价格综合取定,包括由材料供应地点运至工地仓库或施工现场堆放地点的费用和材料的采购及保管费。

材料采购及保管费包括施工单位在组织采购、供应和保管材料过程中所需各项费用和工地仓库的储存损耗。

6.工程建设中部分材料由建设单位供料,结算时退还建设单位所购材料的材料款(包括材料采购及保管费),材料单价以施工合同中约定的材料价格为准,材料数量按实际领用量确定。

7.周转材料费中的周转材料按摊销量编制,且已包括回库维修等相关费用。

8.本基价部分材料或成品、半成品的消耗量带有括号,并列于无括号材料消耗量之前,表示该材料未计价,基价总价未包括其价值,计价时应以括号中的消耗量乘以其价格,计入本基价的材料费和总价中;列于无括号材料消耗量之后,表示基价总价和材料费中已经包括了该材料的价值,括号内的材料不再计价。

9.材料消耗量带有"×"号的,"×"号前为材料消耗量,"×"号后为该材料的单价。数字后带有"()"号的,"()"号内为规格型号。

十、本基价机械费的规定和说明:

1.机械台班消耗量是按照正常的施工程序、合理的机械配置确定的。

2.机械台班单价按照《建设工程施工机械台班费用编制规则》及《天津市施工机械台班参考基价》确定。

3.凡单位价值2000元以内,使用年限在一年以内不构成固定资产的施工机械,不列入机械台班消耗量,作为工具用具在企业管理费中考虑,其消耗的燃料动力等已列入材料内。

十一、凡纳入重大风险源风险范围的分部分项工程均应按专家论证的专项方案另行计算相关费用。

十二、施工用水、电已包括在本基价材料费和机械费中,不另计算。施工现场应由建设单位安装水、电表,交施工单位保管和使用,施工单位按表计量,按相应单价计算后退还建设单位。

十三、本基价凡注明"××以内"或"××以下"者,均包括××本身,注明"××以外"或"××以上"者,均不包括××本身。

十四、本基价材料、机械和构件的规格,用数值表示而未说明单位的,其计量单位为"mm";工程量计算规则中,凡未说明计量单位的,按长度计算的以"m"为计量单位,按面积计算的以"m²"为计量单位,按体积计算的以"m³"为计量单位,按质量计算的以"t"为计量单位。

建筑面积计算规则

一、建筑物的建筑面积应按自然层外墙结构外围水平面积之和计算。结构层高在2.20m及以上的，应计算全面积；结构层高在2.20m以下的，应计算1/2面积。

二、建筑物内设有局部楼层时，对于局部楼层的二层及以上楼层，有围护结构的应按其围护结构外围水平面积计算，无围护结构的应按其结构底板水平面积计算。结构层高在2.20m及以上的，应计算全面积；结构层高在2.20m以下的，应计算1/2面积。

三、形成建筑空间的坡屋顶，结构净高在2.10m及以上的部位应计算全面积；结构净高在1.20m及以上至2.10m以下的部位应计算1/2面积；结构净高在1.20m以下的部位不应计算建筑面积。

四、场馆看台下的建筑空间，结构净高在2.10m及以上的部位应计算全面积；结构净高在1.20m及以上至2.10m以下的部位应计算1/2面积；结构净高在1.20m以下的部位不应计算建筑面积。室内单独设置的有围护设施的悬挑看台，应按看台结构底板水平投影面积计算建筑面积。有顶盖无围护结构的场馆看台应按其顶盖水平投影面积的1/2计算面积。

五、地下室、半地下室应按其结构外围水平面积计算。结构层高在2.20m及以上的，应计算全面积；结构层高在2.20m以下的，应计算1/2面积。

六、出入口外墙外侧坡道有顶盖的部位，应按其外墙结构外围水平面积的1/2计算面积。

七、建筑物架空层及坡地建筑物吊脚架空层，应按其顶板水平投影计算建筑面积。结构层高在2.20m及以上的，应计算全面积；结构层高在2.20m以下的，应计算1/2面积。

八、建筑物的门厅、大厅应按一层计算建筑面积，门厅、大厅内设置的走廊应按走廊结构底板水平投影面积计算建筑面积。结构层高在2.20m及以上的，应计算全面积；结构层高在2.20m以下的，应计算1/2面积。

九、建筑物间的架空走廊，有顶盖和围护结构的，应按其围护结构外围水平面积计算全面积；无围护结构、有围护设施的，应按其结构底板水平投影面积计算1/2面积。

十、立体书库、立体仓库、立体车库，有围护结构的，应按其围护结构外围水平面积计算建筑面积；无围护结构、有围护设施的，应按其结构底板水平投影面积计算建筑面积。无结构层的应按一层计算，有结构层的应按其结构层面积分别计算。结构层高在2.20m及以上的，应计算全面积；结构层高在2.20m以下的，应计算1/2面积。

十一、有围护结构的舞台灯光控制室，应按其围护结构外围水平面积计算。结构层高在2.20m及以上的，应计算全面积；结构层高在2.20m以下的，应计算1/2面积。

十二、附属在建筑物外墙的落地橱窗，应按其围护结构外围水平面积计算。结构层高在2.20m及以上的，应计算全面积；结构层高在2.20m以下的，应计算1/2面积。

十三、窗台与室内楼地面高差在0.45m以下且结构净高在2.10m及以上的凸（飘）窗，应按其围护结构外围水平面积计算1/2面积。

十四、有围护设施的室外走廊（挑廊），应按其结构底板水平投影面积计算1/2面积；有围护设施（或柱）的檐廊，应按其围护设施（或柱）外围水平面积计算1/2面积。

十五、门斗应按其围护结构外围水平面积计算建筑面积。结构层高在2.20m及以上的,应计算全面积;结构层高在2.20m以下的,应计算1/2面积。

十六、门廊应按其顶板水平投影面积的1/2计算建筑面积;有柱雨篷应按其结构板水平投影面积的1/2计算建筑面积;无柱雨篷的结构外边线至外墙结构外边线的宽度在2.10m及以上的,应按雨篷结构板的水平投影面积的1/2计算建筑面积。

十七、设在建筑物顶部的、有围护结构的楼梯间、水箱间、电梯机房等,结构层高在2.20m及以上的应计算全面积;结构层高在2.20m以下的,应计算1/2面积。

十八、围护结构不垂直于水平面的楼层,应按其底板面的外墙外围水平面积计算。结构净高在2.10m及以上的部位,应计算全面积;结构净高在1.20m及以上至2.10m以下的部位,应计算1/2面积;结构净高在1.20m以下的部位,不应计算建筑面积。

十九、建筑物的室内楼梯、电梯井、提物井、管道井、通风排气竖井、烟道,应并入建筑物的自然层计算建筑面积。有顶盖的采光井应按一层计算面积,结构净高在2.10m及以上的,应计算全面积,结构净高在2.10m以下的,应计算1/2面积。

二十、室外楼梯应并入所依附建筑物自然层,并应按其水平投影面积的1/2计算建筑面积。

二十一、在主体结构内的阳台,应按其结构外围水平面积计算全面积;在主体结构外的阳台,应按其结构底板水平投影面积计算1/2面积。

二十二、有顶盖无围护结构的车棚、货棚、站台、加油站、收费站等,应按其顶盖水平投影面积的1/2计算建筑面积。

二十三、以幕墙作为围护结构的建筑物,应按幕墙外边线计算建筑面积。

二十四、建筑物的外墙外保温层,应按其保温材料的水平截面积计算,并计入自然层建筑面积。

二十五、与室内相通的变形缝,应按其自然层合并在建筑物建筑面积内计算。对于高低联跨的建筑物,当高低跨内部连通时,其变形缝应计算在低跨面积内。

二十六、对于建筑物内的设备层、管道层、避难层等有结构层的楼层,结构层高在2.20m及以上的,应计算全面积;结构层高在2.20m以下的,应计算1/2面积。

二十七、下列项目不应计算建筑面积:

1.与建筑物内不相连通的建筑部件;

2.骑楼、过街楼底层的开放公共空间和建筑物通道;

3.舞台及后台悬挂幕布和布景的天桥、挑台等;

4.露台、露天游泳池、花架、屋顶的水箱及装饰性结构构件;

5.建筑物内的操作平台、上料平台、安装箱和罐体的平台;

6.勒脚、附墙柱、垛、台阶、墙面抹灰、装饰面、镶贴块料面层、装饰性幕墙,主体结构外的空调室外机搁板(箱)、构件、配件,挑出宽度在2.10m以下的无柱雨篷和顶盖高度达到或超过两个楼层的无柱雨篷;

7.窗台与室内地面高差在0.45m以下且结构净高在2.10m以下的凸(飘)窗,窗台与室内地面高差在0.45m及以上的凸(飘)窗;

8.室外爬梯、室外专用消防钢楼梯;

9.无围护结构的观光电梯;

10.建筑物以外的地下人防通道,独立的烟囱、烟道、地沟、油(水)罐、气柜、水塔、贮油(水)池、贮仓、栈桥等构筑物。

第一章 土(石)方、基础垫层工程

说　明

一、本章包括土方工程、石方工程、土方回填、逆作暗挖土方工程、基础垫层、桩头处理6节,共76条基价子目。

二、关于项目的界定:

1.挖土工程,凡槽底宽度在3m以内且符合下列两条件之一者为挖地槽:

(1)槽的长度是槽底宽度三倍以外;

(2)槽底面积在20m² 以内。

不符合上述挖地槽条件的挖土为挖土方。

2.垂直方向处理厚度在±30cm以内的就地挖、填、找平属于平整场地,处理厚度超过30cm属于挖土或填土工程。

3.湿土与淤泥(或流沙)的区分:地下静止水位以下的土层为湿土,具有流动状态的土(或砂)为淤泥(或流沙)。

4.基础垫层与混凝土基础按混凝土的厚度划分,混凝土的厚度在12cm以内者为垫层,执行垫层项目;混凝土厚度在12cm以外者为混凝土基础,执行混凝土基础项目。

5.土壤及岩石类别的鉴别方法如下表:

土壤及岩石类别鉴别表

类别	土 壤、岩 石 名 称 及 特 征	鉴 别 方 法		开 挖 方 法 及 工 具
		极 限 压 碎 强 度 (kg/cm²)	用轻钻孔机钻进1m耗时 (min)	
一般土	1.潮湿的黏性土或黄土; 2.软的盐土和碱土; 3.含有建筑材料碎料或碎石、卵石的堆土和种植土; 4.中等密实的黏性土和黄土; 5.含有碎石、卵石或建筑材料碎料的潮湿的黏性土或黄土			用尖锹并同时用镐开挖
砂砾坚土	1.坚硬的密实黏性土或黄土; 2.含有碎石、卵石(体积占10%～30%、质量在25kg以内的石块)中等密实的黏性土或黄土; 3.硬化的重壤土			全部用镐开挖,少许用撬棍开挖

土壤及岩石类别鉴别表(续表)

类别	土壤、岩石名称及特征	鉴别方法		开挖方法及工具
		极限压碎强度 (kg/cm²)	用轻钻孔机钻进1m耗时 (min)	
松石	1.含有质量在50kg以内的巨砾; 2.占体积10%以外的冰渍石; 3.矽藻岩、软白垩岩、胶结力弱的砾岩、各种不结实的片岩及石膏	<200	<3.5	部分用手凿工具,部分用爆破方法开挖
次坚石	1.凝灰岩、浮石、松软多孔和裂缝严重的石灰岩、中等硬变的片岩或泥灰岩; 2.石灰石胶结的带有卵石和沉积岩的砾石、风化的和有大裂缝的黏土质砂岩、坚实的泥板岩或泥灰岩; 3.砾质花岗岩、泥灰质石灰岩、黏土质砂岩、砂质云母片岩或硬石膏	200~800	3.5~8.5	用风镐和爆破方法开挖
普坚石	1.严重风化的软弱的花岗岩、片麻岩和正长岩、滑石化的蛇纹岩、致密的石灰岩、含有卵石、沉积岩的渣质胶结的砾岩; 2.砂岩、砂质石灰质片岩、菱镁矿、白云石、大理石、石灰胶结的致密砾石、坚固的石灰岩、砂质片岩、粗花岗岩; 3.具有风化痕迹的安山岩和玄武岩、非常坚固的石灰岩、硅质胶结的含有火成岩之卵石的砾岩、粗石岩	800~1600	8.5~22.0	用爆破方法开挖

三、土方工程:

1.人工土方。

(1)人工平整场地系指无须使用任何机械操作的场地平整工程。

(2)先打桩后采用人工挖土,并挖桩顶以下部分时,挖土深度在4m以内者,全部工程量(包括桩顶以上工程量)按相应基价项目乘以系数1.20;挖土深度在5m以内者,按相应基价项目乘以系数1.10。

2.机械土方。

(1)机械挖土深度超过5m时应按经批准的专家论证施工方案计算。

(2)机械挖土项目中已考虑了清底、洗坡等配合用工,若因土质情况影响预留厚度在0.2m以上时,该部分清底挖土按人工挖土方项目乘以系数1.65。

(3)机械挖土项目不包括卸土区所需的推土机台班,亦不包括平整道路及清除其他障碍物所需的推土机台班。

(4)小型挖土机系指斗容量≤0.3m³的挖掘机,适用于基础(含垫层)底宽1.20m以内的沟槽土方工程或底面积8m²以内的基坑土方工程。

（5）先打桩后用机械挖土，并挖桩顶以下部分时，可按下表系数调增相应费用。

系数调整表

挖 槽 深 度 （m）	人 工 工 日	机 械 费
4以内	1.00	0.35
8以内	0.50	0.18
12以内	0.33	0.12

注：表中计算基数包括桩顶以上的全部工程量。

（6）机械土方施工过程中，当遇有以下现象时，可按下表系数调增相应费用。

系数调整表

序 号	现　　　　象	人 工 工 日	机 械 费	附　　注
1	挖土机挖含水率超过25%的土方	0.15	0.15	
2	推土机推土层平均厚度小于30cm的土方	0.25	0.25	
3	铲运机铲运平均厚度小于30cm的土方	0.17	0.17	
4	小型挖土机挖槽坑内局部加深的土方	0.25	0.25	
5	挖土机在垫板上作业时	0.25	0.25	铺设垫板所用材料、人工和辅助机械按实际计算

（7）场地原土碾压项目是按碾压两遍计算的，设计要求碾压遍数不同时，可按比例换算。

四、土方回填：

1.人工回填土包括5m以内取土，机械回填土包括150m以内取土。

2.挖地槽或挖土方的回填，不分室内、室外，也不分是利用原土还是外购黄土，凡标高在设计室外地坪以下者均执行回填土基价项目，在设计室外地坪以上的室内房心还土执行素土夯实（作用在楼地面下）基价项目，位于承重结构基础以下的填土应执行素土夯实（作用在基础下）基价项目。

3.回填2∶8灰土项目适用于建筑物四周的灰土回填夯实项目，设计要求材料配比与基价不同时，可按设计要求换算。

五、逆作暗挖土方工程适用于先施工地下钢筋混凝土墙、板及其他承重结构，留有出土孔道，然后再进行挖土的施工方法。

六、基础垫层：

混凝土垫层项目中已包括原土打夯，其他垫层项目中未包括原土打夯。

七、桩头处理:

1.截钢筋混凝土预制桩项目适用于截桩高度在50cm以外的截桩工程。

2.凿钢筋混凝土预制桩项目适用于凿桩高度在50cm以内的凿桩工程。

3.截凿混凝土钻孔灌注桩项目按截凿长度1.5m以内且一次性截凿考虑。

工程量计算规则

一、本章挖、运土按天然密实体积计算,填土按夯实后体积计算。人工挖土或机械挖土凡是挖至桩顶以下的,土方量应扣除桩头所占体积。

二、土方工程:

1.人工土方。

(1)平整场地按建筑物的首层建筑面积计算。建筑物地下室结构外边线凸出首层结构外边线时,其凸出部分的建筑面积合并计算。

(2)挖地槽工程量按设计图示尺寸以体积计算。其中,外墙地槽长度按设计图示外墙槽底中心线长度计算,内墙地槽长度按内墙槽底净长计算;槽宽按设计图示基础垫层底尺寸加工作面的宽度计算;槽深按自然地坪标高至槽底标高计算。当需要放坡时,放坡的土方工程量合并于总土方工程量中。

(3)挖淤泥、流沙按设计图示尺寸以体积计算。

(4)原土打夯、槽底钎探按槽底面积计算。

(5)挖室内管沟,凡带有混凝土垫层或基础、砖砌管沟墙、混凝土沟盖板者,如需反刨槽的挖土工程量,应按设计图示尺寸中的混凝土垫层或基础的底面积乘以深度以体积计算。

(6)排水沟挖土工程量按施工组织设计的规定以体积计算,并入挖土工程量内。

(7)管沟土方工程量按设计图示尺寸以体积计算,管沟长度按管道中心线长度计算(不扣除检查井所占长度);管沟深度有设计时,平均深度以沟垫层底表面标高至交付施工场地标高计算;无设计时,直埋管深度应按管底外表面标高至交付施工场地标高的平均高度计算;管沟底宽度如无规定者可按下表计算:

管沟底宽度表   单位:m

管　　径 (mm)	铸铁管、钢管、 石棉水泥管	混凝土管、钢筋混凝土管、 预应力钢筋混凝土管	缸 瓦 管
50～75	0.6	0.8	0.7
100～200	0.7	0.9	0.8
250～350	0.8	1.0	0.9
400～450	1.0	1.3	1.1
500～600	1.3	1.5	1.4

注:本表为埋设深度在1.5m以内沟槽宽度。当深度在2m以内,有支撑时,表中数值应增加0.1m;当深度在3m以内,有支撑时,表中数值应增加0.2m。

2．机械土方。

（1）机械挖土中若人工清槽单独计算，按槽底面积乘以预留厚度（预留厚度按施工组织设计确定）以体积计算。

（2）用推土机填土，推平不压实者，每立方米体积折成虚方1.20m³。

（3）机械平整场地、场地原土碾压按图示尺寸以面积计算。

（4）场地填土碾压以体积计算，原地坪为耕植土者，填土总厚度按设计厚度增加10cm。

3．运土、泥、石。

采用机械铲、推、运土方时，其运距按下列方法计算：推土机推土运距按挖方区中心至填方区中心的直线距离计算。铲运机运土运距按挖方区中心至卸土区中心距离加转向距离45m计算。自卸汽车运土运距按挖方区中心至填方区中心之间的最短行驶距离计算，需运至施工现场以外的土石方，其运距需考虑城市部分路线不得行驶货车的因素，以实际运距为准。

三、石方工程：

1．石方开挖工程量按设计图示尺寸以体积计算。

2．管沟石方工程量按设计图示尺寸以体积计算，管沟长度按管道中心线长度计算（不扣除检查井所占长度）。管沟深度有设计时，平均深度以沟垫层底表面标高至交付施工场地标高计算；无设计时，直埋管深度应按管底外表面标高至交付施工场地标高的平均高度计算；管沟底宽度如无规定者可按管沟底宽度表计算。

四、土方回填工程量按设计图示尺寸以体积计算，不同部位的计算方法如下：

1．场地回填：回填面积乘以平均回填厚度。

2．室内回填：主墙间净面积乘以回填厚度。

3．基础回填：挖方体积减去设计室外地坪以下埋设的基础体积（包括基础垫层及其他构筑物）。

4．挖地槽原土回填的工程量，可按地槽挖土工程量乘以系数0.60计算。

5．管沟回填：挖土体积减去垫层和管径大于500mm的管道体积。管径大于500mm时，按下表规定扣除管道所占体积。

各种管道应减土方量表   单位：m³/m

管 道 直 径 （mm）	501～600	601～800	801～1000	1001～1200	1201～1400	1401～1600
钢管	0.21	0.44	0.71			
铸铁管	0.24	0.49	0.77			
钢筋混凝土管	0.33	0.60	0.92	1.15	1.35	1.55

五、逆作暗挖土方工程的工程量按围护结构内侧所包围净面积（扣除混凝土柱所占面积）乘以挖土深度以体积计算。

六、基础垫层工程量按设计图示尺寸以体积计算；其长度，外墙按中心线，内墙按垫层净长计算。

七、桩头处理：

1. 截、凿钢筋混凝土预制桩桩头工程量按截、凿桩头的数量计算。

2. 截凿混凝土钻孔灌注桩按钻孔灌注桩的桩截面面积乘以桩头长度以体积计算。

3. 桩头钢筋整理，按所整理的桩的数量计算。

八、与土方工程量计算有关的系数表：

土方虚实体积折算表

虚 土	天然密实土	夯 实 土	松 填 土
1.00	0.77	0.67	0.83
1.30	1.00	0.87	1.08
1.50	1.15	1.00	1.25
1.20	0.92	0.80	1.00

放坡系数表

土 质	起始深度 (m)	人工挖土	机 械 挖 土	
			坑内作业	坑外作业
一般土	1.40	1:0.43	1:0.30	1:0.72
砂砾坚土	2.00	1:0.25	1:0.10	1:0.33

工作面增加宽度表

基 础 工 程 施 工 项 目	每 边 增 加 工 作 面 (cm)
毛石基础	25
混凝土基础或基础垫层需要支模板	40
基础垂直做防水层或防腐层	100
支挡土板	10（另加）

1.土方工程
(1)人工土方

工作内容： 1.人工平整场地包括厚度在±30cm以内的就地挖、填、找平。2.人工土方包括挖土、装土、运土和修理底边。3.挖淤泥、流沙包括挖、装淤泥和流沙,修理底边。4.原土打夯包括碎土、平土、找平夯实两遍。5.槽底钎探包括探槽、打钎、拔钎、灌砂。

编号	项目			单位	预算基价				人工	材料				机械
					总价	人工费	材料费	机械费	综合工	砂子	页岩标砖 240×115×53	水	零星材料费	电动夯实机 250N•m
					元	元	元	元	工日	t	千块	m³	元	台班
									113.00	87.03	513.60	7.62		27.11
1-1	人工平整场地			100m²	891.57	891.57			7.89					
1-2	人工挖土方	深度4m以内	一般土	10m³	491.55	491.55			4.35					
1-3			砂砾坚土		727.72	727.72			6.44					
1-4	人工挖地槽		一般土		592.12	592.12			5.24					
1-5			砂砾坚土		951.46	951.46			8.42					
1-6	挖淤泥、流沙				1243.00	1243.00			11.00					
1-7	原土打夯			100m²	199.01	175.15		23.86	1.55					0.88
1-8	槽底钎探				732.29	653.14	79.15		5.78	0.377	0.029	0.050	31.06	

(2)机 械 土 方

工作内容: 1.推土机推土包括推土、运土、平土,修理边坡,工作面排水。2.铲运机铲运土包括铲、运土,卸土及平整,修理边坡,工作面排水。3.挖土机挖土包括挖土,清理机下余土,清底洗坡和工作面内排水。4.挖土机挖、运土方包括挖土、装土、运土。

编号	项目			单位	预 算 基 价			人工	机			械
					总 价	人工费	机械费	综合工	推土机(综合)	拖 式铲运机 7m³	挖掘机(综合)	自卸汽车(综合)
					元	元	元	工日	台班	台班	台班	台班
								113.00	835.04	1007.24	1059.67	588.65
1-9	推土机推土	20m 以内	一 般 土	1000m³	4173.02	381.94	3791.08	3.38	4.54			
1-10			砂砾坚土		4806.46	339.00	4467.46	3.00	5.35			
1-11			未经压实的堆 积 土		3008.81	294.93	2713.88	2.61	3.25			
1-12		运距	每 增 加 10m		1311.01		1311.01		1.57			
1-13	铲运机铲运土	200m 以内	一 般 土		7423.87	1463.35	5960.52	12.95	0.54	5.47		
1-14			砂砾坚土		9439.67	1735.68	7703.99	15.36	0.71	7.06		
1-15		每 增 加 50m			775.03	59.89	715.14	0.53		0.71		
1-16	挖土机挖土	一 般 土			4804.56	1789.92	3014.64	15.84	0.26		2.64	
1-17		砂 砾 坚 土			6356.73	2366.22	3990.51	20.94	0.35		3.49	
1-18	挖土机挖土自卸汽车运土	运距 1km 以内	一 般 土		16659.08	2047.56	14611.52	18.12	0.30		3.02	18.96
1-19			砂砾坚土		19587.00	2664.54	16922.46	23.58	0.39		3.93	21.12
1-20		运距	每 增 加 1km		3290.55		3290.55					5.59

工作内容: 1.小型挖土机挖槽坑土方包括挖土,弃土于5m以内,清理机下余土,人工清底修边。2.小型挖土机挖装槽坑土方包括挖土,装土,清理机下余土,人工清底修边。3.机械挖淤泥、流沙包括挖、装淤泥和流沙。4.机械平整场地包括厚度在±30cm以内的就地挖、填、平整。5.原土碾压包括工作面内排水及机械碾压。6.填土碾压包括推平、洒水、机械碾压。

编号	项目		单位	预算基价				人工	材料	机					械
				总价	人工费	材料费	机械费	综合工	水	推土机(综合)	挖掘机(综合)	平整机械(综合)	压路机(综合)	履带式推土机75kW	履带式单斗液压挖掘机0.3m³
				元	元	元	元	工日	m³	台班	台班	台班	台班	台班	台班
								113.00	7.62	835.04	1059.67	921.93	434.56	904.54	703.33
1-21	小型挖土机挖槽坑土方	一般土	10m³	119.71	93.79		25.92	0.83						0.003	0.033
1-22		砂砾坚土		124.84	93.79		31.05	0.83						0.004	0.039
1-23	小型挖土机挖装槽坑土方	一般土		159.31	93.79		65.52	0.83						0.039	0.043
1-24		砂砾坚土		166.45	93.79		72.66	0.83						0.043	0.048
1-25	机械挖淤泥、流沙		1000m³	12846.26	3743.69		9102.57	33.13			8.59				
1-26	机械平整场地		1000m²	631.65	226.00		405.65	2.00				0.44			
1-27	原土碾压			225.99	113.00		112.99	1.00					0.26		
1-28	填土碾压		1000m³	5296.30	1213.62	76.20	4006.48	10.74	10.00	0.77			7.74		

(3) 运土、泥、石

工作内容：包括装、运、卸土、泥、石。

编号	项 目			单位	预 算 基 价			人 工	机		械
					总 价	人工费	机械费	综合工	机动翻斗车 1t	轮胎式装载机 1.5m³	自卸汽车（综合）
					元	元	元	工日	台班	台班	台班
								113.00	207.17	674.04	588.65
1-29	人 机	运 泥	运距50m以内	10m³	174.77	133.34	41.43	1.18	0.20		
1-30			1km以内每增加50m		6.22		6.22		0.03		
1-31		运 土	运距200m以内		279.11	117.52	161.59	1.04	0.78		
1-32			2km以内每增加200m		26.93		26.93		0.13		
1-33	机 械	装载机运土运石屑	运距10m以内		40.44		40.44			0.06	
1-34			每增加10m		6.74		6.74			0.01	
1-35		装载机装土自卸汽车运土运距1km			161.59		161.59			0.10	0.16

2.石方工程

工作内容: 1.人工挖基坑、沟槽石方包括开凿石方,打碎,修边检底,石方运出槽1m以外。2.人工打眼爆破基坑、沟槽石方包括布孔,打眼,准备炸药及装药,准备及填充填塞物,安爆破线,封锁爆破区,爆破前后的检查,爆破,清理岩石,撬开及破碎不规则的大石块,修理工具。

编号	项		目	单位	预 算 基 价		人 工
					总 价	人 工 费	综 合 工
					元	元	工日
							113.00
1-36			松 石		1331.14	1331.14	11.78
1-37	人 工 石 方		次 坚 石		1700.65	1700.65	15.05
1-38		基 坑	普 坚 石		3683.80	3683.80	32.60
1-39			松 石		881.40	881.40	7.80
1-40	人 工 打 眼 爆 破 石 方		次 坚 石	10m³	1117.57	1117.57	9.89
1-41			普 坚 石		1855.46	1855.46	16.42
1-42			松 石		959.37	959.37	8.49
1-43	人 工 石 方		次 坚 石		1224.92	1224.92	10.84
1-44		沟 槽	普 坚 石		2452.10	2452.10	21.70
1-45			松 石		823.77	823.77	7.29
1-46	人 工 打 眼 爆 破 石 方		次 坚 石		1041.86	1041.86	9.22
1-47			普 坚 石		1762.80	1762.80	15.60

3.土 方 回 填

工作内容： 1.回填土包括取土、回填及分层夯实。2.场地填土包括松填和夯填两项,松填土包括填土、找平,夯填土除填土外还应包括分层夯实。3.回填 2:8灰土包括拌和、回填、找平、分层夯实。4.素土夯实分为作用在基础下和作用在楼地面下两项,其工作内容均包括150m以内运土,找平并分层夯实。

编号	项 目		单位	预 算 基 价				人工	材 料			机 械		
				总 价	人工费	材料费	机械费	综合工	黄 土	白 灰	水	电动夯实机 250N·m	挖掘机（综合）	轮胎式装载机 1.5m³
				元	元	元	元	工日	m³	kg	m³	台班	台班	台班
								113.00	77.65	0.30	7.62	27.11	1059.67	674.04
1-48	回填土	人 工	10m³	264.59	248.60		15.99	2.20				0.59		
1-49		机 械		178.33	82.49		95.84	0.73				0.59	0.034	0.065
1-50	场地填土	松 填		1019.94	88.14	931.80		0.78	12.00					
1-51		夯 填		1429.34	248.60	1164.75	15.99	2.20	15.00			0.59		
1-52	回 填 2:8 灰 土			2441.40	810.21	1535.35	95.84	7.17	13.25	1637	2.02	0.59	0.034	0.065
1-53	素土夯实	作用在基础下		1787.65	594.38	1179.99	13.28	5.26	15.00		2.00	0.49		
1-54		作用在楼地面下		1717.72	494.94	1209.50	13.28	4.38	15.38		2.00	0.49		

4.逆作暗挖土方工程

工作内容: 土方暗挖并运至施工口外堆放,清理梁、板混凝土基面。

编号	项 目			单位	预 算 基 价			人 工	机 械	
					总 价	人 工 费	机 械 费	综合工	机动翻斗车 1t	履带式单斗液压挖掘机 0.6m³
					元	元	元	工日	台班	台班
								135.00	207.17	825.77
1-55	人工暗挖土方	人 工 场 内 运 土 50m 以 内	一 般 土	100m³	7470.90	7470.90		55.34		
1-56			砂 砾 坚 土		9497.25	9497.25		70.35		
1-57		运 距 每 增 加 20m			202.50	202.50		1.50		
1-58	机械暗挖土方	机 动 翻 斗 车 内 部 运 土 50m 以 内	一 般 土		2305.31	967.95	1337.36	7.17	5.14	0.33
1-59			砂 砾 坚 土		3667.99	2026.35	1641.64	15.01	6.25	0.42
1-60		运 距 每 增 加 20m			142.95		142.95	0.69		

19

工作内容：材料拌和,粗细骨料拌和,找平,分层压实,砂浆调制,混凝土垫层还包括原土夯实。

编号	项 目		单位	预 算 基 价				人 工	黄 土	白 灰
				总 价	人工费	材料费	机械费	综合工		
				元	元	元	元	工日	m³	kg
								113.00	77.65	0.30
1-61	灰 土	2:8	10m³	**2621.00**	1072.37	1535.35	13.28	9.49	13.25	1637
1-62		3:7		**2693.10**	1023.78	1656.04	13.28	9.06	11.64	2456
1-63	砂 垫 层			**2219.36**	501.72	1715.42	2.22	4.44		
1-64	干 铺	石 屑		**2145.53**	554.83	1588.15	2.55	4.91		
1-65		毛 石		**2948.37**	757.10	2176.63	14.64	6.70		
1-66		碎 石		**2442.94**	698.34	1740.97	3.63	6.18		
1-67		混碴 带 粗 砂		**2381.79**	698.34	1679.82	3.63	6.18		
1-68		不 带 粗 砂		**2310.24**	698.34	1608.27	3.63	6.18		
1-69	灌 浆	毛 石		**3904.11**	1336.79	2447.28	120.04	11.83		
1-70		碎 石		**3281.78**	1174.07	2026.64	81.07	10.39		
1-71	混凝土垫层	厚度 10cm 以内		**6029.70**	1476.91	4535.20	17.59	13.07		
1-72		厚度 10cm 以外		**5738.99**	1272.38	4453.42	13.19	11.26		

垫 层

材料										机械		
预拌混凝土 AC10	水 泥	砂 子	石 屑	毛 石	碴 石 19~25	混 碴 2~80	水	阻燃防火保温草袋片	水泥砂浆 M5	电动夯实机 250N·m	灰浆搅拌机 400L	小型机具
m³	kg	t	t	t	t	t	m³	m²	m³	台班	台班	元
430.17	0.39	87.03	82.88	89.21	87.81	83.93	7.62	3.34		27.11	215.11	
							2.02			0.49		
							2.02			0.49		
		19.448					3.00					2.22
			19.162									2.55
		3.890		20.604						0.54		
		4.104			15.759							3.63
		4.104				15.759						3.63
						19.162						3.63
	572.97	4.293		20.604			1.59		(2.69)	0.54	0.49	
	604.92	4.533			15.759		1.63		(2.84)		0.36	3.63
10.10							10.52	33.03		0.52		3.49
10.10							7.48	15.48		0.37		3.16

6.桩 头 处 理

工作内容：1.截、凿混凝土桩包括截、凿预制混凝土桩和灌注混凝土桩,清理并将混凝土块体运至坑外。2.桩头钢筋整理包括桩头钢筋梳理整形。

编号	项目		单位	预　算　基　价				人工	材料	机　械	
				总价	人工费	材料费	机械费	综合工	零星材料费	电动空气压缩机 10m³	综合机械
				元	元	元	元	工日	元	台班	元
								113.00		375.37	
1-73	截　桩	钢筋混凝土预制桩	根	**96.78**	49.72		47.06	0.44		0.040	32.05
1-74	凿　桩			**42.16**	33.90		8.26	0.30		0.022	
1-75	截凿混凝土钻孔灌注桩		m³	**271.60**	132.21	61.94	77.45	1.17	61.94	0.120	32.41
1-76	桩头钢筋整理		根	**5.65**	5.65			0.05			

第二章　桩与地基基础工程

说　明

一、本章包括预制桩、灌注桩、其他桩、地基处理、土钉与锚喷联合支护、挡土板、地下连续墙7节,共93条基价子目。

二、预制桩:

1.打预制桩适用于陆地上垂直打桩,如在斜坡上、支架上或室内打桩时,基价中的人工工日、机械费乘以系数1.25。

2.打预制桩是按打垂直桩编制的,如需打斜桩,其斜度小于1:6时,基价中的人工工日、机械费乘以系数1.25;斜度大于1:6时,基价中的人工工日、机械费乘以系数1.43。

3.打预制混凝土桩项目中包括了桩帽的价值。

4.打预制混凝土桩适用于黏性土及砂性土厚度在下列范围内的工程:

(1)砂性土连续厚度在3m以内。

(2)砂性土断续累计厚度在5m以内。

(3)砂性土断续累计厚度在桩长1/3以内。

砂性土厚度超出上述范围时,基价中的人工工日、机械费乘以系数1.40(砂性土是指粗中砂)。

5.桩就位是按履带式起重机操作考虑的,如桩存放地点至桩位距离过大,需用汽车倒运时,按第四章预制混凝土构件运输相应项目执行。

6.静力压方桩项目综合考虑了机械规格和桩断面因素,实际使用不同时不换算。当采用大于6000kN压桩机时,可另行补充。

7.静力压方桩项目综合考虑了直接和对接的电焊接桩工序,如设计要求采用钢板帮焊时,电焊条消耗量和电焊机台班消耗量乘以2.0,帮焊的钢板另行计算。

8.静力压桩项目已包括接桩和3m以内送桩工序(以自然地面标高为准)。送桩深度超过3m时,每超过1m(0.5m以内忽略不计,0.5m以外按1m计算),基价中的人工工日、机械费乘以系数1.04。

三、灌注桩:

1.旋挖钻机成孔灌注桩项目按湿作业成孔考虑。

2.灌注桩的材料用量中充盈系数和材料损耗见下表。

灌注桩充盈系数和材料损耗率表

项　目　名　称	充　盈　系　数	损　耗　率
沉管桩机成孔灌注混凝土桩	1.15	1.5%
回旋(潜水)钻机钻孔灌注混凝土桩	1.20	1.5%
旋挖钻机成孔灌注混凝土桩	1.25	1.5%

3.钢筋笼子制作按第四章混凝土灌注桩钢筋笼项目计算。

4.本章未包括泥浆池制作基价项目,实际发生另行计算。

5.灌注桩后压浆注浆管、声测管埋设,材质、规格不同时可按设计要求换算,其余不变。

6.注浆管埋设项目按桩底注浆考虑,如设计采用侧向注浆,基价中的人工工日、机械费乘以系数1.20。

四、其他桩:

1.打钢板桩如需挖槽时,按第一章挖地槽相应基价项目计算。

2.打钢板桩基价中未含桩价值,如采用租赁方式其价值应包括钢板桩的租赁、运输、截割、调直、防腐以及损耗等,如为折旧、摊销方式,每打、拔一次按钢板桩价值的7%计取。

3.打拔槽钢或钢轨,按钢板桩项目其机械费乘以系数0.77,其他不变。

4.若单位工程的钢板桩工程量≤50t时,基价中的人工工日、机械费乘以系数1.25。

5.水泥搅拌桩基价中水泥掺入比为10%,设计掺入比与基价不同时可执行水泥掺量每增加1%基价项目。

6.高压旋喷桩项目已综合接头处的复喷工料,高压旋喷桩的水泥设计要求与基价不同时按设计要求调整。

7.SMW工法搅拌桩水泥掺入量为20%,设计要求与基价不同时可按设计要求换算。

五、地基处理:

1.注浆地基所用的浆体材料用量应按照设计用量调整。

2.注浆项目中注浆管消耗量为摊销量,若为一次性使用可进行调整。

六、土钉与锚喷联合支护:

注浆项目中注浆管消耗量为摊销量,若为一次性使用可进行调整。

七、挡土板:

挡土板项目中,疏板是指间隔支挡土板且板间净空≤150cm;密板是指满堂支挡土板或板间净空≤30cm。

八、地下连续墙:

地下连续墙包括混凝土导墙,成槽,清底置换,安、拔接头管,水下混凝土灌注等项目。

地下连续墙护壁泥浆配合比参考表　　　　单位: m³

钠 质 膨 润 土 (kg)	纤 维 素 (kg)	铬铁木质素磺酸钠盐 (kg)	碳 酸 钠 (kg)	水 (m³)
80	1	1	4	1

注:以上配合比为基价采用配合比,设计要求与基价不同时可按设计要求调整。

九、基价的支撑、钢筋安装消耗量中已综合了支撑抱箍、搁置点所用铁件消耗。

工程量计算规则

一、预制桩：

1.打预制混凝土方桩按设计图示尺寸以桩断面面积乘以全桩长度以体积计算,桩尖的虚体积不扣除。混凝土管桩按桩长度计算,混凝土管桩项目基价中未包括空心填充所用的工、料。

2.预制混凝土方桩的送桩按桩截面面积乘以送桩深度以体积计算。预制混凝土管桩按送桩深度计算。送桩深度为打桩机机底至桩顶之间的距离,可按自然地面至设计桩顶距离另加50cm计算。

3.预制混凝土接桩按设计图示数量计算。

4.静力压桩按设计图示尺寸以全桩长度计算。

5.打试桩工程的人工、机械、材料消耗量按设计要求计算。

二、灌注桩：

1.沉管桩成孔按打桩前自然地坪标高至设计桩底标高(不包括预制桩尖)的成孔长度乘以钢管外径截面积以体积计算。

2.沉管桩灌注混凝土按钢管外径截面积乘以设计桩长(不包括预制桩尖)另加超灌长度以体积计算。超灌长度设计有规定者,按设计要求计算,无规定者,按50cm计算。

3.钻孔桩、旋挖桩成孔按打桩前自然地坪标高至设计桩底标高的成孔长度乘以设计桩径截面积以体积计算。

4.钻孔桩、旋挖桩灌注混凝土按设计桩径截面积乘以设计桩长(包括桩尖)另加超灌长度以体积计算。超灌长度设计有规定者,按设计要求计算,无规定者,按50cm计算。

5.钻孔灌注桩设计要求扩底时,其扩底工程量按设计尺寸以体积计算,并入相应工程量内。

6.泥浆运输按成孔以体积计算。

7.注浆管、声测管埋设按打桩前的自然地坪标高至设计桩底标高另加50cm以长度计算。

8.桩底(侧)后压浆按设计注入水泥用量以质量计算。

三、其他桩：

1.打、拔钢板桩工程量按桩的质量计算。

2.安拆导向夹具的工程量按设计图示轴线长度计算。

3.轨道式打桩机的90°调面,按次数计算。

4.水泥搅拌桩按设计桩长加50cm乘以桩截面面积以体积计算。其桩截面面积按一个单元为计算单位。

5.高压旋喷桩按设计桩长加50cm乘以桩外径截面积以体积计算。

6.SMW工法搅拌桩按设计图示尺寸以桩截面面积乘以桩长以体积计算。其桩截面面积按一个单元为计算单位,单元桩间距和单元桩截面面积按下表计算。

三轴搅拌桩桩截面面积表

桩径 D （mm）	单元桩间距 L （mm）	单元桩截面面积 （m²）	图　　　示
850	1200	1.4949	

7.插拔型钢按设计图示尺寸以质量计算。

8.插拔型钢基价中型钢的租赁价值按实计算。

四、地基处理：

1.强夯地基按实际夯击面积计算,设计要求重复夯击者,应累计计算。在强夯工程施工时,如设计要求有间隔期时,应根据设计要求的间隔期计算机械停滞费。

2.分层注浆钻孔数量按设计图示以钻孔深度计算。注浆数量按设计图纸注明加固土体的体积计算。

3.压密注浆钻孔数量按设计图示以钻孔深度计算。注浆数量按下列规定计算：

(1)设计图纸明确加固土体体积的,按设计图纸注明的体积计算。

(2)设计图纸以布点形式图示土体加固范围的,则按两孔间距的一般作为扩散半径,以布点边线各加扩散半径,形成计算平面计算注浆体积。

(3)如果设计图纸注浆点在钻孔灌注桩之间,按两注浆孔的一半作为每孔的扩散半径,以此圆柱体积计算注浆体积。

五、土钉与锚喷联合支护：

1.砂浆土钉、砂浆锚杆的钻孔、灌浆,按设计文件或施工组织设计规定的钻孔深度以长度计算。

2.喷射混凝土护坡按设计文件或施工组织设计规定尺寸以面积计算。

3.钢筋、钢管锚杆按设计图示质量计算。

4.锚头的制作、安装、张拉、锁定按设计图示数量计算。

六、挡土板：

挡土板按设计文件或施工组织设计规定的支挡范围以面积计算。

七、地下连续墙：

1.地下连续墙的混凝土导墙按设计图示尺寸以体积计算,导墙所涉及的挖土、钢筋的工程量应按相应章节的计算规则计算。

2.地下连续墙的成槽按设计图示墙中心线长度乘以厚度再乘以槽深以体积计算。

3.地下连续墙的清底置换和安、拔接头管按施工方案规定以数量计算。

4.水下混凝土灌注按设计图示地下连续墙的中心线长度乘以高度(加超灌高度)再乘以厚度以体积计算。超灌高度设计有规定者,按设计要求计算,无规定者,按1倍墙厚计算。

5.凿地下连续墙超灌混凝土按墙体断面面积乘以超灌高度以体积计算。

八、混凝土遮弹层按设计图示尺寸以体积计算。

九、砂石分散层按设计图示尺寸以夯(灌)实体积计算。

十、钢管支撑按设计要求的管径和长度的支撑的质量计算。

十一、钢筋混凝土支撑按设计图示尺寸以混凝土体积计算。

工作内容： 准备、移动打桩机械,桩吊装定位,打桩,打拔送桩,接桩。

编号	项 目			单位	预　算　基　价				人工	混凝土方桩	混凝土管桩	预拌混凝土 AC35
					总　价	人工费	材料费	机械费	综合工			
					元	元	元	元	工日	m³	m	m³
									135.00			487.45
2-1	预制混凝土桩制作	方　桩		10m³	6384.71	1375.65	5009.06		10.19			10.10
2-2		桩　尖			8165.48	3122.55	5042.93		23.13			10.15
2-3	预制混凝土方桩	打　桩		m³	2225.55	641.25	437.59	1146.71	4.75	(10.00)		
2-4		打　拔　送　桩		m³	458.77	253.80	16.16	188.81	1.88			
2-5	预制混凝土管桩	D=400	打　桩	100m	2178.30	607.50	74.85	1495.95	4.50		(100.00)	
2-6			打　拔　送　桩	10m	618.47	346.95	9.28	262.24	2.57			
2-7		D=500	打　桩	100m	2433.35	668.25	113.48	1651.62	4.95		(100.00)	
2-8			打　拔　送　桩	10m	966.29	542.70	14.49	409.10	4.02			
2-9		D=600	打　桩	100m	2544.52	687.15	154.06	1703.31	5.09		(100.00)	
2-10			打　拔　送　桩	10m	1295.34	730.35	19.53	545.46	5.41			
2-11	接　桩	电焊连接	桩断面在 400×400 以内	个	92.02	29.70	35.62	26.70	0.22			
2-12			桩断面在 450×450 以内		245.11	79.65	97.22	68.24	0.59			
2-13			桩断面在 500×500 以内		494.34	164.70	259.92	69.72	1.22			

制　桩

材											机		械	
水	阻燃防火保温草袋片	硬杂木锯材二类	热轧等边角钢 63×6	普碳钢板 ≥8	普碳钢板 11~13	电焊条	垫铁 2.0~7.0	零星材料费	打桩损耗费	制作损耗费	柴油打桩机（综合）	履带式起重机 15t	气焊设备 0.8m³	电焊机（综合）
m³	m²	m³	t	t	t	kg	kg	元	元	元	台班	台班	台班	台班
7.62	3.34	4015.45	3767.43	3673.05	3646.26	7.59	2.76				1048.97	759.77	8.37	74.17
8.38	2.76									12.74				
7.05	0.36	0.006								16.30				
								121.34	316.25		0.76	0.46		
								16.16			0.18			
								53.25	21.60		0.99	0.59	1.10	
								9.28			0.25			
								83.18	30.30		1.09	0.65	1.72	
								14.49			0.39			
								112.06	42.00		1.12	0.67	2.32	
								19.53			0.52			
			0.008			0.65	0.20							0.36
				0.0225		1.80	0.33							0.92
					0.0599	5.32	0.41							0.94

工作内容：准备压桩机具、移动压桩机、桩吊装定位,校正、接桩、割吊环、压桩、送桩。

编号	项			目	单位	预 算 基 价				人 工
						总 价	人 工 费	材 料 费	机 械 费	综 合 工
						元	元	元	元	工日
										135.00
2-14	静 力 压 桩	桩 机 能 力 (kN)	4000	管桩桩径 (mm) $D=400$	100m	2166.03	349.65	36.98	1779.40	2.59
2-15			5000	$D=500$		2583.97	390.15	52.34	2141.48	2.89
2-16			6000	$D=600$		2996.86	437.40	62.99	2496.47	3.24
2-17			4000	方桩断面 (mm) $350×350$		1461.69	236.25	47.37	1178.07	1.75
2-18			5000	$400×400$		1641.16	260.55	54.06	1326.55	1.93
2-19			6000	$450×450$		1793.75	280.80	60.90	1452.05	2.08

材料				机械					
混凝土管桩	混凝土方桩	电焊条	零星材料费	静力压桩机 4000kN	静力压桩机 5000kN	静力压桩机 6000kN	履带式起重机 25t	电焊条烘干箱 800×800×1000	电焊机 (综合)
m	m	kg	元	台班	台班	台班	台班	台班	台班
		7.59		3597.03	3660.71	3755.79	824.31	51.03	74.17
(100.00)		3.79	8.21	0.41			0.34	0.076	0.276
(100.00)		5.48	10.75		0.49		0.38	0.112	0.388
(100.00)		6.58	13.05			0.56	0.43	0.132	0.432
	(100.00)	4.97	9.65	0.28			0.17	0.100	0.346
	(100.00)	5.67	11.02		0.31		0.19	0.114	0.395
	(100.00)	6.39	12.40			0.33	0.21	0.128	0.445

2.灌

工作内容：1.准备打桩机具,移动打桩机,桩位校测,打钢管成孔,拔钢管。2.准备打桩机具、铺拆轨道、移动就位,转向钻孔机及上料设备。3.护筒埋设 压浆、清孔等。5.预拌混凝土灌注,安、拆导管及漏斗。

编号	项目		单位	预算基价 总价 元	人工费 元	材料费 元	机械费 元	人工 综合工 工日 135.00	黏土 m³ 53.37	低合金钢焊条 E43系列 kg 12.29	预拌混凝土 AC30 m³ 472.89	垫木 m³ 1049.18
2-20	沉管桩成孔	桩长 12	10m³	1734.92	758.70	56.30	919.92	5.62				0.030
2-21	(振动式)	(m以内) 25		1357.09	589.95	57.80	709.34	4.37				0.030
2-22	潜水钻机成孔	800		3392.16	1404.00	338.23	1649.93	10.40				
2-23		800		2973.80	849.15	359.74	1764.91	6.29	0.668	1.12		0.085
2-24	回旋钻机钻桩孔	桩径 1200		1931.98	649.35	288.38	994.25	4.81	0.417	0.98		0.043
2-25		(mm以内) 1500		1545.06	515.70	239.93	789.43	3.82	0.290	0.84		0.040
2-26	旋挖钻机成孔	1000		3016.08	729.00	220.89	2066.19	5.40	0.610	1.12		
2-27		1500		2472.45	495.45	206.64	1770.36	3.67	0.510	0.98		
2-28	灌注混凝土	沉管成孔		5825.93	291.60	5534.33		2.16			11.673	
2-29		回旋(潜水)钻孔		6250.64	476.55	5774.09		3.53			12.180	
2-30		旋挖钻孔		6210.07	195.75	6014.32		1.45			12.688	

注 桩

及拆除;安拆泥浆系统,造浆;准备钻具,钻机就位;钻孔、出渣、提钻、压浆、清孔等。4.护筒埋设及拆除,钻机就位,钻孔、提钻、出渣、渣土清理堆放,造浆、

料		机											械	
水	零星材料费	振动沉拔桩机 400kN	潜水钻孔机 D1250	回旋钻机 1000mm	回旋钻机 1500mm	履带式单斗液压挖掘机 1m³	履带式旋挖钻机 1000mm	履带式旋挖钻机 1500mm	履带式起重机 40t	汽车式起重机 12t	载货汽车 8t	电动单级离心清水泵 DN100	泥浆泵 DN100	交流弧焊机 32kV·A
m³	元	台班	台班	台班	台班	台班	台班	台班	台班	台班	台班	台班	台班	台班
7.62		1108.34	679.38	699.76	723.10	1159.91	1938.46	2612.95	1302.22	864.36	521.59	34.80	204.13	87.97
	24.82	0.83												
	26.32	0.64												
42.97	10.80		1.15							0.15	0.89	1.15	1.150	
27.60	10.83			1.937									1.937	0.16
26.56	6.58				1.059								1.059	0.14
22.10	3.76				0.840								0.840	0.12
19.80	23.69					0.07	0.72		0.39				0.330	0.16
19.40	19.55					0.07		0.49	0.27				0.220	0.14
	14.29													
	14.29													
	14.29													

工作内容： 1.装卸泥浆、清理现场等。 2.声测管制作,焊接,埋设安装,清洗管道等。 3.注浆管制作,焊接,埋设安装,清洗管道等。 4.准备机具,浆液配

编号	项目		单位	预 算 基 价				人工	材				
				总 价	人工费	材料费	机械费	综合工	水泥 42.5级	低合金钢焊条 E43系列	钢 管 D60×3.5	接头管箍	钢制波纹管 DN60
				元	元	元	元	工日	kg	kg	m	个	m
								135.00	0.41	12.29	47.72	12.98	236.09
2-31	泥 浆 运 输	运距在5km以内	10m³	1775.69	986.85		788.84	7.31					
2-32		每增加1km		69.62			69.62						
2-33	灌注桩声测管埋设	钢 管	100m	5512.72	133.65	5379.07		0.99			106.00	17.00	
2-34		钢制波纹管		25565.28	133.65	25431.63		0.99					106.00
2-35		塑 料 管		4006.12	114.75	3891.37		0.85					
2-36	注 浆 管 埋 设			2093.55	270.00	1790.59	32.96	2.00		2.50			
2-37	桩 底(侧) 后 压 浆		t	1030.93	421.20	466.97	142.76	3.12	1020.00				

置,压注浆等。

料										机			械		
塑料管	套接管 DN60	防尘盖	底盖	密封圈	镀锌钢丝 D1.2	乙炔气 5.5~6.5kg	氧气 6m³	无缝钢管 D32×2.5	水	电动灌浆机 3m³/h	泥浆罐车 5000L	灰浆搅拌机 200L	泥浆泵 DN50	交流弧焊机 32kV·A	管子切断机 DN250
m	个	个	个	个	kg	m³	m³	m	m³	台班	台班	台班	台班	台班	台班
32.88	25.50	1.73	1.73	4.33	7.20	16.13	2.88	16.51	7.62	25.28	511.90	208.76	43.76	87.97	43.71
										1.488			0.62		
										0.136					
		3.00	1.00	15.00	3.92										
	12.00	3.00	1.00	15.00	3.92										
106.00	12.00	3.00	1.00	15.00	3.92										
						0.49	0.66	106.00						0.32	0.11
									6.40		0.61	0.61			

3.其 他 桩

工作内容:1.打、拔钢板桩,接桩。2.打导桩、安拆导向夹木。3.轨道式桩架90°调面。

编号	项目			单位	预 算 基 价				人工	材 料			机 械			
					总 价	人工费	材料费	机械费	综合工	钢板桩	铁件	零星材料费	振动沉拔桩机400kN	柴油打桩机(综合)	履带式柴油打桩机2.5t	履带式起重机15t
					元	元	元	元	工日	t	kg	元	台班	台班	台班	台班
									135.00		9.49		1108.34	1048.97	888.97	759.77
2-38	打、拔钢板桩	桩长	6m 以 内	10t	13720.42	5595.75	111.93	8012.74	41.45	(10.00)		111.93	2.38		3.26	3.26
2-39			10m 以 内		9463.53	3851.55	111.93	5500.05	28.53	(10.00)		111.93	1.66		2.22	2.22
2-40			15m 以 内		7152.44	2917.35	111.93	4123.16	21.61	(10.00)		111.93	1.34		1.60	1.60
2-41			15m 以 外		6117.66	2520.45	111.93	3485.28	18.67	(10.00)		111.93	1.30		1.24	1.24
2-42	安、拆 导 向 夹 具			100m	1131.11	379.35	396.17	355.59	2.81		4.00	358.21			0.40	
2-43	轨道打桩机平地90°调面			次	1454.70	729.00	159.26	566.44	5.40			159.26		0.54		

工作内容： 1.桩机就位,预搅下沉,拌制水泥浆或筛水泥粉,喷水泥浆或水泥粉并搅拌上升,重复上、下搅拌,移位。2.准备机具,移动桩机,定位,校测,钻孔,调制水泥浆,喷射装置应位,分层喷射注浆。3.准备工作,安装、拆除插拔型钢机具,刷减摩剂,插拔型钢。

编号	项目		单位	预算基价				人工	材料					料
				总价	人工费	材料费	机械费	综合工	型钢	水泥42.5级	水	方木	三乙醇胺	水玻璃
				元	元	元	元	工日	t	kg	m³	m³	kg	kg
								135.00		0.41	7.62	3266.74	17.11	2.38
2-44	水泥搅拌桩	水泥掺量10%	10m³	1802.44	318.60	842.24	641.60	2.36		1918.00	3.20			
2-45		水泥掺量每增加1%		77.03		77.03				173.00	0.80			
2-46		钻孔	100m	4257.52	1131.30	93.25	3032.97	8.38						
2-47	高压旋喷水泥桩	单重管		2938.29	749.25	1825.42	363.62	5.55		2550.00	55.00		1.420	94.000
2-48		双重管	10m³	3511.19	841.05	2015.48	654.66	6.23		3060.00	56.00		1.306	87.098
2-49		三重管		4360.94	866.70	2634.33	859.91	6.42		4641.00	57.00		1.153	77.500
2-50	型钢水泥土搅拌墙	SMW工法搅拌桩φ850（水泥掺入比20%）		2204.86	579.15	1297.07	328.64	4.29		2815.51	6.30	0.010		
2-51		插拔型钢	t	1459.40	203.85	786.09	469.46	1.51	(1.05)			0.002		

39

编号	项目		单位	材								料	履带式单斗液压挖掘机0.6m³
				氯化钙	减摩剂	电焊条	氧气6m³	乙炔气5.5~6.5kg	型钢损耗费	零星材料费	钢板摊销费	场外运费	
				kg	kg	kg	m³	m³	元	元	元	元	台班
				1.20	16.17	7.59	2.88	16.13					825.77
2-44	水泥搅拌桩	水泥掺量10%	10m³							31.48			
2-45		水泥掺量每增加1%											
2-46		钻孔	100m							93.25			
2-47	高压旋喷水泥桩	单重管	10m³	94.000									
2-48		双重管		87.098									
2-49		三重管		77.500									
2-50	型钢水泥土搅拌墙	SMW工法搅拌桩φ850（水泥掺入比20%）								57.68	4.36		0.104
2-51		插拔型钢	t		15.00	5.165	2.582	1.123	240.84	32.80		198.61	

机								械								
三轴拌桩机	泥浆泵 DN100	履带式起重机 25t	工程地质液压钻机	汽车式起重机 25t	灰浆搅拌机 200L	灰浆输送泵 3m³/h	液压泵车	液压注浆泵	电动多级离心清水泵 DN100	油压千斤顶 200t	交流弧焊机 42kV·A	电动空气压缩机 10m³	单重管旋喷机	双重管旋喷机	三重管旋喷机	设备摊销费
台班	台班	台班	台班	台班	台班	台班	台班	台班	台班	台班	台班	台班	台班	台班	台班	元
762.04	204.13	824.31	702.48	1098.98	208.76	222.95	293.94	219.23	159.61	11.50	122.40	375.37	624.46	673.67	756.84	
0.592					0.592	0.300										
	3.000		3.00		1.500											
					0.300			0.30	0.300				0.300			
					0.400			0.40	0.400				0.400	0.400		
					0.500			0.50	0.500				0.500		0.500	
0.104					0.208	0.208			0.104				0.104			18.07
		0.209		0.209			0.184			0.368	0.075					

工作内容： 1.槽底清理,夯锤就位、打夯,夯后平整(以夯一遍为准)。 2.定位、钻孔、注护壁泥浆、配置浆液、插入注浆导管,分层劈裂注浆,检测注浆效果。

编号	项 目			单位	预 算 基 价				人 工	材		
					总 价	人工费	材料费	机械费	综合工	塑料注浆管	注浆管	水
					元	元	元	元	工日	m	kg	m³
									135.00	12.65	6.06	7.62
2-52	强夯地基	夯击能 (kN·m)	1200 以内	100m²	**1087.47**	340.20	11.47	735.80	2.52			
2-53			1200～2000		**1939.83**	669.60	11.47	1258.76	4.96			
2-54	分层注浆	钻 孔		100m	**4677.62**	1092.15	1794.49	1790.98	8.09	100.00		12.00
2-55		注 浆		10m³	**635.58**	346.95	278.52	10.11	2.57			
2-56	压密注浆	钻 孔		100m	**4917.91**	2887.65	484.80	1545.46	21.39		80.00	
2-57		注 浆		10m³	**498.93**	325.35	89.33	84.25	2.41			

处 理

3.定位、钻孔,注护壁泥浆,配置浆液、插入注浆管,压密注浆,检测注浆效果。

料							机					械	
膨 润 土	水 泥 32.5级	水 泥 42.5级	粉 煤 灰	促进剂 KA	水 玻 璃	零 星 材料费	强夯机械 1200kN·m	强夯机械 2000kN·m	推 土 机 （综合）	工程地质 液压钻机	泥 浆 泵 DN50	电 动 灌浆机 3m³/h	灰 浆 搅拌机 200L
kg	kg	kg	kg	kg	kg	元	台班	台班	台班	台班	台班	台班	台班
0.39	0.36	0.41	0.10	0.61	2.38		916.86	1195.22	835.04	702.48	43.76	25.28	208.76
						11.47	0.42		0.42				
						11.47		0.62	0.62				
1123.20										2.40	2.40		
		1.091	803.00	103.00	56.70							0.40	
											2.20		
0.796			700.00		8.00							0.36	0.36

工作内容： 钻孔机具安、拆，钻孔，安、拔防护套管，搅拌灰浆及混凝土，灌浆，浇捣端头锚固件保护混凝土。

编号	项目			单位	预算基价				人工	材料	
					总价	人工费	材料费	机械费	综合工	预拌混凝土 AC25	水泥
					元	元	元	元	工日	m³	kg
									135.00	461.24	0.39
2-58	砂浆土钉（钻孔灌浆）	土层			5780.69	2054.70	540.28	3185.71	15.22		1042.02
2-59	土层锚杆机械钻孔	孔径（mm以内）	100	100m	3762.78	1304.10		2458.68	9.66		
2-60			150		4312.47	1502.55		2809.92	11.13		
2-61			200		4862.16	1701.00		3161.16	12.60		
2-62	土层锚杆锚孔注浆		100		1381.04	315.90	901.31	163.83	2.34	0.101	1653.57
2-63			150		1667.00	394.20	1108.97	163.83	2.92	0.129	2042.06
2-64			200		2589.36	511.65	1867.07	210.64	3.79	0.169	3517.84

喷联合支护

砂子	高压胶管 D50	耐压胶管 D50	水	水泥砂浆 1:1	锚杆钻孔机 D32	工程地质液压钻机	气动灌浆机	电动灌浆机 3m³/h	灰浆搅拌机 200L	内燃单级离心清水泵 DN50
t	m	m	m³	m³	台班	台班	台班	台班	台班	台班
87.03	17.31	22.50	7.62		1966.77	702.48	11.17	25.28	208.76	37.81
1.284		0.80	0.544	(1.266)	1.30		2.00		2.00	5.00
						3.50				
						4.00				
						4.50				
2.037	1.50		0.864	(2.009)				0.70	0.70	
2.516	1.50		1.067	(2.481)				0.70	0.70	
4.334	1.50		1.838	(4.274)				0.90	0.90	

工作内容： 1.钢筋锚杆制作、安装。2.钢管锚杆制作、安装。3.围檩制作、安装、拆除。4.基层清理，喷射混凝土，收回弹料，找平面层。5.锚头制作、安

编号	项目	单位	总价	人工费	材料费	机械费	综合工	预拌混凝土AC25	耐压胶管D50	螺纹钢D25以外	焊接钢管	镀锌钢丝D0.7	镀锌钢丝D4	六角螺母	型钢(综合)
			元	元	元	元	工日	m³	m	t	t	kg	kg	套	t
							135.00	461.24	22.50	3789.90	4230.02	7.42	7.08	0.33	3792.61
2-65	钢筋锚杆(土钉)制作、安装		50554.64	5506.65	39499.83	5548.16	40.79			10.25		21.80			
2-66	钢管锚杆(土钉)制作、安装	10t	53843.97	4753.35	43660.34	5430.28	35.21				10.20	19.60			
2-67	围檩安装、拆除		7232.69	1417.50	4528.23	1286.96	10.50						2.30		0.86
2-68	喷射混凝土护坡　初喷50mm厚	100m²	4237.70	1335.15	2480.44	422.11	9.89	5.101	1.86						
2-69	喷射混凝土护坡　每增减10mm		816.43	243.00	491.32	82.11	1.80	1.010	0.37						
2-70	锚头制作、安装、张拉、锁定	10套	3891.48	1459.35	1825.68	606.45	10.81						2.00	20.40	

装、张拉、锁定。

低合金钢焊条 E43系列	低碳钢焊条（综合）	钢板（综合）	板枋材	垫铁 2.0~7.0	钢筋 D10以内	氧气 6m³	乙炔气 5.5~6.5kg	水	汽车式起重机 8t	载货汽车 4t	电动空气压缩机 10m³	交流弧焊机 32kV·A	对焊机 75kV·A	钢筋弯曲机 D40	钢筋切断机 D40	管子切断机 DN250	卷扬机 电动单筒慢速 10kN	油压千斤顶 200t	混凝土湿喷机 5m³/h
料									机					械					
kg	kg	t	m³	kg	t	m³	m³	m³	台班	台班	台班	台班	台班	台班	台班	台班	台班	台班	台班
12.29	6.01	3876.58	2001.17	2.76	3970.73	2.88	16.13	7.62	767.15	417.41	375.37	87.97	113.07	26.22	42.81	43.71	199.03	11.50	405.21
40.00									6.30			2.50	1.00	0.20	0.90		1.70		
30.00									6.30			1.80				2.300	1.70		
29.90			0.40	3.10		7.700	3.201		0.30	2.30		1.10							
								11.26			0.52								0.56
								2.25			0.10								0.11
28.00		0.35			0.061	3.498	1.700		0.60			1.40						2.00	

工作内容: 1.支撑拼装、起吊、就位、校正、焊接、固定,支撑拆除、切割及场内运输。2.基底打夯、垫层铺设,混凝土浇筑、场内运输、振捣、养护。3.人工凿(灌)实。

编号	项 目		单位	预 算 基 价				人 工	材				料
				总 价	人工费	材料费	机械费	综合工	预拌混凝土AC30	枕 木 220×160×2500	铁 钉	支撑钢管 DN610	带帽螺栓
				元	元	元	元	工日	m³	m³	kg	t	kg
								135.00	472.89	3457.47	6.68	4824.98	7.96
2-71	钢 管 支 撑 安 装		t	628.80	270.00	177.31	181.49	2.00		0.002		0.020	7.390
2-72	钢 管 支 撑 拆 除			377.92	198.45	60.34	119.13	1.47		0.002			
2-73	钢 筋 混 凝 土 支 撑 浇 筑			6977.43	1383.75	5559.23	34.45	10.25	11.180		1.300		
2-74	钢 筋 混 凝 土 支 撑 拆 除			10137.11	10125.00	12.11		75.00					
2-75	遮 弹 层	毛 石 混 凝 土	10m³	4753.55	581.85	4168.07	3.63	4.31	7.110				
2-76		混 凝 土		5370.97	506.25	4864.72		3.75	10.100				
2-77	分 散 层	砂		2036.52	469.80	1561.55	5.17	3.48					
2-78		砂 石 干 铺		2355.38	780.30	1568.03	7.05	5.78					

除钢筋混凝土支撑、清运出基坑。4.混凝土遮弹层包括：混凝土浇筑、振捣、养护等全部操作过程。5.砂石分散层包括：拌和、铺设、场内运输、找平、夯

料											机				械	
电焊条	氧气 6m³	乙炔气 5.5~6.5kg	阻燃防火保温草袋片	毛石	砂子	碴石 19~25	水	零星材料费	钢模板周转费	木模板周转费	载货汽车 4t	汽车式起重机 8t	木工圆锯机 D500	电动夯实机 20~62N·m	交流弧焊机 32kV·A	小型机具
kg	m³	m³	m²	t	t	t	m³	元	元	元	台班	台班	台班	台班	台班	元
7.59	2.88	16.13	3.34	89.21	87.03	87.81	7.62				417.41	767.15	26.53	27.11	87.97	
1.210								5.89			0.12	0.13			0.36	
	4.800	2.090						5.89			0.12	0.09				
							10.990	0.11	90.55	89.23	0.03	0.02	0.01	0.01		6.05
							12.11									
			4.40	8.260			7.120									3.63
			4.40				9.690									
						17.680	3.000									5.17
					9.730	8.040	2.000							0.26		

工作内容:制作、运输、安装及拆卸。

编号	项目			单位	预算基价			人工
					总价	人工费	材料费	综合工
					元	元	元	工日
								135.00
2-79	木挡土板	疏板	木撑	100m²	2777.49	1498.50	1278.99	11.10
2-80			钢撑		1955.02	1146.15	808.87	8.49
2-81		密板	木撑		3512.08	1930.50	1581.58	14.30
2-82			钢撑		2503.42	1470.15	1033.27	10.89
2-83	钢挡土板	疏板	木撑		2523.28	1518.75	1004.53	11.25
2-84			钢撑		1863.36	1155.60	707.76	8.56
2-85		密板	木撑		3060.33	1930.50	1129.83	14.30
2-86			钢撑		2301.24	1489.05	812.19	11.03

土　板

材					料		
原　　木	板　枋　材	页 岩 标 砖 240×115×53	扒　钉	钢　丝 D3.5	脚 手 架 钢 管	扣　件	钢 挡 土 板
m³	m³	千块	kg	kg	t	个	kg
1686.44	2001.17	513.60	8.58	5.80	4163.67	6.45	6.66
0.226	0.291	0.188	22.140	5.00			
	0.315	0.188			0.017	1.730	
0.231	0.462		26.780	6.50			
	0.473				0.018	1.825	
0.221	0.063	0.160					63.60
	0.060	0.160			0.017	1.730	63.60
0.231	0.063						92.22
	0.058				0.017	1.730	92.22

工作内容: 1.导墙制作。2.准备成槽机具,移机就位,钻机成槽,泥浆护壁。3.安、拔接头管。4.浇筑混凝土连续墙。5.混凝土凿除。

编号	项 目	单位	预 算 基 价				人工	材							
			总 价	人工费	材料费	机械费	综合工	预拌混凝土AC20	水泥	砂子	页岩标砖240×115×53	水	护壁泥浆	铁件	铁钉
			元	元	元	元	工日	m³	kg	t	千块	m³	m³	kg	kg
							135.00	450.56	0.39	87.03	513.60	7.62	57.75	9.49	6.68
2-87	混 凝 土 导 墙		11143.82	4106.70	6916.91	120.21	30.42	10.15	213.03	1.243	2.34	9.34			4.94
2-88	抓 斗 成 槽	10m³	7016.64	2459.70	635.25	3921.69	18.22						11.00		
2-89	多 头 钻 成 槽		9528.01	4075.65	693.00	4759.36	30.19						12.00		
2-90	清 底 置 换	段	4158.69	2376.00	104.74	1677.95	17.60								
2-91	安、 拔 接 头 管		7003.67	3982.50	235.67	2785.50	29.50								
2-92	水 下 混 凝 土 灌 注	10m³	6932.03	1325.70	5555.30	51.03	9.82	12.15				6.00			3.60
2-93	凿 超 灌 混 凝 土		2501.16	2295.00		206.16	17.00								

连续墙

圆帽螺栓 M4×(25~30) 套	零星材料费 元	钢模板周转费 元	木模板周转费 元	水泥砂浆 M7.5 m³	汽车式起重机 8t 台班	履带式起重机 15t 台班	载货汽车 6t 台班	灰浆搅拌机 200L 台班	木工圆锯机 D500 台班	导杆式液压抓斗成槽机 台班	泥浆制作循环设备 台班	多头钻成槽机 台班	电动空气压缩机 0.6m³ 台班	电动空气压缩机 10m³ 台班	泥浆泵 DN100 台班	锁口管顶升机 台班	综合机械 元
0.19					767.15	759.77	461.82	208.76	26.53	4136.84	1154.56	3425.79	38.51	375.37	204.13	574.80	
	68.46	429.02	348.99	(0.81)	0.04		0.13	0.14	0.01								
										0.69	0.69						270.62
												0.98	0.98				270.62
	104.74					1.33							2.66		2.66		22.03
	235.67					2.65										1.30	24.87
5.84															0.25		
														0.414			50.76

53

第三章　砌　筑　工　程

说　明

一、本章包括砌基础、砌墙、其他砌体、墙面勾缝4节,共110条基价子目。

二、基础与墙(柱)身的划分:

1.基础与墙(柱)身使用同一种材料时,以首层设计室内地坪为界(有地下室者,以地下室室内设计地坪为界),以下为基础,以上为墙(柱)身。

2.基础与墙(柱)身使用不同材料时,位于设计室内地坪高度≤±300mm时,以不同材料为分界线,高度>±300mm时,以设计室内地坪为分界线。

3.砖砌地沟不分墙基和墙身,按不同材质合并工程量套用相应项目。

4.围墙以设计室外地坪为界线,以下为基础,以上为墙身。

三、本章砌页岩标砖墙基价中综合考虑了除单砖墙以外不同的墙厚、内墙与外墙、清水墙和混水墙的因素,若砌清水墙占全部砌墙比例大于45%,则人工工日乘以系数1.10。单砖墙应单独计算,执行相应基价项目。

四、本章基价中部分砌体的砌筑砂浆强度为综合强度等级,使用时不予换算。

五、本章基价中的预拌砂浆强度等级分别按M7.5、M15考虑,设计要求预拌砂浆强度等级与基价中不同时按设计要求换算。

六、砌墙基价中未含墙体加固钢筋,砌体内采用钢筋加固者,按设计要求计算其质量,执行第四章中墙体加固钢筋基价项目。

七、砌页岩标砖墙基价中已综合考虑了不带内衬的附墙烟囱,带内衬的附墙烟囱,执行第九章相应项目。

八、本章贴砌页岩标砖墙指墙体外表面的砌贴砖墙。

九、页岩空心砖墙基价中的空心砖规格为240mm×240mm×115mm,设计规格与基价不同时,按设计要求调整。

十、砌块墙基价中砌块消耗量中未包括改锯损耗。如有发生,另行计算。

十一、加气混凝土墙基价中未考虑砌页岩标砖,设计要求砌页岩标砖执行相应项目另行计算。

十二、保温轻质砂加气砌块墙基价中未含铁件或拉结件,设计要求使用铁件或拉结件时另行计算。

十三、页岩标砖零星砌体指页岩标砖砌小便池槽、明沟、暗沟、隔热板带等。

十四、页岩标砖砌地垄墙按页岩标砖砌地沟基价执行,页岩标砖墩按页岩标砖方形柱基价执行。

工程量计算规则

一、页岩标砖基础、毛石基础按设计图示尺寸以体积计算,包括附墙垛基础宽出部分体积,扣除钢筋混凝土地梁(圈梁)、构造柱所占体积,不扣除基础大放脚T形接头处的重叠部分及嵌入基础内的钢筋、铁件、管道、基础砂浆防潮层和单个面积0.3m² 以内的孔洞所占体积,靠墙暖气沟的挑檐不增加。基础长度:外墙按外墙中心线长度,内墙按内墙净长线计算。砌页岩标砖基础大放脚增加断面面积按下表计算。

<h2 style="text-align:center">砌页岩标砖基础大放脚增加断面面积计算表</h2>

单位：m²

放脚层数	增 加 断 面 面 积		放脚层数	增 加 断 面 面 积	
	等 高	不 等 高		等 高	不 等 高
一	0.01575	0.01575	四	0.15750	0.12600
二	0.04725	0.03938	五	0.23625	0.18900
三	0.09450	0.07875	六	0.33075	0.25988

二、实心页岩标砖墙、空心砖墙、多孔砖墙、各类砌块墙、毛石墙等墙体均按设计图示尺寸以体积计算。扣除门窗洞口、过人洞、空圈、嵌入墙内的钢筋混凝土柱、梁、圈梁、挑梁、过梁及凹进墙内的壁龛、管槽、暖气槽、消火栓箱所占体积。不扣除梁头、外墙板头、檩头、垫木、木楞头、沿缘木、木砖、门窗走头、页岩标砖墙内页岩标砖平碹、页岩标砖拱碹、页岩标砖过梁、加固钢筋、木筋、铁件、钢管及单个面积0.3m²以内的孔洞所占体积。凸出墙面的腰线、挑檐、压顶、窗台线、虎头砖、门窗套的体积亦不增加,凸出墙面的垛并入墙体体积内。

附墙烟囱(包括附墙通风道)按其外形体积计算,并入所依附的墙体体积内。

1.墙长度：外墙按中心线计算,内墙按净长计算。

2.墙高度：

(1)外墙：斜(坡)屋面无檐口天棚者算至屋面板底;有屋架且室内外均有天棚者算至屋架下弦底另加200mm;无天棚者算至屋架下弦底另加300mm,出檐宽度超过600mm时,按实砌高度计算;有钢筋混凝土楼板隔层者算至板顶;平屋面算至钢筋混凝土板底。

(2)内墙：位于屋架下弦者,算至屋架下弦底;无屋架者算至天棚底另加100mm;有钢筋混凝土楼板隔层者算至楼板顶;有框架梁时算至梁底。

(3)女儿墙：从屋面板上表面算至女儿墙顶面(如有混凝土压顶时算至压顶下表面)。

(4)内、外山墙：按其平均高度计算。

(5)围墙：高度从基础顶面起算至压顶上表面(如有混凝土压顶时算至压顶下表面),与墙体为一体的页岩标砖砌围墙柱并入围墙体积内计算。

(6)砌地下室墙不分基础和墙身,其工程量合并计算,按砌墙基价执行。

3.页岩标砖墙厚度按下表计算。

<h3 style="text-align:center">页岩标砖墙厚度计算表</h3>

墙 厚 (砖)	$\frac{1}{4}$	$\frac{1}{2}$	$\frac{3}{4}$	1	$1\frac{1}{2}$	2	$2\frac{1}{2}$	3
计 算 厚 度 (mm)	53	115	180	240	365	490	615	740

三、空花墙按设计图示尺寸以空花部分外形体积计算,不扣除空花部分体积。

四、实心页岩标砖柱、页岩标砖零星砌体按设计图纸尺寸以体积计算。扣除混凝土及钢筋混凝土梁垫、梁头、板头所占体积。页岩标砖柱不分柱基和柱身,其工程量合并计算,按页岩标砖柱基价执行。

五、石柱按设计图示尺寸以体积计算。

六、页岩标砖半圆碹、毛石护坡、页岩标砖台阶等其他砌体均按设计图示尺寸以实体积计算。

七、弧形阳角页岩标砖加工按长度计算。

八、附墙烟囱、通风道水泥管按设计要求以长度计算。

九、平墁页岩标砖散水按设计图示尺寸以水平投影面积计算。

十、墙面勾缝按设计图示尺寸以墙面垂直投影面积计算,应扣除墙面和墙裙抹灰面积,不扣除门窗套和腰线等零星抹灰及门窗洞口所占面积,但垛、门窗洞口侧面和顶面的勾缝面积亦不增加。

十一、独立柱、房上烟囱勾缝,按设计图示外形尺寸以展开面积计算。

工作内容:调、运砂浆,运、砌页岩标砖、石。

编号	项 目		单位	预 算 基 价				人 工	干拌砌筑砂浆 M7.5
				总 价	人工费	材料费	机械费	综合工	
				元	元	元	元	工日	t
								135.00	318.16
3-1	页 岩 标 砖 基 础	现 场 搅 拌 砂 浆	10m³	5118.83	1777.95	3256.99	83.89	13.17	
3-2		干 拌 砌 筑 砂 浆		5875.57	1668.60	4097.67	109.30	12.36	4.39
3-3		湿 拌 砌 筑 砂 浆		5053.54	1549.80	3503.74		11.48	
3-4	毛 石 基 础	现 场 搅 拌 砂 浆		4648.62	1896.75	2627.11	124.76	14.05	
3-5		干 拌 砌 筑 砂 浆		5904.16	1694.25	4026.89	183.02	12.55	7.31
3-6		湿 拌 砌 筑 砂 浆		4605.37	1567.35	3038.02		11.61	
3-7	页 岩 标 砖 基 础 上 抹 预 拌 砂 浆 防 潮 层	干 拌 抹 灰 砂 浆	100m²	2854.20	1232.55	1519.97	101.68	9.13	
3-8		湿 拌 抹 灰 砂 浆		2197.89	1155.60	1042.29		8.56	

基 础

材					料					机	械
湿拌砌筑砂浆 M7.5	干拌抹灰砂浆 M15	湿拌抹灰砂浆 M15	页岩标砖 240×115×53	毛石	水泥	砂子	水	防水粉	基础用砂浆	灰浆搅拌机 400L	干混砂浆罐式搅拌机
m³	t	m³	千块	t	kg	t	m³	kg	m³	台班	台班
343.43	342.18	422.75	513.60	89.21	0.39	87.03	7.62	4.21		215.11	254.19
			5.236		629.08	3.613	1.05		(2.36)	0.39	
			5.236				1.54				0.43
2.36			5.236				0.53				
				18.887	1047.58	6.017	1.31		(3.93)	0.58	
				18.887			2.13				0.72
3.93				18.887			0.45				
	4.09						0.94	26.91			0.40
		2.20						26.66			

61

工作内容：1.调、运砂浆,运、砌页岩标砖、石、砌块。2.砌窗台虎头砖、腰线、门窗套。3.安放木砖、铁件。

编号	项 目			单位	预 算 基 价				人 工	干拌砌筑砂浆 M7.5	湿拌砌筑砂浆 M7.5
					总 价	人工费	材料费	机械费	综合工		
					元	元	元	元	工日	t	m³
									135.00	318.16	343.43
3-9	砌页岩标砖墙		现场搅拌砂浆	10m³	5981.32	2469.15	3361.59	150.58	18.29		
3-10			干拌砌筑砂浆		6680.46	2288.25	4275.28	116.93	16.95	4.69	
3-11			湿拌砌筑砂浆		5816.52	2176.20	3640.32		16.12		2.52
3-12	砌 ½ 页岩标砖墙		现场搅拌砂浆		6410.04	2884.95	3337.94	187.15	21.37		
3-13			干拌砌筑砂浆		6886.15	2737.80	4054.30	94.05	20.28	3.72	
3-14			湿拌砌筑砂浆		6194.35	2643.30	3551.05		19.58		2.00
3-15	砌页岩标砖圆弧墙		现场搅拌砂浆		6110.05	2562.30	3382.12	165.63	18.98		
3-16			干拌砌筑砂浆		6762.61	2382.75	4265.47	114.39	17.65	4.59	
3-17			湿拌砌筑砂浆		5917.36	2272.05	3645.31		16.83		2.47
3-18	砌页岩标砖站台挡土墙		现场搅拌砂浆		4953.92	1636.20	3210.16	107.56	12.12		
3-19			干拌砌筑砂浆		5845.37	1564.65	4163.79	116.93	11.59	4.69	
3-20			湿拌砌筑砂浆		5022.01	1493.10	3528.91		11.06		2.52
3-21	贴砌页岩标砖墙	¼ 砖	现场搅拌砂浆		7484.09	3323.70	3809.76	350.63	24.62		
3-22			干拌砌筑砂浆		8260.25	3111.75	5001.07	147.43	23.05	5.86	
3-23			湿拌砌筑砂浆		7174.12	2965.95	4208.17		21.97		3.15
3-24		½ 砖	现场搅拌砂浆		5970.87	2339.55	3480.74	150.58	17.33		
3-25			干拌砌筑砂浆		6861.14	2160.00	4566.42	134.72	16.00	5.34	
3-26			湿拌砌筑砂浆		5929.46	2085.75	3843.71		15.45		2.87

墙

材										料	机	械
页岩标砖 240×115×53	水泥	白灰	砂子	水	铁钉	零星材料费	白灰膏	砖墙用砂浆	单砖墙用砂浆	砌块用砂浆	灰浆搅拌机 400L	干混砂浆罐式搅拌机
千块	kg	kg	t	m³	kg	元	m³	m³	m³	m³	台班	台班
513.60	0.39	0.30	87.03	7.62	6.68						215.11	254.19
5.367	568.46	155.69	3.576	1.99	0.06	9.91	(0.222)	(2.52)			0.70	
5.367				2.14	0.06	9.91						0.46
5.367				1.06	0.06	9.91						
5.540	486.92	106.54	2.840	1.74	0.06	9.91	(0.152)		(2.00)		0.87	
5.540				1.98	0.06	9.91						0.37
5.540				1.12	0.06	9.91						
5.410	601.35	131.58	3.507	1.84	0.06	9.91	(0.188)		(2.47)		0.77	
5.410				2.13	0.06	9.91						0.45
5.410				1.07	0.06	9.91						
5.170	419.55	160.52	3.745	2.25			(0.229)			(2.52)	0.50	
5.170				2.14								0.46
5.170				1.07								
6.060	524.44	200.66	4.681	3.31			(0.287)			(3.15)	1.63	
6.060				3.18								0.58
6.060				1.83								
5.540	477.83	182.82	4.265	3.02			(0.261)			(2.87)	0.70	
5.540				2.90								0.53
5.540				1.67								

工作内容： 1.调、运砂浆,运、砌页岩标砖、石、砌块。2.砌窗台虎头砖、腰线、门窗套。3.安放木砖、铁件。

编号	项目		单位	预算基价				人工	材料		
				总价	人工费	材料费	机械费	综合工	干拌砌筑砂浆 M7.5	湿拌砌筑砂浆 M7.5	页岩标砖 240×115×53
				元	元	元	元	工日	t	m³	千块
								135.00	318.16	343.43	513.60
3-27	砌页岩多孔砖墙	现场搅拌砂浆	10m³	5826.76	2797.20	2883.29	146.27	20.72			
3-28		干拌砌筑砂浆		6563.68	2701.35	3750.49	111.84	20.01	4.45		
3-29		湿拌砌筑砂浆		5751.86	2604.15	3147.71		19.29		2.39	
3-30	砌页岩标砖空花墙	现场搅拌砂浆		4851.12	2366.55	2325.39	159.18	17.53			4.03
3-31		干拌砌筑砂浆		5072.14	2278.80	2742.50	50.84	16.88	2.05		4.03
3-32		湿拌砌筑砂浆		4686.56	2222.10	2464.46		16.46		1.10	4.03

				料						机 械	
页岩多孔砖 240×115×90	水 泥	白 灰	砂 子	水	铁 钉	零星材料费	白 灰 膏	砖墙用砂浆	砌块用砂浆	灰浆搅拌机 400L	干混砂浆罐式搅拌机
千块	kg	kg	t	m³	kg	元	m³	m³	m³	台班	台班
682.46	0.39	0.30	87.03	7.62	6.68					215.11	254.19
3.37	539.14	147.65	3.391	3.02	0.12	9.91	(0.210)	(2.39)		0.68	
3.37				3.16	0.12	9.91					0.44
3.37				2.14	0.12	9.91					
	183.14	70.07	1.635	1.33	0.12	9.91	(0.100)		(1.100)	0.74	
				1.28	0.12	9.91					0.20
				0.81	0.12	9.91					

工作内容： 1.调、运砂浆,运、砌页岩标砖、石、砌块。 2.砌窗台虎头砖、腰线、门窗套。 3.安放木砖、铁件。

编号	项目			单位	预 算 基 价				人 工	材		
					总 价	人工费	材料费	机械费	综合工	干拌砌筑砂浆 M7.5	湿拌砌筑砂浆 M7.5	加气混凝土砌块 300×600×(125~300)
					元	元	元	元	工日	t	m³	m³
									135.00	318.16	343.43	318.48
3-33	砌加气混凝土砌块墙		现场搅拌砂浆		5812.69	2247.75	3429.42	135.52	16.65			10.22
3-34			干拌砌筑砂浆		5881.12	2146.50	3701.58	33.04	15.90	1.339		10.22
3-35			湿拌砌筑砂浆		5564.37	2043.90	3520.47		15.14		0.720	10.22
3-36	砌页岩空心砖墙	斗砌	现场搅拌砂浆	10m³	4352.31	2255.85	1948.03	148.43	16.71			
3-37			干拌砌筑砂浆		4543.58	2151.90	2343.38	48.30	15.94	1.972		
3-38			湿拌砌筑砂浆		4127.02	2049.30	2077.72		15.18		1.060	
3-39		卧砌	现场搅拌砂浆		3968.76	1954.80	1887.05	126.91	14.48			
3-40			干拌砌筑砂浆		4398.05	1865.70	2461.18	71.17	13.82	2.864		
3-41			湿拌砌筑砂浆		3851.78	1777.95	2073.83		13.17		1.540	
3-42	砌轻集料混凝土小型空心砌块墙（盲孔）		干拌砌筑砂浆		4440.34	1655.10	2757.28	27.96	12.26	2.046		

				料									机 械	
陶粒混凝土小型砌块 390×190×190	页岩空心砖 240×240×115	陶粒混凝土实心砖 190×90×53	页岩标砖 240×115×53	水泥	白灰	砂子	水	铁钉	零星材料费	白灰膏	砌块用砂浆	空心砖用砂浆	灰浆搅拌机 400L	干混砂浆罐式搅拌机
m³	千块	千块	千块	kg	kg	t	m³	kg	元	m³	m³	m³	台班	台班
189.00	1093.42	450.00	513.60	0.39	0.30	87.03	7.62	6.68					215.11	254.19
				119.87	45.86	1.070	1.34	0.12	9.91	(0.066)	(0.720)		0.63	
							1.31	0.12	9.91					0.13
							1.00	0.12	9.91					
	1.21		0.750	198.22	67.52	1.548	0.42	0.05	3.97	(0.096)		(1.060)	0.69	
	1.21		0.750				0.45	0.05	3.97					0.19
	1.21		0.750				0.15	0.05	3.97					
	1.29		0.240	287.98	98.10	2.248	0.68	0.12	9.91	(0.140)		(1.540)	0.59	
	1.29		0.240				0.72	0.12	9.91					0.28
	1.29		0.240				0.06	0.12	9.91					
7.990		1.310					0.10		5.95					0.11

工作内容： 1.调、运砂浆，运、砌页岩标砖、石、砌块。2.砌窗台虎头砖、腰线、门窗套。3.安放木砖、铁件。

编号	项		目		单位	预 算 基 价				人 工	干拌砌筑砂浆 M7.5	湿拌砌筑砂浆 M7.5
						总 价	人工费	材料费	机械费	综合工		
						元	元	元	元	工日	t	m³
										135.00	318.16	343.43
3-43				现场搅拌砂浆		5721.01	2388.15	3143.56	189.30	17.69		
3-44		规 格 390×140×190	墙厚 14cm	干拌砌筑砂浆		6551.99	2246.40	4175.95	129.64	16.64	5.150	
3-45				湿拌砌筑砂浆		5582.65	2103.30	3479.35		15.58		2.769
3-46	混凝土空心砌块墙			现场搅拌砂浆	10m³	4988.89	1760.40	3088.67	139.82	13.04		
3-47		规 格 390×140×190		干拌砌筑砂浆		5885.44	1655.10	4103.24	127.10	12.26	5.061	
3-48			墙厚 19cm	湿拌砌筑砂浆		4968.44	1549.80	3418.64		11.48		2.721
3-49				现场搅拌砂浆		4166.15	1320.30	2740.45	105.40	9.78		
3-50		规 格 390×190×190		干拌砌筑砂浆		4835.75	1240.65	3501.05	94.05	9.19	3.794	
3-51				湿拌砌筑砂浆		4148.89	1161.00	2987.89		8.60		2.040

材						料				机	械
混 凝 土 空 心 砌 块 390×140×190	混 凝 土 空 心 砌 块 390×190×190	水 泥	白 灰	砂 子	水	铁 钉	零星材料费	白 灰 膏	空 心 砖 用 砂 浆	灰浆搅拌机 400L	干 混 砂 浆 罐式搅拌机
千块	千块	kg	kg	t	m³	kg	元	m³	m³	台班	台班
2764.56	3392.32	0.39	0.30	87.03	7.62	6.68				215.11	254.19
0.9107		517.80	176.39	4.043	1.108	0.12	9.91	(0.252)	(2.769)	0.88	
0.9107					1.185	0.12	9.91				0.51
0.9107						0.12	9.91				
0.8947		508.83	173.33	3.973	1.088	0.12	9.91	(0.248)	(2.721)	0.65	
0.8947					1.164	0.12	9.91				0.50
0.8947						0.12	9.91				
	0.6711	381.48	129.95	2.978	0.816	0.12	9.91	(0.186)	(2.040)	0.49	
	0.6711				0.873	0.12	9.91				0.37
	0.6711					0.12	9.91				

工作内容： 1.调、运砂浆,运、砌页岩标砖、石、砌块。 2.砌窗台虎头砖、腰线、门窗套。 3.安放木砖、铁件。

编号	项		目	单位	预 算 基 价				人 工	材		
					总 价	人工费	材料费	机械费	综合工	干拌砌筑砂浆 M7.5	湿拌砌筑砂浆 M7.5	粉煤灰加气混凝土块 600×150×240
					元	元	元	元	工日	t	m³	m³
									135.00	318.16	343.43	276.87
3-52	蒸 压 粉 煤 灰 加气混凝土砌块墙	规 格 600×150×240	现场搅拌砂浆	10m³	**4414.68**	1528.20	2793.98	92.50	11.32			9.406
3-53			干拌砌筑砂浆		**4587.49**	1459.35	3092.55	35.59	10.81	1.469		9.406
3-54			湿拌砌筑砂浆		**4283.05**	1389.15	2893.90		10.29		0.790	9.406
3-55		规 格 600×200×240 墙厚 24cm	现场搅拌砂浆		**4790.51**	1873.80	2804.85	111.86	13.88			
3-56			干拌砌筑砂浆		**4871.20**	1790.10	3050.60	30.50	13.26	1.209		
3-57			湿拌砌筑砂浆		**4592.12**	1705.05	2887.07		12.63		0.650	
3-58		规 格 600×240×250	现场搅拌砂浆		**5192.58**	2247.75	2809.31	135.52	16.65			
3-59			干拌砌筑砂浆		**5190.42**	2146.50	3018.50	25.42	15.90	1.029		
3-60			湿拌砌筑砂浆		**4923.13**	2043.90	2879.23		15.14		0.553	
3-61		规 格 600×240×250 墙厚 25cm	现场搅拌砂浆		**5095.01**	2157.30	2808.64	129.07	15.98			
3-62			干拌砌筑砂浆		**5109.14**	2060.10	3023.62	25.42	15.26	1.058		
3-63			湿拌砌筑砂浆		**4843.47**	1962.90	2880.57		14.54		0.569	
3-64		规 格 600×120×250	现场搅拌砂浆		**4817.93**	1915.65	2786.12	116.16	14.19			
3-65			干拌砌筑砂浆		**5012.43**	1827.90	3141.32	43.21	13.54	1.747		
3-66			湿拌砌筑砂浆		**4646.42**	1741.50	2904.92		12.90		0.939	

粉煤灰加气混凝土块 600×200×240	粉煤灰加气混凝土块 600×240×250	粉煤灰加气混凝土块 600×120×250	水泥	白灰	砂子	水	铁钉	零星材料费	白灰膏	砌块用砂浆	灰浆搅拌机 400L	干混砂浆罐式搅拌机
m³	m³	m³	kg	kg	t	m³	kg	元	m³	m³	台班	台班
276.87	276.87	276.87	0.39	0.30	87.03	7.62	6.68				215.11	254.19
			131.53	50.32	1.174	1.373	0.12	9.91	(0.072)	(0.790)	0.43	
						1.341	0.12	9.91				0.14
						1.002	0.12	9.91				
9.555			108.22	41.41	0.966	1.305	0.12	9.91	(0.059)	(0.650)	0.52	
9.555						1.278	0.12	9.91				0.12
9.555						1.002	0.12	9.91				
	9.647		92.07	35.23	0.822	1.262	0.12	9.91	(0.050)	(0.553)	0.63	
	9.647					1.239	0.12	9.91				0.10
	9.647					1.002	0.12	9.91				
	9.632		94.73	36.25	0.846	1.269	0.12	9.91	(0.052)	(0.569)	0.60	
	9.632					1.245	0.12	9.91				0.10
	9.632					1.002	0.12	9.91				
		9.261	156.33	59.81	1.395	1.443	0.12	9.91	(0.085)	(0.939)	0.54	
		9.261				1.403	0.12	9.91				0.17
		9.261				1.002	0.12	9.91				

工作内容： 1.调、运砂浆,运、砌页岩标砖、石、砌块。2.砌窗台虎头砖、腰线、门窗套。3.安放木砖、铁件。

编号	项		目	单位	预 算 基 价				人 工	干拌砌筑砂浆 M7.5
					总 价	人 工 费	材 料 费	机 械 费	综合工	
					元	元	元	元	工日	t
									135.00	318.16
3-67	蒸压粉煤灰加气混凝土砌块墙	规 格 600×300×240	现场搅拌砂浆	10m³	4798.69	1873.80	2813.03	111.86	13.88	
3-68		墙厚 24cm	干拌砌筑砂浆		4811.54	1790.10	2998.56	22.88	13.26	0.913
3-69			湿拌砌筑砂浆		4580.15	1705.05	2875.10		12.63	
3-70			现场搅拌砂浆		4714.12	1798.20	2808.36	107.56	13.32	
3-71		墙厚 30cm	干拌砌筑砂浆		4765.97	1717.20	3023.35	25.42	12.72	1.058
3-72			湿拌砌筑砂浆		4516.49	1636.20	2880.29		12.12	

材					料					机	械
湿拌砌筑砂浆 M7.5	粉煤灰加气混凝土块 600×300×240	水 泥	白 灰	砂 子	水	铁 钉	零星材料费	白 灰 膏	砌块用砂浆	灰浆搅拌机 400L	干混砂浆罐式搅拌机
m³	m³	kg	kg	t	m³	kg	元	m³	m³	台班	台班
343.43	276.87	0.39	0.30	87.03	7.62	6.68				215.11	254.19
	9.709	81.75	31.28	0.730	1.232	0.12	9.91	(0.045)	(0.491)	0.52	
	9.709				1.212	0.12	9.91				0.09
0.491	9.709				1.002	0.12	9.91				
	9.631	94.73	36.25	0.846	1.269	0.12	9.91	(0.052)	(0.569)	0.50	
	9.631				1.245	0.12	9.91				0.10
0.569	9.631				1.002	0.12	9.91				

工作内容：运输、堆放砌块、弹线，专用胶粘剂砌筑、清理等全部操作过程。

编号	项 目			单位	预 算 基 价			人 工	保温轻质砂加气砌块 600×250×300
					总 价	人 工 费	材 料 费	综 合 工	
					元	元	元	工日	m³
								135.00	360.47
3-73	保温轻质砂加气砌块墙	规 格 600×250×300	墙厚 25cm	10m³	**6305.29**	2147.85	4157.44	15.91	10.497
3-74			墙厚 30cm		**5856.62**	1645.65	4210.97	12.19	10.456
3-75		规 格 600×250×250	墙厚 25cm		**6420.85**	2191.05	4229.80	16.23	
3-76		规 格 600×250×150	墙厚 15cm		**6728.69**	2235.60	4493.09	16.56	

材							料			
保温轻质砂加气砌块 600×250×250	保温轻质砂加气砌块 600×250×150	轻质砂加气砌块专用胶粘剂	水　泥	白　灰	砂　子	水	铁　钉	零星材料费	白　灰　膏	砌块用砂浆
m³	m³	kg	kg	kg	t	m³	kg	元	m³	m³
361.96	369.45	0.82	0.39	0.30	87.03	7.62	6.68			
		416.70	15.65	5.99	0.140	0.144	0.12	9.91	(0.009)	(0.094)
		500.00	15.65	5.99	0.140	0.144	0.12	9.91	(0.009)	(0.094)
10.460		502.20	15.65	5.99	0.140	0.144	0.12	9.91	(0.009)	(0.094)
	10.323	789.47	15.65	5.99	0.140	0.144	0.12	9.91	(0.009)	(0.094)

工作内容：调、运砂浆,运、砌石块,修石料,安装平碹模板,安放木砖、铁件等全部操作过程。

编号	项 目		单位	预 算 基 价				人 工	干拌砌筑砂浆M7.5
				总 价	人 工 费	材 料 费	机 械 费	综 合 工	
				元	元	元	元	工日	t
								135.00	318.16
3-77	砌 毛 石 墙	现 场 搅 拌 砂 浆	10m³	5517.15	2470.50	2868.11	178.54	18.30	
3-78		干 拌 砌 筑 砂 浆		6836.75	2358.45	4292.74	185.56	17.47	7.44
3-79		湿 拌 砌 筑 砂 浆		5532.72	2246.40	3286.32		16.64	

76

材								料		机	械
湿拌砌筑砂浆 M7.5	毛 石	水 泥	砂 子	水	铁 钉	零星材料费	基础用砂浆			灰浆搅拌机 400L	干混砂浆罐式搅拌机
m³	t	kg	t	m³	kg	元	m³			台班	台班
343.43	89.21	0.39	87.03	7.62	6.68					215.11	254.19
	21.25	1066.24	6.124	1.69	0.12	9.91	(4.0)			0.83	
	21.25			2.52	0.12	9.91					0.73
4.00	21.25			0.81	0.12	9.91					

3. 其 他

工作内容：1.调、运砂浆,运、砌页岩标砖、石。2.制、安、拆碹。3.运、安水泥管。

编号	项目			单位	预 算 基 价				人工	干拌砌筑砂浆 M7.5	湿拌砌筑砂浆 M7.5
					总 价	人工费	材料费	机械费	综合工		
					元	元	元	元	工日	t	m³
									135.00	318.16	343.43
3-80	页 岩 标 砖 柱	方 形	现场搅拌砂浆	10m³	**6682.05**	3133.35	3344.35	204.35	23.21		
3-81			干拌砌筑砂浆		**7241.45**	2961.90	4172.79	106.76	21.94	4.30	
3-82			湿拌砌筑砂浆		**6445.73**	2855.25	3590.48		21.15		2.31
3-83		半圆、多边、圆形	现场搅拌砂浆		**7738.52**	3334.50	4186.76	217.26	24.70		
3-84			干拌砌筑砂浆		**8365.31**	3134.70	5111.14	119.47	23.22	4.80	
3-85			湿拌砌筑砂浆		**7474.83**	3013.20	4461.63		22.32		2.58
3-86	页岩标砖砌零星砌体		现 场 搅 拌 砂 浆		**6836.12**	3312.90	3303.81	219.41	24.54		
3-87			干 拌 砌 筑 砂 浆		**7292.34**	3126.60	4066.61	99.13	23.16	3.92	
3-88			湿 拌 砌 筑 砂 浆		**6503.15**	2965.95	3537.20		21.97		2.11
3-89	页 岩 标 砖 砌 地 沟		现 场 搅 拌 砂 浆		**5258.02**	1860.30	3281.56	116.16	13.78		
3-90			干 拌 砌 筑 砂 浆		**5904.13**	1690.20	4107.17	106.76	12.52	4.24	
3-91			湿 拌 砌 筑 砂 浆		**5138.95**	1605.15	3533.80		11.89		2.28
3-92	页 岩 标 砖 砌 半 圆 碹		现 场 搅 拌 砂 浆		**8642.97**	4540.05	3806.07	296.85	33.63		
3-93			干 拌 砌 筑 砂 浆		**9093.70**	4360.50	4626.44	106.76	32.30	4.26	
3-94			湿 拌 砌 筑 砂 浆		**8326.86**	4276.80	4050.06		31.68		2.29
3-95	方 整 石 柱		现 场 搅 拌 砂 浆		**5611.63**	4075.65	1487.97	48.01	30.19		
3-96			干 拌 砌 筑 砂 浆		**6101.28**	4044.60	1993.13	63.55	29.96	2.53	
3-97			湿 拌 砌 筑 砂 浆		**5664.38**	4013.55	1650.83		29.73		1.36

砌 体

材											料	机		械
页岩标砖 240×115×53	方整石	水泥	白灰	砂子	水	铁钉	零星材料费	白灰膏	单砖墙用砂浆	砖墙用砂浆	水泥砂浆 M5	灰浆搅拌机 200L	灰浆搅拌机 400L	干混砂浆罐式搅拌机
千块	m³	kg	kg	t	m³	kg	元	m³	m³	m³	m³	台班	台班	台班
513.60	122.56	0.39	0.30	87.03	7.62	6.68						208.76	215.11	254.19
5.43		562.39	123.05	3.280	1.81			(0.176)	(2.31)				0.95	
5.43					2.08									0.42
5.43					1.09									
6.94		628.13	137.44	3.664	2.27			(0.196)	(2.58)				1.01	
6.94					2.57									0.47
6.94					1.47									
5.46		475.97	130.36	2.994	1.87			(0.186)		(2.11)			1.02	
5.46					1.99									0.39
5.46					1.09									
5.34		514.32	140.86	3.235	1.91			(0.201)		(2.28)			0.54	
5.34					2.04									0.42
5.34					1.07									
5.45		557.52	121.99	3.252	1.50	6.0	418.39	(0.174)	(2.29)				1.38	
5.45					1.77	6.0	418.39							0.42
5.45					0.79	6.0	418.39							
	9.64	289.68		2.171	0.60						(1.36)	0.23		
	9.64				0.88									0.25
	9.64				0.30									

工作内容：1.调、运砂浆,运、砌页岩标砖、石。2.制、安、拆碴。3.运、安水泥管。

编号	项 目			单位	预 算 基 价				人 工	干拌砌筑砂浆 M7.5	湿拌砌筑砂浆 M7.5
					总 价	人 工 费	材 料 费	机 械 费	综合工		
					元	元	元	元	工日	t	m³
									135.00	318.16	343.43
3-98	毛 石 护 坡	浆砌	现场搅拌砂浆	10m³	4960.23	2077.65	2732.00	150.58	15.39		
3-99			干拌砌筑砂浆		6517.75	1983.15	4333.79	200.81	14.69	8.02	
3-100			湿拌砌筑砂浆		5136.88	1888.65	3248.23		13.99		4.31
3-101		干 砌			3472.20	1225.80	2246.40		9.08		
3-102	弧 形 阳 角 页 岩 标 砖 加 工			100m	744.09	727.65	16.44		5.39		
3-103	附 墙 烟 囱、通 风 道 水 泥 管				3203.89	702.00	2501.89		5.20		
3-104	砌 页 岩 标 砖 台 阶		现场搅拌砂浆	10m³	5405.12	1881.90	3303.81	219.41	13.94		
3-105			干拌砌筑砂浆		5901.84	1736.10	4066.61	99.13	12.86	3.92	
3-106			湿拌砌筑砂浆		5127.50	1590.30	3537.20		11.78		2.11
3-107	平 墁 页 岩 标 砖 散 水 (水泥砂浆灌缝)			100m²	3182.43	1077.30	2085.77	19.36	7.98		

注：护坡垂直高度超过4m者,人工工日乘以系数1.15。

80

材							料				机	械
毛 石	页岩标砖 240×115×53	水泥烟囱管 115×115	水 泥	白 灰	砂 子	水	零星材料费	白 灰 膏	砖墙用砂浆	水泥砂浆 M5	灰浆搅拌机 400L	干混砂浆罐式搅拌机
t	千块	m	kg	kg	t	m³	元	m³	m³	m³	台班	台班
89.21	513.60	23.87	0.39	0.30	87.03	7.62					215.11	254.19
19.754			918.03		6.879	1.71				(4.31)	0.70	
19.754						2.61						0.79
19.754						0.76						
19.754					5.563							
	0.032											
		103.50					31.34					
	5.460		475.97	130.36	2.994	1.87		(0.186)	(2.11)		1.02	
	5.460					1.99						0.39
	5.460					1.09						
	3.710		144.84		1.085	0.15	28.26			(0.68)	0.09	

4.墙 面 勾 缝

工作内容: 1.原浆勾缝:清扫基层、补浆勾缝、清扫落地灰。2.加浆勾缝:清扫基层、刻瞎缝(不包括弹线、满刻缝)、堵脚手眼、缺角修补、墙面浇水、筛砂、调运砂浆、勾缝等全部操作。

编号	项 目		单位	预 算 基 价				人工	材				料			机械
				总价	人工费	材料费	机械费	综合工	水泥	细砂	砂子	水	水泥细砂浆 1:1	水泥砂浆 M5	水泥细砂浆 1:1.5	灰浆搅拌机 400L
				元	元	元	元	工日	kg	t	t	m³	m³	m³	m³	台班
								135.00	0.39	87.33	87.03	7.62				215.11
3-108	页岩标砖墙面勾缝	加浆 1:1 水泥砂浆	100m²	**1348.36**	1256.85	82.48	9.03	9.31	166.95	0.189		0.113	(0.225)			0.042
3-109		原浆 M5		**603.64**	549.45	50.32	3.87	4.07	47.93		0.359	0.050		(0.225)		0.018
3-110	石墙面勾缝	加浆 1:1.5 水泥砂浆		**1149.10**	1015.20	126.59	7.31	7.52	232.05	0.397		0.187			(0.390)	0.034

第四章　混凝土及钢筋混凝土工程

说　明

一、本章包括现浇混凝土,预制混凝土制作,混凝土构筑物,钢筋工程,预制混凝土构件拼装、安装,预制混凝土构件运输6节,共225条基价子目。

二、项目的界定:

1.基础垫层与混凝土基础按混凝土的厚度划分:混凝土的厚度在12cm以内者执行垫层项目,厚度在12cm以外者执行基础项目。

2.有梁式带形基础,梁高(指基础扩大顶面至梁顶面的高)1.2m以内时合并计算;1.2m以外时基础底板按无梁式带形基础项目计算,扩大顶面以上部分按混凝土墙项目计算。

3.现浇钢筋混凝土梁、板坡度在10°以内,按基价相应项目执行;坡度在10°以外、30°以内,相应基价项目中人工工日乘以系数1.10;坡度在30°以外、60°以内,相应基价项目中人工工日乘以系数1.20;坡度在60°以外,按现浇混凝土墙相应基价项目执行。

4.预制楼板及屋面板间板缝,下口宽度在2cm以内者,灌缝工程已包括在构件安装项目内,但板缝内如有加固钢筋者,另行计算。下口宽度在2cm至15cm以内者,执行补缝板项目;宽度在15cm以外者,执行平板项目。

5.楼梯是按建筑物一个自然层双跑楼梯考虑,如单坡直形楼梯(即一个自然层无休息平台)按相应项目乘以系数1.20;三跑楼梯(即一个自然层、两个休息平台)按相应项目乘以系数0.90;四跑楼梯(即一个自然层、三个休息平台)按相应项目乘以系数0.75;剪刀楼梯执行单坡直形楼梯相应系数。

板式楼梯梯段底板(不含踏步三角部分)厚度大于150mm、梁式楼梯梯段底板(不含踏步三角部分)厚度大于80mm时,混凝土消耗量按设计要求调整,人工按相应比例调整。

弧形楼梯是指一个自然层旋转弧度小于180°的楼梯,螺旋楼梯是指一个自然层旋转弧度大于180°的楼梯。

6.零星构件是指单体体积在0.1m³以内且在本章中未列项目的小型构件。

三、现浇混凝土:

1.本章混凝土项目中除设备基础细石混凝土二次灌浆采用C20细石混凝土外,其余混凝土材料均采用AC30预拌混凝土。如设计要求混凝土强度等级与基价不同时,可按设计要求调整。

2.混凝土的养护是按一般养护方法考虑的,如采用蒸汽养护或其他特殊养护方法者,可另行计算,本章各混凝土项目中包括的养护内容不扣除。

3.混凝土构件实体积最小几何尺寸大于1m,且按规定需要进行温度控制的大体积混凝土,温度控制费用按照经批准的专项施工方案另行计算。

4.满堂基础底板适用于无梁式或有梁式满堂基础的底板。如底板打桩,其桩头处理按第一章中有关规定执行。

5.桩承台基价中包括剔凿高度在10cm以内的桩头剔凿用工,剔凿高度超过10cm时,按第一章有关规定计算,本章中包括的剔凿用工不扣除。

6.毛石混凝土是按毛石体积占混凝土体积20%计算的。设计要求与基价不同时,可按设计要求调整。

7.在底板上充填抗浮(压重)混凝土或毛石混凝土按基础垫层相应项目执行。

8.混凝土栏板高度(含压顶扶手及翻沿)净高按1.2m以内考虑,超过1.2m时执行相应墙项目。

9.独立现浇门框按构造柱项目执行。

10.墙、板中后浇带不分厚度,按相应基价执行。

11.散水、坡道厚度如与设计厚度不同时,混凝土消耗量可按比例调整。

12.钢管混凝土柱套含量是按外径500mm、壁厚8mm钢管编制的,设计规格不同时,柱套含量应按设计调整。如外购钢柱套,以外购实际价格列入子目。如由施工单位自行制作,扣除基价中钢柱套价格,另以设计柱套重量按金属结构制作工程相应项目计算制作费用。

13.采用逆作法施工的现浇构件钢筋损耗率在本基价规定基础上分别提高0.5%,基价人工工日乘以系数1.10。

14.各类防密门、防爆波活门及战时封堵门框墙均按钢筋混凝土墙计算,另按施工措施项目计算模板工程增加费,内容包括门框(铁件)安装、校正及场内运输。

15.有抗力要求的工程顶板、分层板按相应的顶板项目计算。由柱头支持的普通楼板按无梁板项目计算。搁置在墙或梁上的普通板按平板计算。

16.楼梯下部与工程内部相通、有抗力要求的楼梯按临空墙式楼梯项目计算。构筑在垫层上的出入口踏步楼梯按出入口阶梯项目计算。

四、预制混凝土构件制作:

1.预制混凝土构件制作基价中未包括从预制地点或堆放地点至安装地点的运输,发生运输时,执行相应的运输项目。

2.预制混凝土柱、梁是按现场就位预制考虑的,如不能就位预制,发生运输时可执行相应的运输项目。

五、钢筋工程:

1.钢筋工程按钢筋的不同品种和规格以普通钢筋、高强钢筋、箍筋等分别列项,钢筋的品种、规格比例按常规工程设计综合考虑。

2.钢筋工程中措施钢筋,按设计图纸规定要求、施工验收规范要求及批准的施工组织设计计算,按品种、规格执行相应项目。如采用其他材料时,另行计算。

3.两个构件之间的附加连接筋、构件与砌体连接筋及构件伸出加固筋均另行计算,按加固筋项目执行。

4.非预应力钢筋项目未包括冷加工,如设计要求冷加工时,加工费及加工损耗另行计算。施工单位自行采用冷加工钢筋者,不另计算加工费,钢筋用量仍按原设计直径计算。

5.采用机械连接的钢筋接头,不再计算该处的钢筋搭接长度。

6.植筋项目未包括植入的钢筋制作、化学螺栓。钢筋制作按钢筋制作、安装相应项目执行,化学螺栓另行计算;使用化学螺栓,应扣除植筋胶粘剂的消耗量。

7.地下连续墙钢筋笼安放未包括钢筋笼制作,钢筋笼制作按钢筋相应项目执行。

六、预制混凝土构件拼装、安装:

1.预制混凝土构件安装项目中已综合了预制构件的灌缝、找平、大楼板安装支撑的内容,实际与基价不同时不换算。

2.基价中已考虑了双机或多机同时作业因素,在发生上述情况时,机械费不另行增加。

3.预制构件拆(剔)模、清理用工已包括在模板项目中,不另计算。

4.混凝土构件安装基价中未包括机车行驶路线的修整、铺垫工作,如发生时另行计算。

5.起重机械台班费是按50t以内的机械综合考虑的。

6.基价中构件就位是按起重机倒运考虑的,实际使用汽车倒运者,可按构件运输项目执行。

七、预制混凝土构件运输：

1.构件运输基价是按构件长度在14m以内的混凝土构件考虑的。

2.构件分类详见下表。

构件分类表

类　　别	项　　　　　目
一类	4m以内梁、实心楼板
二类	屋面板,工业楼板,屋面填充梁,进深梁,基础梁,吊车梁,楼梯休息板,楼梯段,楼梯梁,阳台板,装配式预制混凝土空调板、女儿墙
三类	14m以内梁、柱、桩、各类屋架、桁架、托架、装配式预制混凝土叠合梁
四类	天窗架、挡风架、侧板、端壁板、天窗上下挡、门框、窗框及0.1m³以内的小构件
五类	装配式内、外墙板、夹心保温墙、PCF外墙板、叠合板、大楼板、大墙板,厕所板
六类	隔墙板(高层用)

工程量计算规则

一、现浇混凝土：

现浇混凝土工程量除另有规定外,均按设计图示尺寸以体积计算。不扣除构件内钢筋、预埋铁件所占体积。用型钢代替钢筋骨架的钢筋混凝土项目,计算混凝土工程量时,应扣除型钢所占混凝土体积,按每吨型钢扣减$0.1m^3$混凝土计算。

1.现浇混凝土基础按设计图示尺寸以体积计算。不扣除伸入承台基础的桩头所占体积。

(1)带形基础：外墙基础长度按外墙带形基础中心线长度计算,内墙基础长度按内墙基础净长计算,截面面积按图示尺寸计算。

(2)独立基础：包括各种形式的独立柱基和柱墩,独立基础的高度按图示尺寸计算,柱与柱基以柱基的扩大顶面为分界。

(3)有梁式满堂基础中的梁、柱另按相应的基础梁及柱项目计算,梁只计算凸出基础的部分,伸入基础底板部分并入满堂基础底板工程量内。箱式满堂基础应分别按满堂基础底板、柱、梁、墙、板有关规定计算。

(4)框架式设备基础,分别按基础、柱、梁、板等相应规定计算,楼层上的钢筋混凝土设备基础按有梁板项目计算。

(5)设备基础的钢制螺栓固定架应按铁件计算,木制设备螺栓套按数量计算。

(6)设备基础二次灌浆以体积计算。

2.现浇混凝土柱按设计图示尺寸以体积计算。构造柱断面尺寸按每面马牙槎增加3cm计算,依附柱上的牛腿和升板的柱帽并入柱身体积计算。其柱高：

(1)有梁板的柱高应自柱基上表面(或楼板上表面)至上一层楼板上表面之间的高度计算。

（2）无梁板的柱高应自柱基上表面（或楼板上表面）至柱帽下表面之间的高度计算。

（3）框架柱的柱高应自柱基上表面至柱顶高度计算。

（4）构造柱按全高计算，嵌接墙体部分（马牙碴）并入柱身体积。

（5）钢管柱以钢管高度按照钢管内径计算混凝土体积。

3.现浇混凝土梁按设计图示尺寸以体积计算。伸入墙内的梁头、梁垫并入梁体积内。梁与柱连接时，梁长算至柱侧面；主梁与次梁连接时，次梁长算至主梁侧面。

（1）凡加固墙身的梁均按圈梁计算。

（2）圈梁与梁连接时，圈梁体积应扣除伸入圈梁内的梁的体积。

（3）在圈梁部位挑出的混凝土檐，其挑出部分在12cm以内的，并入圈梁体积内计算；挑出部分在12cm以外的，以圈梁外边线为界限，挑出部分套用挑檐、天沟项目。

4.现浇混凝土墙按设计图示尺寸以体积计算。扣除门窗洞口及单个面积在0.3m²以外的孔洞所占体积。

（1）墙的高度按下一层板上皮至上一层板下皮的高度计算，墙与梁连接时墙算至梁底。

（2）现浇混凝土墙与梁连在一起时，如混凝土梁不凸出墙外且梁下没有门窗（或洞口），混凝土梁的体积并入墙体内计算；如混凝土梁凸出墙外或梁下有门窗（或洞口），混凝土墙与梁应分别计算。

（3）现浇混凝土墙与柱连在一起时，当混凝土柱不凸出外墙时，混凝土柱并入墙体内计算；当混凝土柱凸出外墙时，混凝土墙的长度算至柱子侧面，与墙连接的混凝土柱另行计算。

（4）防护密闭门等门框墙并入墙体积内计算，门框墙模板工程增加另按施工措施项目计算。

（5）逆作混凝土围护墙如采用土模或挂网喷射混凝土护壁外模时，工程量按设计图示墙厚加30mm厚的填凹量计算。

5.现浇混凝土板按设计图示尺寸以体积计算。不扣除单个面积在0.3m²以内的孔洞所占体积。各类板伸入墙内的板头并入板体积内计算，薄壳板的肋、基梁并入薄壳体积内计算。

（1）不同类型的楼板交接时，以墙的中心线为分界。

（2）有梁板（包括主、次梁与板）按梁、板体积之和计算。

（3）无梁板按板和柱帽体积之和计算。

6.后浇带按设计图示尺寸以体积计算。有梁板中后浇带按梁、板分别计算。

7.现浇混凝土楼梯按设计图示尺寸以水平投影面积计算。不扣除宽度小于500mm的楼梯井，伸入墙内部分不计算。

（1）楼梯（含临空墙式楼梯、出入口阶梯）的水平投影面积包括踏步、斜梁、休息平台、平台梁以及楼梯与楼板连接的梁（楼梯与楼板的划分以楼梯梁的外侧面为分界）。

（2）当整体楼梯与现浇楼板无楼梯梁连接时，以楼梯的最后一个踏步边缘加300mm为界。

8.现浇钢筋混凝土栏板按设计图示尺寸以体积计算（包括伸入墙内的部分），楼梯斜长部分的栏板长度，可按其水平投影长度乘以系数1.15计算。

9.现浇混凝土门框、框架现浇节点、小型池槽、零星构件按设计图示尺寸以体积计算。

10.现浇混凝土扶手、压顶按设计图示尺寸以体积计算。

11.台阶按设计图示尺寸以水平投影面积计算。台阶与平台连接时其投影面积应以最上层踏步外沿加300mm计算。

12.散水按设计图示尺寸以水平投影面积计算。

13.坡道按设计图示尺寸以水平投影面积乘以平均厚度以体积计算。

二、预制混凝土制作：

预制镂空花格以外的其他预制混凝土构件均按设计图示尺寸以体积计算。不扣除构件内钢筋、预埋铁件及单个面积小于0.3m²以内孔洞所占体积，扣除烟道、通风道的孔洞及楼梯空心踏步板空洞所占体积。

1.预制混凝土柱上的钢牛腿按铁件计算。

2.预制混凝土镂空花格按设计图示外围尺寸以面积计算。

三、混凝土构筑物：

混凝土构筑物按设计图示尺寸以体积计算，不扣除构件内钢筋、预埋铁件及单个面积0.3m²以内的孔洞所占体积。

1.贮水(油)池：

(1)无梁池盖柱的柱高，自池底上表面算至池盖的下表面，柱座、柱帽的体积包括在柱体积内计算。

(2)池壁应以壁基梁底为界，以上为池壁，以下为池底；无壁基梁的，锥形坡底应算至其上口，池壁下部的八字脚应并入池底体积内计算。

(3)肋形池盖应包括主、次梁体积；球形池盖应以池壁顶面为界，边侧梁应并入球形池盖体积内计算。

(4)各类池盖中的人孔、透气管、盖板以及与池盖相连的其他结构，其体积合并在池盖体积内计算。

(5)沉淀池水槽，系指池壁上的环形溢水槽及纵横U形水槽。但不包括与水槽相连接的矩形梁，矩形梁按矩形梁项目计算。

(6)钢筋混凝土池底、壁、柱、盖各项目中已综合考虑试水所用工、料，不得重复计算。

(7)如独立柱带有混凝土或钢筋混凝土结构者，其体积可分别并入池底及池盖体积中，不另列项目计算。

2.沉井：

(1)适用于底面积大于5m²的陆上明排水用人工或机械挖土下沉的沉井工程。

(2)沉井工程量以实体积计算。

3.混凝土地沟：

(1)适用于钢筋混凝土及混凝土现浇无肋地沟的底、壁、顶。不论方形(封闭式)、槽形(开口式)、阶梯形(变截面式)均执行本基价。但净空断面面积在0.2m²以内的无筋混凝土地沟，应按现浇混凝土相应项目计算。

(2)沟壁与底的分界，以底板上表面为界。沟壁与顶的分界，以顶板下表面为界。上薄下厚的壁按平均厚度计算。阶梯形的壁，按加权平均厚度计算。八字角部分的体积并入沟壁工程量内计算。

(3)肋形顶板或预制顶板，按现浇混凝土或预制混凝土相应项目计算。

4.井池：

钢筋混凝土井(池)壁不分厚度均以实体积计算。凡与井(池)壁连接的管道和井(池)壁上的孔洞，其内径在20cm以内者，孔洞所占体积不予扣除；

超过20cm时,应予扣除。

5.抗力为2.4MPa的防爆波化粪池执行抗力1.2MPa基价子目,其中混凝土工程按系数1.36调整;抗力为0.3MPa的防爆波化粪池执行抗力0.6MPa基价子目。

四、钢筋工程:

1.普通钢筋、高强钢筋、箍筋均按设计图示钢筋长度乘以单位理论质量计算。

2.钢筋工程项目消耗量中未含搭接损耗,钢筋的搭接(接头)数量应按设计图示及规范要求计算;设计图示及规范要求未标明的,按以下规定计算:

(1)$D10$以内的长钢筋按每12m计算一个钢筋搭接(接头)。

(2)$D10$以外的长钢筋按每9m计算一个钢筋搭接(接头)。

3.钢筋搭接长度应按设计图示及规范要求计算。

4.螺栓、预埋铁件按设计图示尺寸以质量计算。

5.钢筋气压焊接头、电渣压力焊接头、冷挤压接头、直螺纹钢筋接头等钢筋特殊接头按个数计算。

6.钢筋冷挤压接头基价中未含无缝钢管价值。无缝钢管用量应按设计要求计算,损耗率为2%。

7.植筋按设计图示数量计算。

8.钢筋网片、混凝土灌注桩钢筋笼、地下连续墙钢筋笼按设计图示钢筋长度乘以单位理论质量计算。

1.现浇混凝土
（1）基　础

工作内容： 混凝土搅拌、浇捣、养护等全部操作过程。

编号	项　　目		单位	预　算　基　价				人工	材　　料			机械
				总　价	人工费	材料费	机械费	综合工	预拌混凝土 AC30	水	阻燃防火保温草袋片	小型机具
				元	元	元	元	工日	m³	m³	m²	元
								135.00	472.89	7.62	3.34	
4-1	带 形 基 础	有 梁 式	10m³	5582.52	761.40	4815.95	5.17	5.64	10.15	1.01	2.52	5.17
4-2		无 梁 式		5582.52	761.40	4815.95	5.17	5.64	10.15	1.01	2.52	5.17
4-3	独 立 基 础			5548.10	723.60	4819.33	5.17	5.36	10.15	1.13	3.26	5.17
4-4	桩承台基础	带 形		7944.18	3121.20	4817.81	5.17	23.12	10.15	1.07	2.94	5.17
4-5		独 立		7904.80	3082.05	4817.58	5.17	22.83	10.15	1.04	2.94	5.17
4-6	底 板 结 构 梁			6179.03	1290.60	4878.28	10.15	9.56	10.15	9.19	2.52	10.15
4-7	底　　　　板			6061.62	1161.00	4890.47	10.15	8.60	10.15	9.69	5.03	10.15

注：桩承台包括剔凿高度在10cm以内的剔凿桩头用工。

(2)设 备 基 础

工作内容：混凝土搅拌、浇捣、养护等全部操作过程。

编号	项目			单位	预 算 基 价				人工	材		料		机械
					总 价	人工费	材料费	机械费	综合工	预拌混凝土AC30	毛 石	水	阻燃防火保温草袋片	小型机具
					元	元	元	元	工日	m³	t	m³	m²	元
									135.00	472.89	89.21	7.62	3.34	
4-8	毛石混凝土设备基础		5以内		5061.57	777.60	4278.80	5.17	5.76	8.12	4.624	1.46	4.58	5.17
4-9			5以外		4994.52	718.20	4271.15	5.17	5.32	8.12	4.624	1.36	2.52	5.17
4-10	无筋混凝土设备基础	块体（m³）	5以内	10m³	5535.53	704.70	4825.66	5.17	5.22	10.15		1.18	5.04	5.17
4-11			5以外		5474.69	652.05	4817.47	5.17	4.83	10.15		1.10	2.77	5.17
4-12	钢筋混凝土设备基础		5以内		5512.68	680.40	4827.11	5.17	5.04	10.15		1.37	5.04	5.17
4-13			5以外		5484.06	661.50	4817.39	5.17	4.90	10.15		1.09	2.77	5.17

工作内容：混凝土搅拌、浇捣、养护等全部操作过程。

编号	项 目			单位	预 算 基 价				人 工	材 料		
					总 价	人工费	材料费	机械费	综合工	预拌混凝土 AC20	水 泥	砂 子
					元	元	元	元	工日	m³	kg	t
									135.00	450.56	0.39	87.03
4-14	设 备 螺 栓 套	长 度 (m)	1 以 内	10个	684.75	324.00	355.34	5.41	2.40			
4-15			1 以 外		1209.93	537.30	666.15	6.48	3.98			
4-16	设 备 基 础 二 次 灌 浆	细 石 混 凝 土		10m³	9590.77	4850.55	4740.22		35.93	10.30		
4-17		水 泥 砂 浆 1:2			9084.45	5278.50	3805.95		39.10		6162.08	15.187

编号	项 目		单位	材						料	机	械
				水	镀锌钢丝 D4	铁 钉	阻燃防火保温草袋片	零星材料费	木模板周转费	水泥砂浆 1:2	载货汽车 6t	木工圆锯机 D500
				m³	kg	kg	m²	元	元	m³	台班	台班
				7.62	7.08	6.68	3.34				461.82	26.53
4-14	设备螺栓套	长度 (m)	1 以内	10个		2.01	2.34	2.27	323.21		0.01	0.03
4-15			1 以外			6.57	2.40	8.74	594.86		0.01	0.07
4-16	设备基础二次灌浆	细石混凝土		10m³	10.86			5.00				
4-17		水泥砂浆 1:2			8.44			5.00		(10.91)		

(3) 柱

工作内容： 混凝土搅拌、浇捣、养护等全部操作过程。

编号	项目	单位	预算基价				人工	材料				机械		
			总价	人工费	材料费	机械费	综合工	预拌混凝土AC30	水	钢管柱套	阻燃防火保温草袋片	载货汽车6t	汽车式起重机8t	小型机具
			元	元	元	元	工日	m³	m³	t	m²	台班	台班	元
							135.00	472.89	7.62	2841.72	3.34	461.82	767.15	
4-18	矩 形 柱		6734.16	1915.65	4810.11	8.40	14.19	10.15	0.91		1.00			8.40
4-19	构 造 柱		8329.32	3511.35	4809.57	8.40	26.01	10.15	0.91		0.84			8.40
4-20	异 型 柱 (L形、T形、十字形)	10m³	6930.04	2112.75	4808.89	8.40	15.65	10.15	0.82		0.84			8.40
4-21	圆 形、多 角 形 柱		6955.89	2139.75	4807.74	8.40	15.85	10.15	0.66		0.86			8.40
4-22	钢 管 混 凝 土 柱		39788.85	5578.20	33563.46	647.19	41.32	10.15	8.17	10.1		0.52	0.52	8.13

95

（4）梁

工作内容： 混凝土搅拌、浇捣、养护等全部操作过程。

编号	项 目	单位	预 算 基 价				人 工	材 料			机 械
			总 价	人工费	材料费	机械费	综合工	预拌混凝土 AC30	水	阻燃防火保温草袋片	小型机具
			元	元	元	元	工日	m³	m³	m²	元
							135.00	472.89	7.62	3.34	
4-23	基础梁、地圈梁、基础加筋带		6152.89	1309.50	4834.99	8.40	9.70	10.15	1.97	6.03	8.40
4-24	矩 形 梁 （单梁、连续梁）		5874.82	1031.40	4835.02	8.40	7.64	10.15	2.01	5.95	8.40
4-25	异 型 梁 （T形、工字形、十字形）		5880.57	1039.50	4832.67	8.40	7.70	10.15	1.14	7.23	8.40
4-26	圈 梁	10m³	7764.55	2916.00	4840.15	8.40	21.60	10.15	1.67	8.26	8.40
4-27	过 梁		8107.63	3199.50	4899.73	8.40	23.70	10.15	4.97	18.57	8.40
4-28	弧（拱） 形 梁		6605.22	1742.85	4853.97	8.40	12.91	10.15	2.73	9.98	8.40
4-29	叠 合 梁 后 浇 混 凝 土		6462.44	1478.25	4975.79	8.40	10.95	10.15	16.67	14.65	8.40

(5) 墙

工作内容： 混凝土搅拌、浇捣、养护等全部操作过程。

编号	项 目		单位	预 算 基 价				人工	材					料		机 械	
				总 价	人工费	材料费	机械费	综合工	预拌混凝土AC30	阻燃防火保温草袋片	水泥	砂子	水	毛石	水泥砂浆1:2	灰浆搅拌机200L	小型机具
				元	元	元	元	工日	m³	m²	kg	t	m³	t	m³	台班	元
								135.00	472.89	3.34	0.39	87.03	7.62	89.21		208.76	
4-30	混 凝 土 墙	墙 厚（cm）	20 以内	10m³	**7075.77**	2226.15	4837.17	12.45	16.49	9.95	0.92	113.20	0.278	7.94		(0.20)	0.02	8.27
4-31			25 以内		**6440.36**	1591.65	4836.26	12.45	11.79	9.95	0.92	113.20	0.278	7.82		(0.20)	0.02	8.27
4-32			30 以内		**6364.15**	1516.05	4835.65	12.45	11.23	9.95	0.92	113.20	0.278	7.74		(0.20)	0.02	8.27
4-33			40 以内		**6225.76**	1378.35	4834.96	12.45	10.21	9.95	0.92	113.20	0.278	7.65		(0.20)	0.02	8.27
4-34			50 以内		**6106.51**	1259.55	4834.51	12.45	9.33	9.95	0.92	113.20	0.278	7.59		(0.20)	0.02	8.27
4-35			65 以内		**6065.63**	1219.05	4834.13	12.45	9.03	9.95	0.92	113.20	0.278	7.54		(0.20)	0.02	8.27
4-36			80 以内		**6034.27**	1188.00	4833.82	12.45	8.80	9.95	0.92	113.20	0.278	7.50		(0.20)	0.02	8.27
4-37			80 以外		**5994.97**	1148.85	4833.67	12.45	8.51	9.95	0.92	113.20	0.278	7.48		(0.20)	0.02	8.27
4-38	毛 石 混 凝 土 墙		60 以内		**5744.03**	1232.55	4504.63	6.85	9.13	8.63	0.92			7.42	4.08			6.85
4-39			60 以外		**5617.72**	1107.00	4503.87	6.85	8.20	8.63	0.92			7.32	4.08			6.85

(6) 板

工作内容： 混凝土搅拌、浇捣、养护等全部操作过程。

编号	项 目	单位	预 算 基 价				人 工	材		料	机 械
			总 价	人工费	材料费	机械费	综合工	预拌混凝土 AC30	阻燃防火 保温草袋片	水	小型机具
			元	元	元	元	工日	m³	m²	m³	元
							135.00	472.89	3.34	7.62	
4-40	平 板 (板厚cm)	8 以 内	6173.77	1201.50	4963.87	8.40	8.90	10.15	19.91	12.80	8.40
4-41		12 以 内	6022.33	1086.75	4927.18	8.40	8.05	10.15	13.26	10.90	8.40
4-42		16 以 内	5942.06	1020.60	4913.06	8.40	7.56	10.15	9.74	10.59	8.40
4-43		20 以 内	5900.62	990.90	4901.32	8.40	7.34	10.15	7.80	9.90	8.40
4-44		20 以 外	5828.94	928.80	4891.74	8.40	6.88	10.15	6.23	9.33	8.40

工作内容：混凝土搅拌、浇捣、养护等全部操作过程。

编号	项目	单位	预算基价				人工	材料			机械
			总价	人工费	材料费	机械费	综合工	预拌混凝土AC30	阻燃防火保温草袋片	水	小型机具
			元	元	元	元	工日	m³	m²	m³	元
							135.00	472.89	3.34	7.62	
4-45	25 以 内	10m³	**5720.81**	812.70	4902.94	5.17	6.02	10.15	7.85	10.09	5.17
4-46	30 以 内		**5699.22**	795.15	4898.90	5.17	5.89	10.15	6.71	10.06	5.17
4-47	35 以 内		**5651.68**	750.60	4895.91	5.17	5.56	10.15	5.86	10.04	5.17
4-48	平 顶 板（板厚cm） 40 以 内		**5616.92**	718.20	4893.55	5.17	5.32	10.15	5.20	10.02	5.17
4-49	50 以 内		**5557.53**	661.50	4890.86	5.17	4.90	10.15	4.44	10.00	5.17
4-50	70 以 内		**5469.49**	576.45	4887.87	5.17	4.27	10.15	3.59	9.98	5.17
4-51	110 以 内		**5302.11**	413.10	4883.84	5.17	3.06	10.15	2.45	9.95	5.17
4-52	110 以 外		**5244.70**	359.10	4880.43	5.17	2.66	10.15	1.50	9.92	5.17

工作内容：混凝土搅拌、浇捣、养护等全部操作过程。

编号	项目		单位	预　　算　　基　　价				人工	材	料		机械
				总　价	人工费	材料费	机械费	综合工	预拌混凝土 AC30	阻燃防火保温草袋片	水	小型机具
				元	元	元	元	工日	m³	m²	m³	元
								135.00	472.89	3.34	7.62	
4-53	拱　顶　板 （板厚cm）	25 以 内	10m³	**6356.05**	1448.55	4899.03	8.47	10.73	10.15	7.89	9.56	8.47
4-54		30 以 内		**6304.79**	1405.35	4890.97	8.47	10.41	10.15	6.48	9.12	8.47
4-55		35 以 内		**6270.74**	1377.00	4885.27	8.47	10.20	10.15	5.48	8.81	8.47
4-56		40 以 内		**6171.98**	1282.50	4881.01	8.47	9.50	10.15	4.73	8.58	8.47
4-57		45 以 内		**6125.47**	1239.30	4877.70	8.47	9.18	10.15	4.15	8.40	8.47
4-58		50 以 内		**6070.11**	1186.65	4874.99	8.47	8.79	10.15	3.68	8.25	8.47
4-59		50 以 外		**6029.75**	1150.20	4871.08	8.47	8.52	10.15	2.99	8.04	8.47

100

工作内容：混凝土搅拌、浇捣、养护等全部操作过程。

编号	项 目	单位	预 算 基 价				人 工	材 料			机 械	
			总 价	人工费	材料费	机械费	综合工	预拌混凝土 AC30	水	阻燃防火保温草袋片	机 动 翻斗车 1t	小型机具
			元	元	元	元	工日	m³	m³	m²	台班	元
							135.00	472.89	7.62	3.34	207.17	
4-60	无 梁 板	10m³	**5579.88**	710.10	4861.38	8.40	5.26	10.15	3.47	10.51		8.40
4-61	薄 壳 板		**6403.72**	1549.80	4845.52	8.40	11.48	10.15	1.84	9.48		8.40
4-62	幕 式 顶 板		**6449.33**	1541.70	4899.23	8.40	11.42	10.15	9.52	8.04		8.40
4-63	叠 合 结 构 顶 板		**6317.82**	1235.25	4915.60	166.97	9.15	10.15	10.13	11.55	0.78	5.38

（7）混凝土后浇带

工作内容：1.钢筋保护、除锈。2.基层混凝土面凿毛。3.混凝土浇筑、振捣、养护等全部操作过程。

编号	项目	单位	预算基价 总价 元	人工费 元	材料费 元	机械费 元	人工 综合工 工日	材料 预拌混凝土AC30 m³	密目钢丝网 m²	圆钢D14 t	水泥 kg	砂子 t	水 m³	阻燃防火保温草袋片 m²	零星材料费 元	水泥砂浆1:2 m³	机械 小型机具 元
							135.00	472.89	6.27	3926.24	0.39	87.03	7.62	3.34			
4-64	满堂基础	10m³	**8118.44**	2392.20	5721.07	5.17	17.72	10.15	55.00	0.107	14.12	0.035	10.77	3.59	53.67	(0.025)	5.17
4-65	墙		**8391.40**	2547.45	5830.51	13.44	18.87	10.15	55.02	0.160	14.12	0.035	5.95	1.08		(0.025)	13.44
4-66	梁		**8193.78**	2570.40	5614.98	8.40	19.04	10.15	54.91	0.082	14.12	0.035	10.78	5.95	38.34	(0.025)	8.40
4-67	板		**8950.47**	2581.20	6360.87	8.40	19.12	10.15	55.00	0.231	14.12	0.035	15.92	14.22	131.87	(0.025)	8.40

第三章　砌　筑　工　程

说　明

一、本章包括砌基础、砌墙、其他砌体、墙面勾缝4节,共110条基价子目。

二、基础与墙(柱)身的划分:

1.基础与墙(柱)身使用同一种材料时,以首层设计室内地坪为界(有地下室者,以地下室室内设计地坪为界),以下为基础,以上为墙(柱)身。

2.基础与墙(柱)身使用不同材料时,位于设计室内地坪高度≤±300mm时,以不同材料为分界线,高度>±300mm时,以设计室内地坪为分界线。

3.砖砌地沟不分墙基和墙身,按不同材质合并工程量套用相应项目。

4.围墙以设计室外地坪为界线,以下为基础,以上为墙身。

三、本章砌页岩标砖墙基价中综合考虑了除单砖墙以外不同的墙厚、内墙与外墙、清水墙和混水墙的因素,若砌清水墙占全部砌墙比例大于45%,则人工工日乘以系数1.10。单砖墙应单独计算,执行相应基价项目。

四、本章基价中部分砌体的砌筑砂浆强度为综合强度等级,使用时不予换算。

五、本章基价中的预拌砂浆强度等级分别按M7.5、M15考虑,设计要求预拌砂浆强度等级与基价中不同时按设计要求换算。

六、砌墙基价中未含墙体加固钢筋,砌体内采用钢筋加固者,按设计要求计算其质量,执行第四章中墙体加固钢筋基价项目。

七、砌页岩标砖墙基价中已综合考虑了不带内衬的附墙烟囱,带内衬的附墙烟囱,执行第九章相应项目。

八、本章贴砌页岩标砖墙指墙体外表面的砌贴砖墙。

九、页岩空心砖墙基价中的空心砖规格为240mm×240mm×115mm,设计规格与基价不同时,按设计要求调整。

十、砌块墙基价中砌块消耗量中未包括改锯损耗。如有发生,另行计算。

十一、加气混凝土墙基价中未考虑砌页岩标砖,设计要求砌页岩标砖执行相应项目另行计算。

十二、保温轻质砂加气砌块墙基价中未含铁件或拉结件,设计要求使用铁件或拉结件时另行计算。

十三、页岩标砖零星砌体指页岩标砖砌小便池槽、明沟、暗沟、隔热板带等。

十四、页岩标砖砌地垄墙按页岩标砖砌地沟基价执行,页岩标砖墩按页岩标砖方形柱基价执行。

工程量计算规则

一、页岩标砖基础、毛石基础按设计图示尺寸以体积计算,包括附墙垛基础宽出部分体积,扣除钢筋混凝土地梁(圈梁)、构造柱所占体积,不扣除基础大放脚T形接头处的重叠部分及嵌入基础内的钢筋、铁件、管道、基础砂浆防潮层和单个面积0.3m² 以内的孔洞所占体积,靠墙暖气沟的挑檐不增加。基础长度:外墙按外墙中心线长度,内墙按内墙净长线计算。砌页岩标砖基础大放脚增加断面面积按下表计算。

放脚层数	增 加 断 面 面 积		放脚层数	增 加 断 面 面 积	
	等 高	不 等 高		等 高	不 等 高
一	0.01575	0.01575	四	0.15750	0.12600
二	0.04725	0.03938	五	0.23625	0.18900
三	0.09450	0.07875	六	0.33075	0.25988

二、实心页岩标砖墙、空心砖墙、多孔砖墙、各类砌块墙、毛石墙等墙体均按设计图示尺寸以体积计算。扣除门窗洞口、过人洞、空圈、嵌入墙内的钢筋混凝土柱、梁、圈梁、挑梁、过梁及凹进墙内的壁龛、管槽、暖气槽、消火栓箱所占体积。不扣除梁头、外墙板头、檩头、垫木、木楞头、沿缘木、木砖、门窗走头、页岩标砖墙内页岩标砖平碹、页岩标砖拱碹、页岩标砖过梁、加固钢筋、木筋、铁件、钢管及单个面积0.3m²以内的孔洞所占体积。凸出墙面的腰线、挑檐、压顶、窗台线、虎头砖、门窗套的体积亦不增加，凸出墙面的垛并入墙体体积内。

附墙烟囱（包括附墙通风道）按其外形体积计算，并入所依附的墙体体积内。

1. 墙长度：外墙按中心线计算，内墙按净长计算。

2. 墙高度：

(1)外墙：斜(坡)屋面无檐口天棚者算至屋面板底；有屋架且室内外均有天棚者算至屋架下弦底另加200mm；无天棚者算至屋架下弦底另加300mm，出檐宽度超过600mm时，按实砌高度计算；有钢筋混凝土楼板隔层者算至板顶；平屋面算至钢筋混凝土板底。

(2)内墙：位于屋架下弦者，算至屋架下弦底；无屋架者算至天棚底另加100mm；有钢筋混凝土楼板隔层者算至楼板顶；有框架梁时算至梁底。

(3)女儿墙：从屋面板上表面算至女儿墙顶面（如有混凝土压顶时算至压顶下表面）。

(4)内、外山墙：按其平均高度计算。

(5)围墙：高度从基础顶面起算至压顶上表面（如有混凝土压顶时算至压顶下表面），与墙体为一体的页岩标砖砌围墙柱并入围墙体积内计算。

(6)砌地下室墙不分基础和墙身，其工程量合并计算，按砌墙基价执行。

3. 页岩标砖墙厚度按下表计算。

页岩标砖墙厚度计算表

墙 厚 （砖）	$\frac{1}{4}$	$\frac{1}{2}$	$\frac{3}{4}$	1	$1\frac{1}{2}$	2	$2\frac{1}{2}$	3
计 算 厚 度 （mm）	53	115	180	240	365	490	615	740

三、空花墙按设计图示尺寸以空花部分外形体积计算，不扣除空花部分体积。

四、实心页岩标砖柱、页岩标砖零星砌体按设计图纸尺寸以体积计算。扣除混凝土及钢筋混凝土梁垫、梁头、板头所占体积。页岩标砖柱不分柱基和柱身,其工程量合并计算,按页岩标砖柱基价执行。

五、石柱按设计图示尺寸以体积计算。

六、页岩标砖半圆碹、毛石护坡、页岩标砖台阶等其他砌体均按设计图示尺寸以实体积计算。

七、弧形阳角页岩标砖加工按长度计算。

八、附墙烟囱、通风道水泥管按设计要求以长度计算。

九、平墁页岩标砖散水按设计图示尺寸以水平投影面积计算。

十、墙面勾缝按设计图示尺寸以墙面垂直投影面积计算,应扣除墙面和墙裙抹灰面积,不扣除门窗套和腰线等零星抹灰及门窗洞口所占面积,但垛、门窗洞口侧面和顶面的勾缝面积亦不增加。

十一、独立柱、房上烟囱勾缝,按设计图示外形尺寸以展开面积计算。

1.砌

工作内容：调、运砂浆,运、砌页岩标砖、石。

编号	项 目		单位	预 算 基 价				人 工	干拌砌筑砂浆 M7.5
				总 价	人工费	材料费	机械费	综 合 工	
				元	元	元	元	工日	t
								135.00	318.16
3-1	页 岩 标 砖 基 础	现 场 搅 拌 砂 浆	10m³	5118.83	1777.95	3256.99	83.89	13.17	
3-2		干 拌 砌 筑 砂 浆		5875.57	1668.60	4097.67	109.30	12.36	4.39
3-3		湿 拌 砌 筑 砂 浆		5053.54	1549.80	3503.74		11.48	
3-4	毛 石 基 础	现 场 搅 拌 砂 浆		4648.62	1896.75	2627.11	124.76	14.05	
3-5		干 拌 砌 筑 砂 浆		5904.16	1694.25	4026.89	183.02	12.55	7.31
3-6		湿 拌 砌 筑 砂 浆		4605.37	1567.35	3038.02		11.61	
3-7	页 岩 标 砖 基 础 上 抹 预 拌 砂 浆 防 潮 层	干 拌 抹 灰 砂 浆	100m²	2854.20	1232.55	1519.97	101.68	9.13	
3-8		湿 拌 抹 灰 砂 浆		2197.89	1155.60	1042.29		8.56	

基　础

材										机	械
湿拌砌筑砂浆 M7.5	干拌抹灰砂浆 M15	湿拌抹灰砂浆 M15	页岩标砖 240×115×53	毛　石	水　泥	砂　子	水	防水粉	基础用砂浆	灰浆搅拌机 400L	干混砂浆罐式搅拌机
m³	t	m³	千块	t	kg	t	m³	kg	m³	台班	台班
343.43	342.18	422.75	513.60	89.21	0.39	87.03	7.62	4.21		215.11	254.19
			5.236		629.08	3.613	1.05		(2.36)	0.39	
			5.236				1.54				0.43
2.36			5.236				0.53				
				18.887	1047.58	6.017	1.31		(3.93)	0.58	
				18.887			2.13				0.72
3.93				18.887			0.45				
	4.09						0.94	26.91			0.40
		2.20						26.66			

工作内容:1.调、运砂浆,运、砌页岩标砖、石、砌块。2.砌窗台虎头砖、腰线、门窗套。3.安放木砖、铁件。

编号	项 目		单位	预 算 基 价				人 工	干拌砌筑砂浆 M7.5	湿拌砌筑砂浆 M7.5
				总 价	人工费	材料费	机械费	综合工		
				元	元	元	元	工日	t	m³
								135.00	318.16	343.43
3-9	砌页岩标砖墙	现场搅拌砂浆		5981.32	2469.15	3361.59	150.58	18.29		
3-10		干拌砌筑砂浆		6680.46	2288.25	4275.28	116.93	16.95	4.69	
3-11		湿拌砌筑砂浆		5816.52	2176.20	3640.32		16.12		2.52
3-12	砌 $\frac{1}{2}$ 页岩标砖墙	现场搅拌砂浆		6410.04	2884.95	3337.94	187.15	21.37		
3-13		干拌砌筑砂浆		6886.15	2737.80	4054.30	94.05	20.28	3.72	
3-14		湿拌砌筑砂浆		6194.35	2643.30	3551.05		19.58		2.00
3-15	砌页岩标砖圆弧墙	现场搅拌砂浆	10m³	6110.05	2562.30	3382.12	165.63	18.98		
3-16		干拌砌筑砂浆		6762.61	2382.75	4265.47	114.39	17.65	4.59	
3-17		湿拌砌筑砂浆		5917.36	2272.05	3645.31		16.83		2.47
3-18	砌页岩标砖站台挡土墙	现场搅拌砂浆		4953.92	1636.20	3210.16	107.56	12.12		
3-19		干拌砌筑砂浆		5845.37	1564.65	4163.79	116.93	11.59	4.69	
3-20		湿拌砌筑砂浆		5022.01	1493.10	3528.91		11.06		2.52
3-21	贴砌页岩标砖墙	$\frac{1}{4}$ 砖 现场搅拌砂浆		7484.09	3323.70	3809.76	350.63	24.62		
3-22		$\frac{1}{4}$ 砖 干拌砌筑砂浆		8260.25	3111.75	5001.07	147.43	23.05	5.86	
3-23		$\frac{1}{4}$ 砖 湿拌砌筑砂浆		7174.12	2965.95	4208.17		21.97		3.15
3-24		$\frac{1}{2}$ 砖 现场搅拌砂浆		5970.87	2339.55	3480.74	150.58	17.33		
3-25		$\frac{1}{2}$ 砖 干拌砌筑砂浆		6861.14	2160.00	4566.42	134.72	16.00	5.34	
3-26		$\frac{1}{2}$ 砖 湿拌砌筑砂浆		5929.46	2085.75	3843.71		15.45		2.87

墙

材						料					机 械	
页岩标砖 240×115×53	水 泥	白 灰	砂 子	水	铁 钉	零星材料费	白 灰 膏	砖墙用砂浆	单 砖 墙 用 砂 浆	砌块用砂浆	灰浆搅拌机 400L	干 混 砂 浆 罐式搅拌机
千块	kg	kg	t	m³	kg	元	m³	m³	m³	m³	台班	台班
513.60	0.39	0.30	87.03	7.62	6.68						215.11	254.19
5.367	568.46	155.69	3.576	1.99	0.06	9.91	(0.222)	(2.52)			0.70	
5.367				2.14	0.06	9.91						0.46
5.367				1.06	0.06	9.91						
5.540	486.92	106.54	2.840	1.74	0.06	9.91	(0.152)		(2.00)		0.87	
5.540				1.98	0.06	9.91						0.37
5.540				1.12	0.06	9.91						
5.410	601.35	131.58	3.507	1.84	0.06	9.91	(0.188)		(2.47)		0.77	
5.410				2.13	0.06	9.91						0.45
5.410				1.07	0.06	9.91						
5.170	419.55	160.52	3.745	2.25			(0.229)			(2.52)	0.50	
5.170				2.14								0.46
5.170				1.07								
6.060	524.44	200.66	4.681	3.31			(0.287)			(3.15)	1.63	
6.060				3.18								0.58
6.060				1.83								
5.540	477.83	182.82	4.265	3.02			(0.261)			(2.87)	0.70	
5.540				2.90								0.53
5.540				1.67								

工作内容： 1.调、运砂浆,运、砌页岩标砖、石、砌块。2.砌窗台虎头砖、腰线、门窗套。3.安放木砖、铁件。

编号	项目		单位	预算基价				人工	材料		
				总价	人工费	材料费	机械费	综合工	干拌砌筑砂浆 M7.5	湿拌砌筑砂浆 M7.5	页岩标砖 240×115×53
				元	元	元	元	工日	t	m³	千块
								135.00	318.16	343.43	513.60
3-27	砌页岩多孔砖墙	现场搅拌砂浆	10m³	5826.76	2797.20	2883.29	146.27	20.72			
3-28		干拌砌筑砂浆		6563.68	2701.35	3750.49	111.84	20.01	4.45		
3-29		湿拌砌筑砂浆		5751.86	2604.15	3147.71		19.29		2.39	
3-30	砌页岩标砖空花墙	现场搅拌砂浆		4851.12	2366.55	2325.39	159.18	17.53			4.03
3-31		干拌砌筑砂浆		5072.14	2278.80	2742.50	50.84	16.88	2.05		4.03
3-32		湿拌砌筑砂浆		4686.56	2222.10	2464.46		16.46		1.10	4.03

料										机	械
页岩多孔砖 240×115×90	水 泥	白 灰	砂 子	水	铁 钉	零星材料费	白 灰 膏	砖墙用砂浆	砌块用砂浆	灰浆搅拌机 400L	干混砂浆 罐式搅拌机
千块	kg	kg	t	m³	kg	元	m³	m³	m³	台班	台班
682.46	0.39	0.30	87.03	7.62	6.68					215.11	254.19
3.37	539.14	147.65	3.391	3.02	0.12	9.91	(0.210)	(2.39)		0.68	
3.37				3.16	0.12	9.91					0.44
3.37				2.14	0.12	9.91					
	183.14	70.07	1.635	1.33	0.12	9.91	(0.100)		(1.100)	0.74	
				1.28	0.12	9.91					0.20
				0.81	0.12	9.91					

工作内容： 1.调、运砂浆,运、砌页岩标砖、石、砌块。2.砌窗台虎头砖、腰线、门窗套。3.安放木砖、铁件。

编号	项　　　　目		单位	预　算　基　价				人工	材		
				总　价	人工费	材料费	机械费	综合工	干拌砌筑砂浆 M7.5	湿拌砌筑砂浆 M7.5	加气混凝土砌块 300×600×(125~300)
				元	元	元	元	工日	t	m³	m³
								135.00	318.16	343.43	318.48
3-33	砌加气混凝土砌块墙	现场搅拌砂浆	10m³	5812.69	2247.75	3429.42	135.52	16.65			10.22
3-34		干拌砌筑砂浆		5881.12	2146.50	3701.58	33.04	15.90	1.339		10.22
3-35		湿拌砌筑砂浆		5564.37	2043.90	3520.47		15.14		0.720	10.22
3-36	砌页岩空心砖墙	斗砌 现场搅拌砂浆		4352.31	2255.85	1948.03	148.43	16.71			
3-37		斗砌 干拌砌筑砂浆		4543.58	2151.90	2343.38	48.30	15.94	1.972		
3-38		斗砌 湿拌砌筑砂浆		4127.02	2049.30	2077.72		15.18		1.060	
3-39		卧砌 现场搅拌砂浆		3968.76	1954.80	1887.05	126.91	14.48			
3-40		卧砌 干拌砌筑砂浆		4398.05	1865.70	2461.18	71.17	13.82	2.864		
3-41		卧砌 湿拌砌筑砂浆		3851.78	1777.95	2073.83		13.17		1.540	
3-42	砌轻集料混凝土小型空心砌块墙（盲孔）	干拌砌筑砂浆		4440.34	1655.10	2757.28	27.96	12.26	2.046		

66

陶粒混凝土小型砌块 390×190×190	页岩空心砖 240×240×115	陶粒混凝土实心砖 190×90×53	页岩标砖 240×115×53	水泥	白灰	砂子	水	铁钉	零星材料费	白灰膏	砌块用砂浆	空心砖用砂浆	灰浆搅拌机 400L	干混砂浆罐式搅拌机
m³	千块	千块	千块	kg	kg	t	m³	kg	元	m³	m³	m³	台班	台班
189.00	1093.42	450.00	513.60	0.39	0.30	87.03	7.62	6.68					215.11	254.19
				119.87	45.86	1.070	1.34	0.12	9.91	(0.066)	(0.720)		0.63	
							1.31	0.12	9.91					0.13
							1.00	0.12	9.91					
	1.21		0.750	198.22	67.52	1.548	0.42	0.05	3.97	(0.096)		(1.060)	0.69	
	1.21		0.750				0.45	0.05	3.97					0.19
	1.21		0.750				0.15	0.05	3.97					
	1.29		0.240	287.98	98.10	2.248	0.68	0.12	9.91	(0.140)		(1.540)	0.59	
	1.29		0.240				0.72	0.12	9.91					0.28
	1.29		0.240				0.06	0.12	9.91					
7.990		1.310					0.10		5.95					0.11

工作内容：1.调、运砂浆,运、砌页岩标砖、石、砌块。2.砌窗台虎头砖、腰线、门窗套。3.安放木砖、铁件。

编号	项 目			单位	预 算 基 价				人 工	干拌砌筑砂浆 M7.5	湿拌砌筑砂浆 M7.5
					总 价	人工费	材料费	机械费	综合工		
					元	元	元	元	工日	t	m³
									135.00	318.16	343.43
3-43	混凝土空心砌块墙	规 格 390×140×190	墙厚 14cm	10m³	**5721.01**	2388.15	3143.56	189.30	17.69		
3-44					**6551.99**	2246.40	4175.95	129.64	16.64	5.150	
3-45					**5582.65**	2103.30	3479.35		15.58		2.769
3-46		规 格 390×140×190	墙厚 19cm		**4988.89**	1760.40	3088.67	139.82	13.04		
3-47					**5885.44**	1655.10	4103.24	127.10	12.26	5.061	
3-48					**4968.44**	1549.80	3418.64		11.48		2.721
3-49		规 格 390×190×190			**4166.15**	1320.30	2740.45	105.40	9.78		
3-50					**4835.75**	1240.65	3501.05	94.05	9.19	3.794	
3-51					**4148.89**	1161.00	2987.89		8.60		2.040

68

材							料			机	械
混 凝 土 空 心 砌 块 390×140×190	混 凝 土 空 心 砌 块 390×190×190	水 泥	白 灰	砂 子	水	铁 钉	零星材料费	白 灰 膏	空 心 砖 用 砂 浆	灰浆搅拌机 400L	干 混 砂 浆 罐式搅拌机
千块	千块	kg	kg	t	m³	kg	元	m³	m³	台班	台班
2764.56	3392.32	0.39	0.30	87.03	7.62	6.68				215.11	254.19
0.9107		517.80	176.39	4.043	1.108	0.12	9.91	(0.252)	(2.769)	0.88	
0.9107					1.185	0.12	9.91				0.51
0.9107						0.12	9.91				
0.8947		508.83	173.33	3.973	1.088	0.12	9.91	(0.248)	(2.721)	0.65	
0.8947					1.164	0.12	9.91				0.50
0.8947						0.12	9.91				
	0.6711	381.48	129.95	2.978	0.816	0.12	9.91	(0.186)	(2.040)	0.49	
	0.6711				0.873	0.12	9.91				0.37
	0.6711					0.12	9.91				

工作内容：1.调、运砂浆,运、砌页岩标砖、石、砌块。2.砌窗台虎头砖、腰线、门窗套。3.安放木砖、铁件。

编号	项	目	单位	预算基价 总价	人工费	材料费	机械费	人工 综合工	干拌砌筑砂浆 M7.5	湿拌砌筑砂浆 M7.5	粉煤灰加气混凝土块 600×150×240
				元	元	元	元	工日	t	m³	m³
								135.00	318.16	343.43	276.87
3-52		现场搅拌砂浆		4414.68	1528.20	2793.98	92.50	11.32			9.406
3-53	规格 600×150×240	干拌砌筑砂浆		4587.49	1459.35	3092.55	35.59	10.81	1.469		9.406
3-54		湿拌砌筑砂浆		4283.05	1389.15	2893.90		10.29		0.790	9.406
3-55		现场搅拌砂浆		4790.51	1873.80	2804.85	111.86	13.88			
3-56	规格 600×200×240 墙厚 24cm	干拌砌筑砂浆		4871.20	1790.10	3050.60	30.50	13.26	1.209		
3-57		湿拌砌筑砂浆		4592.12	1705.05	2887.07		12.63		0.650	
3-58	蒸压粉煤灰加气混凝土砌块墙	现场搅拌砂浆	10m³	5192.58	2247.75	2809.31	135.52	16.65			
3-59	规格 600×240×250	干拌砌筑砂浆		5190.42	2146.50	3018.50	25.42	15.90	1.029		
3-60		湿拌砌筑砂浆		4923.13	2043.90	2879.23		15.14		0.553	
3-61		现场搅拌砂浆		5095.01	2157.30	2808.64	129.07	15.98			
3-62	规格 600×240×250 墙厚 25cm	干拌砌筑砂浆		5109.14	2060.10	3023.62	25.42	15.26	1.058		
3-63		湿拌砌筑砂浆		4843.47	1962.90	2880.57		14.54		0.569	
3-64		现场搅拌砂浆		4817.93	1915.65	2786.12	116.16	14.19			
3-65	规格 600×120×250	干拌砌筑砂浆		5012.43	1827.90	3141.32	43.21	13.54	1.747		
3-66		湿拌砌筑砂浆		4646.42	1741.50	2904.92		12.90		0.939	

(3) 混凝土地沟

工作内容： 混凝土浇筑、振捣、养护等全部操作过程。

编号	项目	单位	预算基价				人工	材料			机械
			总价	人工费	材料费	机械费	综合工	预拌混凝土 AC30	水	阻燃防火保温草袋片	小型机具
			元	元	元	元	工日	m³	m³	m²	元
							135.00	472.89	7.62	3.34	
4-141	钢筋混凝土地沟	底	5821.46	984.15	4832.07	5.24	7.29	10.15	1.82	5.50	5.24
4-142		壁	10m³	6854.16	2008.80	4831.65	13.71	14.88	10.15	3.43	1.70	13.71
4-143		顶		6216.42	1370.25	4832.46	13.71	10.15	10.15	3.80	1.10	13.71

（4）混凝土井（池）

工作内容：混凝土浇筑、振捣、养护等全部操作过程。

编号	项目		单位	预算基价				人工	材料			机械
				总价	人工费	材料费	机械费	综合工	预拌混凝土 AC30	水	阻燃防火保温草袋片	小型机具
				元	元	元	元	工日	m³	m³	m²	元
								135.00	472.89	7.62	3.34	
4-144	钢筋混凝土井（池）	底	10m³	6098.18	1216.35	4876.59	5.24	9.01	10.15	3.63	14.70	5.24
4-145		壁		6724.92	1881.90	4829.31	13.71	13.94	10.15	3.43	1.00	13.71
4-146		顶		6779.33	1888.65	4876.97	13.71	13.99	10.15	3.68	14.70	13.71

（5）防爆波化粪池

工作内容： 混凝土浇筑、振捣、养护等全部操作过程。

编号	项 目	单位	预　算　基　价				人工	材			料			机械
			总　价	人工费	材料费	机械费	综合工	预拌混凝土AC30	铁件	阻燃防火保温草袋片	水	碴石25～38	零星材料费	小型机具
			元	元	元	元	工日	m³	kg	m²	m³	t	元	元
							135.00	472.89	9.49	3.34	7.62	85.12		
4-147	防爆波化粪池（抗力MPa）0.6	座	7338.94	2068.20	5256.49	14.25	15.32	10.57	18.00	2.00	10.57			14.25
4-148	1.2		8937.78	2462.40	6457.77	17.61	18.24	13.07	18.00	2.00	13.07			17.61
4-149	防爆波井		2022.62	562.95	1457.12	2.55	4.17	1.93	38.00	1.00	1.93	1.62	27.88	2.55
4-150	水封井		1282.84	460.35	820.21	2.28	3.41	1.70		1.00	1.70			2.28

121

工作内容:制作、运输、绑扎、安装。

编号	项 目			单位	预 算 基 价				人 工	钢 筋 D10以内
					总 价	人 工 费	材 料 费	机 械 费	综 合 工	钢 筋 D10以内
					元	元	元	元	工日	t
									135.00	3970.73
4-151	现浇构件普通钢筋	圆 钢 筋	D10 以 内	t	**5633.50**	1525.50	4082.94	25.06	11.30	1.020
4-152			D10 以 外		**5145.09**	1119.15	3970.09	55.85	8.29	
4-153		螺 纹 钢 筋	D20 以 内		**5126.69**	1148.85	3904.22	73.62	8.51	
4-154			D20 以 外		**4667.85**	720.90	3888.64	58.31	5.34	
4-155	预制构件普通钢筋	圆 钢 筋	D10 以 内	t	**5551.19**	1444.50	4082.94	23.75	10.70	1.020
4-156			D10 以 外		**5086.32**	1062.45	3970.09	53.78	7.87	
4-157		螺 纹 钢 筋	D20 以 内		**5065.33**	1089.45	3904.22	71.66	8.07	
4-158			D20 以 外		**4631.31**	685.80	3888.64	56.87	5.08	
4-159		冷拔低碳钢丝	D5 以 内		**7533.70**	3206.25	4292.46	34.99	23.75	

122

材				料			机			械	
钢 筋 D10以外	螺 纹 钢 D20以内	螺 纹 钢 D20以外	冷拔钢丝 D4.0	水	镀锌钢丝 D0.7	电 焊 条	钢筋切断机 D40	钢筋调直机 D40	钢筋弯曲机 D40	交流弧焊机 32kV·A	对 焊 机 75kV·A
t	t	t	t	m³	kg	kg	台班	台班	台班	台班	台班
3799.94	3741.46	3725.86	3907.95	7.62	7.42	7.59	42.81	37.25	26.22	87.97	113.07
					4.42		0.13	0.27	0.36		
1.025				0.13	2.63	7.20	0.08	0.20	0.22	0.33	0.09
	1.025			0.16	1.80	7.20	0.10	0.18	0.28	0.50	0.10
		1.025		0.10	0.69	8.40	0.08	0.13	0.14	0.45	0.06
					4.42		0.15	0.24	0.32		
1.025				0.13	2.63	7.20	0.07	0.17	0.20	0.33	0.09
	1.025			0.16	1.80	7.20	0.09	0.16	0.25	0.50	0.10
		1.025		0.10	0.69	8.40	0.07	0.11	0.13	0.45	0.06
			1.090		4.42		0.33	0.56			

工作内容： 制作、运输、绑扎、安装。

编号	项　目		单位	预　算　基　价				人　工	材	
				总　价	人工费	材料费	机械费	综合工	螺纹钢 HRB 400 10mm	螺纹钢 HRB 400 16～18mm
				元	元	元	元	工日	t	t
								135.00	3685.41	3648.79
4-160	现浇构件高强钢筋	D10 以内	t	5628.76	1775.25	3800.97	52.54	13.15	1.020	
4-161		D20 以内		5089.07	1201.50	3817.92	69.65	8.90		1.025
4-162		D40 以内		4664.55	776.25	3832.61	55.69	5.75		
4-163	预制构件高强钢筋	D10 以内		5484.03	1679.40	3782.54	22.09	12.44	1.015	
4-164		D20 以内		5023.65	1139.40	3815.86	68.39	8.44		1.025
4-165		D40 以内		4627.31	738.45	3834.19	54.67	5.47		

钢 筋

| 料 | | | | 机 | | | | | 械 |
螺 纹 钢 HRB 400 36mm	水	镀锌钢丝 D0.7	电 焊 条	钢筋调直机 D40	钢筋切断机 D40	钢筋弯曲机 D40	直流弧焊机 32kW	对 焊 机 75kV·A	电焊条烘干箱 450×350×450
t	m³	kg	kg	台班	台班	台班	台班	台班	台班
3682.98	7.62	7.42	7.59	37.25	42.81	26.22	92.43	113.07	17.33
		5.640		0.614	0.426	0.436			
	0.144	3.650	6.552	0.095	0.105	0.242	0.473	0.095	0.047
1.025	0.093	1.597	5.928		0.095	0.189	0.420	0.063	0.042
		5.640		0.284	0.095	0.284			
	0.143	3.373	6.552	0.095	0.095	0.210	0.473	0.095	0.047
1.025	0.093	1.811	5.928		0.084	0.168	0.420	0.063	0.042

工作内容:制作、运输、绑扎、安装。

编号	项目		单位	预算基价				人工	钢筋 HPB300 *D*10
				总价	人工费	材料费	机械费	综合工	
				元	元	元	元	工日	t
								135.00	3929.20
4-166	普通箍筋	*D*10 以内	t	6299.54	2164.05	4082.26	53.23	16.03	1.020
4-167		*D*10 以外		5135.01	1120.50	3989.14	25.37	8.30	
4-168	高强箍筋	*D*10 以内		6008.98	2099.25	3852.02	57.71	15.55	
4-169		*D*10 以外		5024.39	1205.55	3791.36	27.48	8.93	

筋

材			料	机		械
钢　　筋 HPB300 *D*12	螺　纹　钢 HRB 400 10mm	螺　纹　钢 HRB 400 12～14mm	镀　锌　钢　丝 *D*0.7	钢 筋 调 直 机 *D*40	钢 筋 切 断 机 *D*40	钢 筋 弯 曲 机 *D*40
t	t	t	kg	台班	台班	台班
3858.40	3685.41	3665.44	7.42	37.25	42.81	26.22
			10.037	0.30	0.18	1.31
1.025			4.620	0.12	0.09	0.65
	1.025		10.037	0.32	0.20	1.42
		1.025	4.620	0.13	0.10	0.70

（4）螺栓、铁件安装

工作内容：1.安装、运输。2.埋设、焊接固定。

编号	项 目	单位	预 算 基 价				人 工	材 料			机 械
			总 价	人 工 费	材 料 费	机 械 费	综合工	预埋螺栓	铁 件	电焊条	电焊机（综合）
			元	元	元	元	工日	t	kg	kg	台班
							135.00	7766.06	9.49	7.59	74.17
4-170	螺 栓 安 装	t	10800.22	2956.50	7843.72		21.90	1.01			
4-171	预 埋 铁 件 安 装		13080.61	2956.50	9812.60	311.51	21.90		1010.00	30.00	4.20

128

(5) 钢筋特种接头

工作内容： 1.钢筋切断、磨光、上卡具扶筋、焊接及加压、取试样等。2.电渣焊接、挤压、安装套管、冷压连接、套丝等操作过程。

编号	项目		单位	预 算 基 价				人工	材							料
				总价	人工费	材料费	机械费	综合工	乙炔气 5.5~6.5kg	氧气 6m³	螺纹连接套筒 D32	螺纹连接套筒 D40	油封	机油 5#~7#	砂轮片	无齿锯片
				元	元	元	元	工日	m³	m³	个	个	个	kg	片	片
								135.00	16.13	2.88	6.79	12.59	13.33	7.21	26.97	22.21
4-172	钢筋气压焊接头	DN25以内	100个	5779.19	4893.75	818.47	66.97	36.25	16.00	18.58			6.19	0.77	6.19	6.19
4-173		DN32以内		9907.94	8267.40	1476.69	163.85	61.24	28.77	33.40			13.19	1.76	10.55	10.55
4-174	钢筋电渣压力焊接头			134.50	83.70	37.49	13.31	0.62								
4-175	钢筋冷挤压接头	DN22以内	10个	93.17	85.05	5.39	2.73	0.63								
4-176		DN38以内		105.00	95.85	6.07	3.08	0.71								
4-177	直螺纹钢筋接头 （钢筋直径mm）	≤32		150.21	45.90	98.52	5.79	0.34			10.10					
4-178		≤40		223.43	49.95	166.59	6.89	0.37				10.10				

编号	项目		单位	材料								机械					
				钢筋 D10以外	润滑冷却液	塑料帽 D32	塑料帽 D40	电焊条	焊剂	石棉垫	零星材料费	电焊机(综合)	电渣焊机 1000A	钢筋挤压连接机 D40	螺栓套丝机 D39	设备摊销费	综合机械
				t	kg	个	个	kg	kg	个	元	台班	台班	台班	台班	元	元
				3799.94	20.65	1.38	1.85	7.59	8.22	0.89		89.46	165.52	31.71	27.57		
4-172	钢筋气压焊接头	DN25 以内	100个	0.006							91.59					23.73	43.24
4-173		DN32 以内		0.011							167.28					35.85	128.00
4-174	钢筋电渣压力焊接头							0.11	4.35	0.50	0.45	0.01	0.075				
4-175	钢筋冷挤压接头	DN22 以内	10个								5.39			0.086			
4-176		DN38 以内									6.07			0.097			
4-177	直螺纹钢筋接头	≤32			0.100	20.20									0.210		
4-178	(钢筋直径mm)	≤40			0.100		20.20								0.250		

(6) 钢 筋 植 筋

工作内容：材料运输、孔点测位、钻孔、矫正、清灰、灌胶、养护等。

编号	项目		单位	预 算 基 价			人 工	材						料	
				总 价	人工费	材料费	综合工	植 筋 胶粘剂	钻 头 D14	钻 头 D16	钻 头 D22	钻 头 D28	钻 头 D40	丙 酮	零 星 材料费
				元	元	元	工日	L	个	个	个	个	个	kg	元
							135.00	35.50	16.22	16.65	20.09	37.06	107.02	9.89	
4-179	钢 筋 植 筋	D10 以 内	10个	58.69	36.45	22.24	0.27	0.229	0.29					0.350	5.95
4-180		D14 以 内		83.20	47.25	35.95	0.35	0.514		0.29				0.700	5.95
4-181		D18 以 内		118.16	59.40	58.76	0.44	0.969			0.38			1.090	5.95
4-182		D25 以 内		167.02	67.50	99.52	0.50	1.756				0.38		1.622	7.06
4-183		D40 以 内		374.69	79.65	295.04	0.59	5.212					0.63	3.370	9.26

工作内容： 钢筋制作、运输、绑扎、安装等。

编号	项目			单位	预算基价				人工	材			
					总价	人工费	材料费	机械费	综合工	钢筋 D10以内	螺纹钢 D20以外	电焊条	镀锌钢丝 D0.7
					元	元	元	元	工日	t	t	kg	kg
									135.00	3970.73	3725.86	7.59	7.42
4-184	楼面、屋面成品钢筋网片	钢筋直径（mm）	D5.0	t	9004.33	4338.90	4316.49	348.94	32.14				2.14
4-185			D6.0		6669.23	2317.95	4073.05	278.23	17.17	1.015			1.10
4-186			D8.0		5866.37	1611.90	4059.77	194.70	11.94	1.015			0.82
4-187			D10.0		5522.20	1294.65	4054.87	172.68	9.59	1.015			0.54
4-188	伸出加固筋				7292.14	3048.30	4190.70	53.14	22.58	1.010			7.00
4-189	墙体加固筋				4712.32	661.50	4017.19	33.63	4.90	1.010			0.91
4-190	混凝土灌注桩钢筋笼	圆钢			5102.09	765.45	4121.38	215.26	5.67	1.020			9.60
4-191		带肋钢筋			4898.52	742.50	3895.02	261.00	5.50		1.025	6.72	3.37
4-192	地下连续墙钢筋笼安放深度（m以内）	15			3345.03	2601.45	213.16	530.42	19.27			10.10	10.00
4-193		25			3643.13	2628.45	228.34	786.34	19.47			12.10	10.00
4-194		35			4002.22	2722.95	232.89	1046.38	20.17			12.70	10.00
4-195		45			4258.78	2817.45	237.45	1203.88	20.87			13.30	10.00

他

料					机								械	
水 泥	砂 子	水	冷拔钢丝 D5.0	硬泡沫塑料板	钢筋调直机 D14	钢筋切断机 D40	钢筋弯曲机 D40	点焊机长臂 75kV·A	直流弧焊机 32kW	对焊机 75kV·A	汽车式起重机 20t	电焊条烘干箱 450×350×450	履带式起重机 40t	履带式起重机 60t
kg	t	m³	t	m³	台班	台班	台班	台班	台班	台班	台班	台班	台班	台班
0.39	87.03	7.62	3908.67	415.34	37.25	42.81	26.22	138.95	92.43	113.07	1043.80	17.33	1302.22	1507.29
		5.27	1.090		0.73	0.44		2.18						
		4.54			0.33	0.11		1.88						
		3.07			0.29	0.10	0.12	1.27						
		2.70			0.27	0.09	0.12	1.12						
210.67	0.519	0.13			0.50	0.50	0.50							
					0.42	0.42								
					0.29	0.13	0.42				0.18			
						0.10	0.14		0.560	0.11	0.18	0.056		
				0.15					1.199		0.40	0.120		
				0.15					1.436			0.144	0.50	
				0.15					1.508			0.151		0.60
				0.15					1.580			0.158		0.70

5.预制混凝土

工作内容：1.构件翻身就位、加固。2.大拼需要组合的构件。3.构件吊装、校正、垫实节点、焊接或紧固螺栓。4.灌缝找平,空心板包括堵孔。

编号	项目		单位	预算 基 价				人工	预拌混凝土 AC20	水泥	砂子
				总价	人工费	材料费	机械费	综合工			
				元	元	元	元	工日	m³	kg	t
								135.00	450.56	0.39	87.03
4-196	矩形柱、工形柱、双肢柱、空格柱安装 (t以内)	8	10m³	2051.74	957.15	604.89	489.70	7.09	0.63	39.54	0.097
4-197		15		1748.62	824.85	485.62	438.15	6.11	0.63	39.54	0.097
4-198		25		2095.09	982.80	467.95	644.34	7.28	0.63	39.54	0.097
4-199		35		3913.05	2060.10	448.29	1404.66	15.26	0.63	39.54	0.097
4-200		45		4810.57	2454.30	436.14	1920.13	18.18	0.63	39.54	0.097
4-201	柱 接 柱	起重机施工 (钢板焊)		6416.71	3619.35	625.42	2171.94	26.81		141.20	0.348
4-202		塔吊施工 (钢板焊)		4096.45	2600.10	625.42	870.93	19.26		141.20	0.348
4-203	连系梁、承墙梁、天井梁安装			4132.45	1988.55	1094.88	1049.02	14.73	0.49	17.04	0.128

构件拼装、安装

材						料					机		械
水	方 木	镀锌钢丝 D4	阻燃防火保温草袋片	铁 楔	镀锌拧花铅丝网 914×900×13	电焊条	零 星 材 料 费	脚 手 架 周 转 费	水泥砂浆 1:2	水泥砂浆 M5	安装吊车 (综合)	自升式塔式起重机 800kN·m	电焊机 (综合)
m³	m³	kg	m²	kg	m²	kg	元	元	m³	m³	台班	台班	台班
7.62	3266.74	7.08	3.34	9.49	7.30	7.59					1288.68	629.84	74.17
0.44	0.036	15.00	0.40	6.12			10.60		(0.07)		0.38		
0.44	0.013	15.34	0.40	1.86			4.49		(0.07)		0.34		
0.44	0.016	12.47	0.40	1.14			4.17		(0.07)		0.50		
0.44	0.015	10.49	0.40	0.96			3.51		(0.07)		1.09		
0.44	0.018	7.47	0.40	0.90			3.51		(0.07)		1.49		
0.16					9.73	47.00	111.09		(0.25)		1.37		5.48
0.16					9.73	47.00	111.09		(0.25)			0.94	3.76
0.05		6.25	0.69			4.00	54.33	724.69		(0.08)	0.73		1.46

工作内容：1.构件翻身就位、加固。2.大拼需要组合的构件。3.构件吊装、校正、垫实节点、焊接或紧固螺栓。4.灌缝找平,空心板包括堵孔。

编号	项目		单位	预算基价				人工	材料			
				总价	人工费	材料费	机械费	综合工	预拌混凝土AC20	水泥	砂子	水
				元	元	元	元	工日	m³	kg	t	m³
								135.00	450.56	0.39	87.03	7.62
4-204	框架梁安装	起重机施工		4566.37	2114.10	1303.77	1148.50	15.66	0.49	17.04	0.128	0.050
4-205		塔吊施工		3692.95	1852.20	1303.77	536.98	13.72	0.49	17.04	0.128	0.050
4-206	檩条、天窗侧板、天沟、屋面支撑安装			4481.64	2579.85	407.29	1494.50	19.11				
4-207	槽形板、平板、楼梯休息板安装	起重机施工	不焊接	10m³	3526.45	1995.30	751.30	779.85	14.78	0.84	63.90	0.479	5.316
4-208			焊接		3783.78	2056.05	881.13	846.60	15.23	0.84	63.90	0.479	5.316
4-209		塔吊施工	不焊接		2070.85	1038.15	748.93	283.77	7.69	0.84	63.90	0.479	5.316
4-210			焊接		2292.50	1078.65	881.13	332.72	7.99	0.84	63.90	0.479	5.316

镀锌钢丝 D2.2	镀锌钢丝 D4	电焊条	阻燃防火保温草袋片	钢筋 D10以内	零星材料费	安装损耗费	脚手架周转费	木模板周转费	水泥砂浆 M5	安装吊车（综合）	自升式塔式起重机 800kN·m	载货汽车 6t	电焊机（综合）	木工圆锯机 D500	钢筋切断机 D40
料										机				械	
kg	kg	kg	m²	t	元	元	元	元	m³	台班	台班	台班	台班	台班	台班
7.09	7.08	7.59	3.34	3970.73						1288.68	629.84	461.82	74.17	26.53	42.81
		21.92	0.69		52.87		843.28		(0.08)	0.76			2.28		
		21.92	0.69		52.87		843.28		(0.08)		0.63		1.89		
	5.00	15.45			91.17	163.45				1.04			2.08		
4.32			3.47	0.011	21.16	99.17		59.49	(0.30)	0.60		0.01		0.06	0.01
4.32	6.00		3.47	0.011	105.45	99.17		59.49	(0.30)	0.60		0.01	0.90	0.06	0.01
4.32			3.47	0.011	18.79	99.17		59.49	(0.30)		0.44	0.01		0.06	0.01
4.32	6.00		3.47	0.011	105.45	99.17		59.49	(0.30)		0.44	0.01	0.66	0.06	0.01

工作内容：1.构件翻身就位、加固。2.大拼需要组合的构件。3.构件吊装、校正、垫实节点、焊接或紧固螺栓。4.灌缝找平,空心板包括堵孔。

编号	项目	单位	预算基价				人工	材料									机械	
			总价	人工费	材料费	机械费	综合工	预拌混凝土AC20	水泥	砂子	水	阻燃防火保温草袋片	安装损耗费	零星材料费	水泥砂浆M5	水泥砂浆1:2	安装吊车(综合)	自升式塔式起重机800kN·m
			元	元	元	元	工日	m³	kg	t	m³	m²	元	元	m³	m³	台班	台班
							135.00	450.56	0.39	87.03	7.62	3.34					1288.68	629.84
4-211	镂空花格砌筑	10m²	784.68	762.75	21.93		5.65		33.89	0.083	0.151	0.10				(0.06)		
4-212	其他小构件安装 0.1m³以内　起重机施工	10m³	4676.07	2188.35	348.51	2139.21	16.21	0.410	40.47	0.303	0.617	1.16	106.04	7.01	(0.19)		1.66	
4-213	其他小构件安装 0.1m³以内　塔吊施工	10m³	3189.57	1890.00	348.51	951.06	14.00	0.410	40.47	0.303	0.617	1.16	106.04	7.01	(0.19)			1.51

6.预制混凝土构件运输

工作内容:设置一般支架(垫方木),装车绑扎,运往规定地点卸车堆放,支垫稳固。

编号	项目		单位	预算基价				人工	材料					机			械	
				总价	人工费	材料费	机械费	综合工	方木	钢丝绳D7.5	镀锌钢丝D4	运输损耗费	钢支架摊销费	载货汽车8t	载货汽车15t	装卸吊车(综合)	装卸吊车(综合)	壁板运输车15t
				元	元	元	元	工日	m³	kg	kg	元	元	台班	台班	台班	台班	台班
								135.00	3266.74	6.66	7.08			521.59	809.06	641.08	658.80	629.23
4-214	一类构件	场外包干运费	10m³	**1380.07**	415.80	43.14	921.13	3.08	0.001	0.37	0.10	36.70		1.09			0.55	
4-215		500m 以内场内运输		**431.14**	148.50	24.79	257.85	1.10	0.001	0.37	0.10	18.35		0.31			0.15	
4-216	二类构件	场外包干运费		**1625.98**	475.20	61.51	1089.27	3.52	0.001	0.37	0.10	55.07		1.28			0.64	
4-217		500m 以内场内运输		**489.37**	166.05	33.98	289.34	1.23	0.001	0.37	0.10	27.54		0.34			0.17	
4-218	三类构件	场外包干运费		**2504.35**	677.70	96.19	1730.46	5.02	0.001	0.37	0.10	65.89	23.86		1.52		0.76	
4-219		500m 以内场内运输		**709.17**	221.40	63.25	424.52	1.64	0.001	0.37	0.10	32.95	23.86		0.37		0.19	
4-220	四类构件	场外包干运费		**2200.70**	646.65	68.11	1485.94	4.79	0.001	0.37	0.10	37.81	23.86	1.75			0.87	
4-221		500m 以内场内运输		**793.25**	272.70	49.21	471.34	2.02	0.001	0.37	0.10	18.91	23.86	0.55			0.28	
4-222	五类构件	场外包干运费		**1133.75**	326.70	26.38	780.67	2.42				26.38					0.44	0.78
4-223		500m 以内场内运输		**362.81**	125.55	13.19	224.07	0.93				13.19					0.13	0.22
4-224	六类构件	场外包干运费		**1485.09**	460.35	31.10	993.64	3.41				31.10					0.62	0.93
4-225		500m 以内场内运输		**470.53**	172.80	15.55	282.18	1.28				15.55					0.18	0.26

第五章　金属结构工程

说　　明

一、本章包括钢屋架、钢网架,钢托架、钢桁架,钢柱,压型钢板墙板,防密封堵门框,其他钢构件,金属结构探伤与除锈,金属结构构件运输,金属结构构件刷防火涂料9节,共117条基价子目。

二、构件制作是按焊接为主考虑的,对构件局部采用螺栓连接时,已考虑在基价内不再换算,但如遇有铆接为主的构件时,应另行补充基价项目。

三、防火涂料基价中已包括高处作业的人工费及高度在3.6m以内的脚手架费用,如在3.6m以上作业时,另按施工措施项目章节有关规定计算脚手架费用。

四、预算基价中规定的制作吊车、安装吊车,下料机械和施工方法,如与实际不同时,除另有规定者外,一般不予换算。

五、钢网架基价是按焊接考虑的,其他连接形式可自行补充基价项目。

六、风口封堵板门框中的螺母指焊接于门框上带内螺纹的圆柱体。

七、钢构件拼装平台的搭拆和材料摊销费另行计算。

八、构件的场外运费按构件运输基价子目计算运输费用,其距离计算应按施工企业加工厂至工程坐落地点的最短可行距离为准。构件运输分类见下表。

金属构件运输分类表

类　别	包　含　内　容
I	钢柱、屋架(普通)、托架梁、防风架
II	吊车梁、制动梁、型钢檩条、钢支撑、上下挡、钢拉杆、栏杆、盖板、箅子、U形爬梯、阳台晒衣钩、零星构件、平台操作台、走道休息台、扶梯、钢吊车梯台、烟囱紧固箍
III	网架、墙架、挡风架、天窗架、组合檩条、轻型屋架、滚动支架、管道支架、悬挂支架

工程量计算规则

一、构件制作、安装、运输的工程量均按设计图示钢材尺寸以质量计算。所需的螺栓、电焊条、铆钉等的质量已包括在基价材料消耗量内,不另增加。不扣除孔眼、切肢、切边的质量。计算不规则或多边形钢板质量时均按其外接矩形面积乘以厚度乘以单位理论质量计算。

二、计算钢柱工程量时,依附于柱上的牛腿及悬臂梁的主材质量,并入钢柱工程量内计算。

三、计算墙架工程量时,应包括墙架柱、墙架梁及连接柱杆的主材质量。

四、平台、操作台、走道休息台的工程量均应包括钢支架在内一并计算。

五、踏步式、爬式扶梯工程量均应包括楼梯栏杆、围栏及休息平台一并计算。

六、防护密闭封堵门框制作工程量以包括门框的临时支撑型钢及门框上的锚固钢筋质量计算。后加柱端头铁件制作工程量以包括固定在端头钢筋板上的锚固钢筋质量计算。

七、压型钢板墙板按设计图示尺寸以铺挂面积计算。不扣除单个 $0.3m^2$ 以内的孔洞所占面积，包角、包边、窗台泛水等不另加面积。

八、钢构件喷砂除锈、抛丸除锈按构件质量计算。

九、金属结构刷防火涂料按展开面积计算。钢材的展开面积可按构件总质量乘以下表中不同厚度主材展开面积的系数计算。

金属结构不同主材厚度展开面积系数表

主 材 厚 度 （mm）	展 开 面 积 （m²/t）	主 材 厚 度 （mm）	展 开 面 积 （m²/t）
1	256.102	11	24.486
2	128.713	12	22.556
3	86.251	13	20.913
4	65.019	14	19.523
5	52.280	15	18.302
6	43.788	16	17.248
7	37.722	17	16.306
8	33.172	18	15.479
9	29.633	19	14.729
10	26.803	20	14.604

1.钢屋架、钢网架

(1)钢 屋 架

工作内容： 1.制作：放样、钢材校正、画线下料(机切或氧切)、平直、钻孔、刨边、倒棱、搣弯、装配、焊接成品、校正、运输及堆放。 2.安装：构件加固、吊装、校正、拧紧螺栓、电焊固定、构件翻身、就位、场内运输。

编号	项目		单位	预 算 基 价				人工	材						料
				总 价	人工费	材料费	机械费	综合工	钢材 钢屋架 3t以内	钢材 钢屋架 3～8t	钢材 轻型屋架	电焊条	带帽 螺栓	氧气 6m³	乙炔气 5.5～6.5kg
				元	元	元	元	工日	t	t	t	kg	kg	m³	m³
								135.00	3641.32	3640.92	3799.96	7.59	7.96	2.88	16.13
5-1	普通钢屋架	综合	t	8078.85	2724.30	4562.69	791.86	20.18	1.06			42.47	0.50	5.00	2.61
5-2		3t以内 制作		7071.33	2276.10	4326.38	468.85	16.86	1.06			37.00	0.50	4.00	1.74
5-3		安装		1007.52	448.20	236.31	323.01	3.32				5.47		1.00	0.87
5-4		综合		7386.21	2038.50	4562.23	785.48	15.10		1.06		41.47	0.30	6.00	3.05
5-5		3～8t 制作		6378.69	1590.30	4325.92	462.47	11.78		1.06		36.00	0.30	5.00	2.18
5-6		安装		1007.52	448.20	236.31	323.01	3.32				5.47		1.00	0.87
5-7	轻型钢屋架	综合		9946.39	3878.55	4805.32	1262.52	28.73			1.06	38.53		5.70	2.91
5-8		制作		7784.72	2845.80	4523.50	415.42	21.08			1.06	34.90		4.70	2.04
5-9		安装		2161.67	1032.75	281.82	847.10	7.65				3.63		1.00	0.87

编号	项 目			单位	材							料	机			械	
					焦炭	方木	防锈漆	稀料	镀锌钢丝 D4	木柴	零星材料费	脚手架周转费	制作吊车（综合）	安装吊车（综合）	金属结构下料机	台式钻床 D35	电焊机（综合）
					kg	m³	kg	kg	kg	kg	元	元	台班	台班	台班	台班	台班
					1.25	3266.74	15.51	10.88	7.08	1.03			664.97	1288.68	366.82	9.64	74.17
5-1	普通钢屋架	3t 以内	综合	t	2.00	0.033	4.65	0.47	2.69	0.50	68.52	44.45	0.17	0.20	0.25	0.16	4.42
5-2			制作		2.00	0.005	4.65	0.47		0.50	45.60		0.17		0.25	0.16	3.54
5-3			安装			0.028			2.69		22.92	44.45		0.20			0.88
5-4		3～8t	综合		1.50	0.033	4.65	0.47	2.69	0.30	68.52	44.45	0.17	0.20	0.25	0.19	4.33
5-5			制作		1.50	0.005	4.65	0.47		0.30	45.60		0.17		0.25	0.19	3.45
5-6			安装			0.028			2.69		22.92	44.45		0.20			0.88
5-7	轻型钢屋架		综合		4.00	0.055	6.51	0.66	2.42	1.00	92.52	18.06	0.17	0.59	0.25	0.08	4.00
5-8			制作		4.00	0.005	6.51	0.66		1.00	53.70		0.17		0.25	0.08	2.83
5-9			安装			0.050			2.42		38.82	18.06		0.59			1.17

(2) 钢　网　架

工作内容： 1.制作：放样、画线、截裁料、钢球钻孔成型、电焊、钢管刨边、清毛刺、成品堆放等。2.拼装及安装：拼装台座架制作、搭设、拆除,将单件运至拼装台架上,拼成单片或成品,电焊固定及安装准备,网球架就位安装,校正、电焊固定(包括支座安装)、清理等全过程。

编号	项　　目			单位	预　算　基　价				人工	材				料		
					总　价	人工费	材料费	机械费	综合工	钢　材钢网架	电焊条	带帽螺栓	氧　气6m³	乙炔气5.5~6.5kg	煤	木　柴
					元	元	元	元	工日	t	kg	kg	m³	m³	kg	kg
									135.00	6478.48	7.59	7.96	2.88	16.13	0.53	1.03
5-10	钢　网　架	综　　合		t	19115.24	7869.15	8953.89	2292.20	58.29	1.24	44.93	0.64	6.27	3.03	81.40	3.60
5-11		钢球、钢管制作			13178.91	3726.00	8371.23	1081.68	27.60	1.24	9.25	0.64	5.26	2.59	81.40	3.60
5-12		拼　　装			4736.93	3464.10	505.78	767.05	25.66		28.85		1.01	0.44		
5-13		安　　装			1199.40	679.05	76.88	443.47	5.03		6.83					

编号	项 目		单位	材					料		机				械	
				方木	防锈漆	稀料	镀锌钢丝 D4	模胎具费	拼装台座架费	零星材料费	履带式起重机 15t	汽车式起重机 8t	可倾压力机 1250kN	普通车床 630×2000	管子切断机 DN150	电焊机（综合）
				m³	kg	kg	kg	元	元	元	台班	台班	台班	台班	台班	台班
				3266.74	15.51	10.88	7.08				759.77	767.15	386.39	242.35	33.97	74.17
5-10	钢 网 架	综 合	t	0.008	7.21	0.72	4.42	8.96	255.09	19.54	0.53	0.32	0.25	3.02	0.82	10.62
5-11		钢球、钢管制作		0.005	7.21	0.72		8.96		13.88		0.14	0.25	3.02	0.82	1.59
5-12		拼 装					2.42		255.09	4.58		0.18				8.48
5-13		安 装		0.003			2.00			1.08	0.53					0.55

2.钢托架、钢桁架
(1)钢 托 架

工作内容：1.制作:放样、钢材校正、画线下料(机切或氧切)、平直、钻孔、刨边、倒棱、撖弯、装配、焊接成品、校正、运输及堆放。2.安装:构件加固、吊装、校正、拧紧螺栓、电焊固定、构件翻身、就位、场内运输。

编号	项 目		单位	预 算 基 价				人 工	材			料		
				总 价	人工费	材料费	机械费	综合工	钢材托架梁	电焊条	带帽螺栓	氧气 6m³	乙炔气 5.5～6.5kg	焦炭
				元	元	元	元	工日	t	kg	kg	m³	m³	kg
								135.00	3643.22	7.59	7.96	2.88	16.13	1.25
5-14	钢托架梁	综 合	t	7477.11	2282.85	4476.47	717.79	16.91	1.06	30.47	0.70	5.00	2.61	3.00
5-15		制作		6469.59	1834.65	4240.16	394.78	13.59	1.06	25.00	0.70	4.00	1.74	3.00
5-16		安 装		1007.52	448.20	236.31	323.01	3.32		5.47		1.00	0.87	

149

编号	项目		单位	材料							机械				
				方木	防锈漆	稀料	镀锌钢丝 D4	木柴	零星材料费	脚手架周转费	制作吊车（综合）	安装吊车（综合）	金属结构下料机	台式钻床 D35	电焊机（综合）
				m³	kg	kg	kg	kg	元	元	台班	台班	台班	台班	台班
				3266.74	15.51	10.88	7.08	1.03			664.97	1288.68	366.82	9.64	74.17
5-14		综合		0.033	4.65	0.47	2.69	0.50	68.52	44.45	0.17	0.20	0.25	0.17	3.42
5-15	钢托架梁	制作	t	0.005	4.65	0.47		0.50	45.60		0.17		0.25	0.17	2.54
5-16		安装		0.028			2.69		22.92	44.45		0.20			0.88

(2) 钢 桁 架

工作内容： 1.制作：放样、钢材校正、画线下料(机切或氧切)、平直、钻孔、刨边、倒棱、搣弯、装配、焊接成品、校正、运输及堆放。 2.安装：构件加固、吊装、校正、拧紧螺栓、电焊固定、构件翻身、就位、场内运输。

编号	项　目		单位	预　算　基　价				人工	材				料	
				总　价	人工费	材料费	机械费	综合工	钢材 防风桁架	电焊条	带帽螺栓	氧气 6m³	乙炔气 5.5～6.5kg	焦炭
				元	元	元	元	工日	t	kg	kg	m³	m³	kg
								135.00	3641.82	7.59	7.96	2.88	16.13	1.25
5-17	钢 防 风 桁 架	综 合	t	8112.96	2716.20	4575.71	821.05	20.12	1.06	44.47	1.00	3.00	1.74	3.00
5-18		制 作		7093.57	2268.00	4327.53	498.04	16.80	1.06	39.00	1.00	2.00	0.87	3.00
5-19		安 装		1019.39	448.20	248.18	323.01	3.32		5.47		1.00	0.87	

151

编号	项目		单位	材料							机		械		
				木柴	方木	防锈漆	稀料	镀锌钢丝 D4	零星材料费	脚手架周转费	金属结构下料机	台式钻床 D35	电焊机（综合）	制作吊车（综合）	安装吊车（综合）
				kg	m³	kg	kg	kg	元	元	台班	台班	台班	台班	台班
				1.03	3266.74	15.51	10.88	7.08			366.82	9.64	74.17	664.97	1288.68
5-17	钢防风桁架	综合		0.50	0.033	4.65	0.47	2.69	80.39	44.45	0.25	0.11	4.82	0.17	0.20
5-18		制作	t	0.50	0.005	4.65	0.47		45.60		0.25	0.11	3.94	0.17	
5-19		安装			0.028			2.69	34.79	44.45				0.88	0.20

152

3.钢　柱
(1)实　腹　柱

工作内容：1.制作：放样、钢材校正、画线下料(机切或氧切)、平直、钻孔、刨边、倒棱、搣弯、装配、焊接成品、校正、运输及堆放。2.安装：构件加固、吊装、校正、拧紧螺栓、电焊固定、构件翻身、就位、场内运输。

编号	项　目			单位	预　算　基　价				人工 综合工	材 钢材 钢柱3t以内	料 钢材 钢柱3~10t	电焊条	带帽螺栓	氧气 6m³	乙炔气 5.5~6.5kg
					总　价	人工费	材料费	机械费							
					元	元	元	元	工日	t	t	kg	kg	m³	m³
									135.00	3625.07	3632.20	7.59	7.96	2.88	16.13
5-20	钢　柱	3t以内	综合	t	7777.32	2697.30	4405.18	674.84	19.98	1.06		41.29	0.50	6.50	3.05
5-21			制作		7386.46	2524.50	4316.45	545.51	18.70	1.06		40.00	0.50	6.00	2.61
5-22			安装		390.86	172.80	88.73	129.33	1.28			1.29		0.50	0.44
5-23		3~10t	综合		7627.22	2567.70	4393.77	665.75	19.02		1.06	38.29	0.30	6.50	3.05
5-24			制作		7236.36	2394.90	4305.04	536.42	17.74		1.06	37.00	0.30	6.00	2.61
5-25			安装		390.86	172.80	88.73	129.33	1.28			1.29		0.50	0.44

编号	项目			单位	材					料		机			械	
					焦炭	木柴	方木	防锈漆	稀料	镀锌钢丝 D4	零星材料费	制作吊车（综合）	安装吊车（综合）	金属结构下料机	台式钻床 D35	电焊机（综合）
					kg	kg	m³	kg	kg	kg	元	台班	台班	台班	台班	台班
					1.25	1.03	3266.74	15.51	10.88	7.08		664.97	1288.68	366.82	9.64	74.17
5-20	钢柱	3t 以内	综合	t	5.00	0.50	0.008	2.79	0.28	0.24	96.40	0.17	0.09	0.25	0.11	4.76
5-21			制作		5.00	0.50	0.005	2.79	0.28		37.50	0.17		0.25	0.11	4.58
5-22			安装				0.003			0.24	58.90		0.09			0.18
5-23		3～10t	综合		3.00	0.30	0.008	2.79	0.28	0.24	104.50	0.17	0.09	0.25	0.09	4.64
5-24			制作		3.00	0.30	0.005	2.79	0.28		45.60	0.17		0.25	0.09	4.46
5-25			安装				0.003			0.24	58.90		0.09			0.18

(2)空 腹 柱

工作内容：1.制作：放样、钢材校正、画线下料（机切或氧切）、平直、钻孔、刨边、倒棱、搣弯、装配、焊接成品、校正、运输及堆放。2.安装：构件加固、吊装、校正、拧紧螺栓、电焊固定、构件翻身、就位、场内运输。

编号	项 目			单位	预 算 基 价				人工	材									料
					总 价	人工费	材料费	机械费	综合工	钢 材 钢柱3t以内	电焊条	氧气 6m³	乙炔气 5.5~6.5kg	防锈漆	稀料	焊丝 D1.6	焊丝 D5	焊 剂	普通螺栓
					元	元	元	元	工日	t	kg	m³	m³	kg	kg	kg	kg	kg	套
									135.00	3625.07	7.59	2.88	16.13	15.51	10.88	7.40	6.13	8.22	4.33
5-26	箱形钢柱	3t以内	综 合	t	7991.84	2338.20	4706.44	947.20	17.32	1.06	12.35	15.36	2.82	4.40	0.44	4.96	27.78	24.69	3.03
5-27			制 作		7544.17	2110.05	4566.79	867.33	15.63	1.06	1.25	13.32	2.16	4.40	0.44	4.96	27.78	24.69	3.03
5-28			安 装		447.67	228.15	139.65	79.87	1.69		11.10	2.04	0.66						

155

编号	项目			单位	材料				机械									
					混合气	丙烷气	零星材料费	模胎具费	制作吊车(综合)	安装吊车(综合)	金属结构下料机	台式钻床D35	电焊机(综合)	自动埋弧焊机1200A	二氧化碳自动保护焊机250A	半自动切割机100mm	电焊条烘干箱800×800×1000	电焊机(综合)
					m³	kg	元	元	台班	台班	台班	台班	台班	台班	台班	台班	台班	台班
					8.70	22.50			664.97	1288.68	366.82	9.64	74.17	186.98	64.76	88.45	51.03	89.46
5-26	箱形钢柱	3t以内	综合	t	2.22	2.50	83.79	24.95	0.17	0.12	0.10	0.11	1.53	2.07	0.75	0.22	0.12	0.75
5-27			制作		2.22	2.50	44.91	24.95	0.17	0.06	0.10	0.11	1.53	2.07	0.75	0.22	0.07	0.75
5-28			安装				38.88			0.06							0.05	

(3) 钢 管 柱

工作内容：1.制作：放样、钢材校正、画线下料(机切或氧切)、平直、钻孔、刨边、倒棱、搣弯、装配、焊接成品、校正、运输及堆放。2.安装：构件加固、吊装、校正、拧紧螺栓、电焊固定、构件翻身、就位、场内运输。

编号	项　目			单位	预　算　基　价				人工	材			料		
					总 价	人工费	材料费	机械费	综合工	钢 材 碳钢板卷管	氧 气 6m³	乙炔气 5.5~6.5kg	防锈漆	稀料	混合气
					元	元	元	元	工日	t	m³	m³	kg	kg	m³
									135.00	3755.45	2.88	16.13	15.51	10.88	8.70
5-29			综合		**6345.10**	1533.60	4399.31	412.19	11.36	1.06	8.62	3.21	4.69	0.47	8.20
5-30	卷板管钢柱	3t 以内	制作	t	**6041.96**	1485.00	4350.40	206.56	11.00	1.06	8.12	2.71	4.69	0.47	8.20
5-31			安装		**303.14**	48.60	48.91	205.63	0.36		0.50	0.50			

编号	项 目			单位	材 料				机					械		
					地脚螺栓 12×50	焊丝 D1.2	零星材料费	模胎具费	制作吊车（综合）	安装吊车（综合）	金属结构下料机	台式钻床 D35	电焊机（综合）	二氧化碳自动保护焊机 250A	半自动切割机 100mm	电焊机（综合）
					个	kg	元	元	台班	台班	台班	台班	台班	台班	台班	台班
					0.86	7.72			664.97	1288.68	366.82	9.64	74.17	64.76	88.45	89.46
5-29	卷板管钢柱	3t以内	综合	t	4.14	10.93	80.76	24.03	0.14	0.06	0.08	0.11	1.73	0.65	0.19	0.27
5-30			制作			10.93	44.92	24.03	0.14		0.08	0.11		0.65	0.19	0.27
5-31			安装		4.14		35.84			0.06			1.73			

158

4.压型钢板墙板

工作内容： 制作、运输、安装。

编号	项　目	单位	预 算 基 价			人 工	材 料
			总　价	人 工 费	材 料 费	综 合 工	彩钢板双层夹芯聚苯复合板 0.6mm 板芯厚75mm V205/820
			元	元	元	工日	m²
						135.00	75.77
5-32	压 型 钢 板 墙 板 安 装	100m²	**9564.60**	886.95	8677.65	6.57	103.73

续前

编号	项　目	单位	材				料	
			彩钢板外墙转角收边板	彩钢板墙、屋面收边板	自攻螺钉 M4×35	铝拉铆钉 4×10	玻璃胶 310g	零星材料费
			m²	m²	个	个	支	元
			52.84	52.84	0.06	0.03	23.15	
5-32	压 型 钢 板 墙 板 安 装	100m²	1.27	7.32	770.00	213.00	12.15	30.27

5．防密封

工作内容： 防护密闭封堵门框、后加柱端头铁件工程包括放样、画线、截料、平直、钻孔、拼装、焊接、成品校正,除锈、刷防锈漆一遍及成品编号堆放。

编号	项目		单位	预 算 基 价				人 工	材		
				总 价	人工费	材料费	机 械 费	综合工	钢 材墙 架	电焊条	氧 气6m³
				元	元	元	元	工日	t	kg	m³
								113.00	3672.95	7.59	2.88
5-33	防密封堵门框	出入口	t	**5917.57**	1289.33	4368.43	259.81	11.41	1.06	31.24	7.08
5-34		连通口		**6071.67**	1333.40	4427.36	310.91	11.80	1.06	44.00	3.25
5-35		风口		**9260.21**	3793.41	4878.52	588.28	33.57	1.06	85.60	11.08

堵门框

料					机					械	
乙炔气 5.5~6.5kg	防锈漆	汽油 90#	螺母 M30	零星材料费	钢筋切断机 D40	钢筋弯曲机 D40	型钢矫正机	交流弧焊机 32kV·A	摇臂钻床 D63	综合机械	小型机具
m³	kg	kg	套	元	台班	台班	台班	台班	台班	元	元
16.13	15.51	7.16	2.94		42.81	26.22	257.01	87.97	42.00		
3.08	9.30	0.96		16.80	0.01	0.04	0.11	2.14		35.59	6.22
1.41	9.30	0.96		16.85	0.01	0.02	0.11	2.66	0.14	35.59	6.22
4.82	9.30	0.96	19.38	17.74	0.02	0.05	0.11	5.88	0.14	28.48	6.22

6.其他

(1)钢

工作内容：1.制作：放样、钢材校正、画线下料(机切或氧切)、平直、钻孔、刨边、倒棱、撅弯、装配、焊接成品、校正、运输及堆放。2.安装：构件加固、吊装、

编号	项 目		单位	预 算 基 价				人 工	钢 材 钢支撑	材	
				总 价	人工费	材料费	机械费	综合工		电焊条	带帽螺栓
				元	元	元	元	工日	t	kg	kg
								135.00	3656.62	7.59	7.96
5-36	钢 支 撑	综 合	t	8414.20	2569.05	4512.42	1332.73	19.03	1.06	54.48	1.00
5-37		制 作		6060.36	1520.10	4265.36	274.90	11.26	1.06	30.00	1.00
5-38		安 装		2353.84	1048.95	247.06	1057.83	7.77		24.48	

162

钢构件

支 撑

校正、拧紧螺栓、电焊固定、构件翻身、就位、场内运输。

料								机		械
氧 气 6m³	乙 炔 气 5.5~6.5kg	方 木	防锈漆	稀 料	镀锌钢丝 D4	零星材料费	脚手架周 转材料费	金属结构 下 料 机	电焊机 （综合）	安装吊车 （综合）
m³	m³	m³	kg	kg	kg	元	元	台班	台班	台班
2.88	16.13	3266.74	15.51	10.88	7.08			366.82	74.17	1288.68
1.50	0.88	0.007	4.65	0.47	0.09	85.11	10.58	0.25	4.57	0.70
1.00	0.44	0.005	4.65	0.47		50.14		0.25	2.47	
0.50	0.44	0.002			0.09	34.97	10.58		2.10	0.70

工作内容：1.制作：放样、钢材校正、画线下料（机切或氧切）、平直、钻孔、刨边、倒棱、撼弯、装配、焊接成品、校正、运输及堆放。2.安装：构件加固、吊装、

编号	项目			单位	预 算 基 价				人 工	钢 材
					总 价	人工费	材料费	机械费	综合工	檩条（组合式）
					元	元	元	元	工日	t
									135.00	3720.66
5-39	钢檩条、天窗上下挡	组合式	综 合	t	9299.18	3180.60	4645.33	1473.25	23.56	1.06
5-40			制 作		6945.52	2131.65	4398.45	415.42	15.79	1.06
5-41			安 装		2353.66	1048.95	246.88	1057.83	7.77	
5-42		型 钢	综 合		8008.19	2119.50	4471.81	1416.88	15.70	
5-43			制 作		5650.55	1070.55	4220.95	359.05	7.93	
5-44			安 装		2357.64	1048.95	250.86	1057.83	7.77	

檩 条

校正、拧紧螺栓、电焊固定、构件翻身、就位、场内运输。

钢　材 檩条(型钢)、 天窗上下挡	电焊条	带帽螺栓	氧　气 6m³	乙炔气 5.5~6.5kg	焦　炭	木　柴	方　木	防锈漆	稀　料	镀锌钢丝 D4
t	kg	kg	m³	m³	kg	kg	m³	kg	kg	kg
3590.53	7.59	7.96	2.88	16.13	1.25	1.03	3266.74	15.51	10.88	7.08
	62.18	1.00	1.50	0.88	5.00	0.50	0.007	4.65	0.47	0.09
	37.70	1.00	1.00	0.44	5.00	0.50	0.005	4.65	0.47	
	24.48		0.50	0.44			0.002			0.09
1.06	58.98		1.90	1.05			0.007	4.65	0.47	0.09
1.06	34.50		1.40	0.61			0.005	4.65	0.47	
	24.48		0.50	0.44			0.002			0.09

165

编号	项　　　目			单位	材　　　料		机			械	
					零星材料费	脚手架周转材料费	金　属结　构下料机	台式钻床D35	电焊机（综合）	制作吊车（综合）	安装吊车（综合）
					元	元	台班	台班	台班	台班	台班
							366.82	9.64	74.17	664.97	1288.68
5-39	钢檩条、天窗上下挡	组合式	综合	t	84.93	10.58	0.25	0.08	4.93	0.17	0.70
5-40			制作		50.14		0.25	0.08	2.83	0.17	
5-41			安装		34.79	10.58			2.10		0.70
5-42		型钢	综合		84.46	10.58	0.25	0.08	4.17	0.17	0.70
5-43			制作		45.69		0.25	0.08	2.07	0.17	
5-44			安装		38.77	10.58			2.10		0.70

(3) 钢 墙 架

工作内容：1.制作：放样、钢材校正、画线下料(机切或氧切)、平直、钻孔、刨边、倒棱、搣弯、装配、焊接成品、校正、运输及堆放。2.安装:构件加固、吊装、校正、拧紧螺栓、电焊固定、构件翻身、就位、场内运输。

编号	项目		单位	预 算 基 价				人 工	材				料	
				总 价	人工费	材料费	机械费	综合工	钢材墙架	电焊条	带帽螺栓	氧气6m³	乙炔气5.5~6.5kg	焦炭
				元	元	元	元	工日	t	kg	kg	m³	m³	kg
								135.00	3672.95	7.59	7.96	2.88	16.13	1.25
5-45	钢 墙 架	综 合	t	9404.70	3195.45	4518.55	1690.70	23.67	1.06	54.48	1.00	3.00	1.53	3.00
5-46		制 作		7051.05	2146.50	4271.68	632.87	15.90	1.06	30.00	1.00	2.50	1.09	3.00
5-47		安 装		2353.65	1048.95	246.87	1057.83	7.77		24.48		0.50	0.44	

编号	项目		单位	材					料		机			械	
				木 柴	方 木	防锈漆	稀 料	镀锌钢丝 $D4$	零 星 材料费	脚手架周 转材料费	金 属 结 构 下 料 机	台式钻床 $D35$	电焊机 （综合）	制作吊车 （综合）	安装吊车 （综合）
				kg	m³	kg	kg	kg	元	元	台班	台班	台班	台班	台班
				1.03	3266.74	15.51	10.88	7.08			366.82	9.64	74.17	664.97	1288.68
5-45	钢 墙 架	综 合	t	0.50	0.007	3.72	0.38	0.09	70.26	10.58	0.25	0.17	7.85	0.17	0.70
5-46		制 作		0.50	0.005	3.72	0.38		35.48		0.25	0.17	5.75	0.17	
5-47		安 装			0.002			0.09	34.78	10.58			2.10		0.70

(4) 钢 平 台

工作内容：1.制作：放样、钢材校正、画线下料（机切或氧切）、平直、钻孔、刨边、倒棱、撅弯、装配、焊接成品、校正、运输及堆放。2.安装：构件加固、吊装、校正、拧紧螺栓、电焊固定、构件翻身、就位、场内运输。

编号	项 目			单位	预 算 基 价				人 工	材		料	
					总 价	人工费	材料费	机械费	综合工	钢材 平台操作台、走道休息台（圆钢为主）	钢材 平台操作台、走道休息台（钢板为主）	电焊条	带帽螺栓
					元	元	元	元	工日	t	t	kg	kg
									135.00	3832.97	3706.12	7.59	7.96
5-48	钢 平 台	钢板	综 合	t	**12800.36**	6781.05	4557.02	1462.29	50.23		1.06	36.19	0.70
5-49			制 作		**9067.23**	4241.70	4419.96	405.57	31.42		1.06	34.32	0.70
5-50			安 装		**3733.13**	2539.35	137.06	1056.72	18.81			1.87	
5-51		圆钢	综 合		**12814.48**	6774.30	4633.78	1406.40	50.18	1.06		30.95	0.70
5-52			制 作		**9088.10**	4241.70	4496.72	349.68	31.42	1.06		29.08	0.70
5-53			安 装		**3726.38**	2532.60	137.06	1056.72	18.76			1.87	

编号	项目			单位	材						料	机			械	
					氧气 6m³	乙炔气 5.5～6.5kg	方木	防锈漆	稀料	镀锌钢丝 D4	零星材料费	制作吊车（综合）	金属结构下料机	台式钻床 D35	电焊机（综合）	安装吊车（综合）
					m³	m³	m³	kg	kg	kg	元	台班	台班	台班	台班	台班
					2.88	16.13	3266.74	15.51	10.88	7.08		664.97	366.82	9.64	74.17	1288.68
5-48	钢平台	钢板	综合	t	9.90	4.31	0.010	4.65	0.47	10.15	68.48	0.12	0.31	0.07	2.85	0.82
5-49			制作		9.90	4.31		4.65	0.47		50.14	0.12	0.31	0.07	2.85	
5-50			安装				0.010			10.15	18.34					0.82
5-51		圆钢	综合		8.10	3.52	0.010	4.65	0.47	10.15	68.48	0.09	0.21	0.07	2.86	0.82
5-52			制作		8.10	3.52		4.65	0.47		50.14	0.09	0.21	0.07	2.86	
5-53			安装				0.010			10.15	18.34					0.82

(5) 钢 梯

工作内容： 1.制作：放样、钢材校正、画线下料（机切或氧切）、平直、钻孔、刨边、倒棱、搣弯、装配、焊接成品、校正、运输及堆放。2.安装：构件加固、吊装、校正、拧紧螺栓、电焊固定、构件翻身、就位、场内运输。

编号	项目			单位	预算基价				人工	材料				
					总价	人工费	材料费	机械费	综合工	钢材踏步式扶梯	钢材爬式扶梯	电焊条	带帽螺栓	氧气 6m³
					元	元	元	元	工日	t	t	kg	kg	m³
									135.00	3658.17	3738.28	7.59	7.96	2.88
5-54	钢扶梯	踏步式	综合	t	10536.88	5404.05	4833.81	299.02	40.03	1.06		26.01	60.00	2.70
5-55			制作		7964.58	2970.00	4695.56	299.02	22.00	1.06		24.50	60.00	2.70
5-56			安装		2572.30	2434.05	138.25		18.03			1.51		
5-57		爬式	综合		8540.85	3771.90	4577.00	191.95	27.94		1.06	20.51	24.80	0.70
5-58			制作		7600.70	2970.00	4438.75	191.95	22.00		1.06	19.00	24.80	0.70
5-59			安装		940.15	801.90	138.25		5.94			1.51		

编号	项　　　　目			单位	材					料	机			械
					乙炔气 5.5~6.5kg	方　木	防锈漆	稀　料	镀锌钢丝 D4	零星材料费	制作吊车（综合）	金属结构下料机	台式钻床 D35	电焊机（综合）
					m³	m³	kg	kg	kg	元	台班	台班	台班	台班
					16.13	3266.74	15.51	10.88	7.08		664.97	366.82	9.64	74.17
5-54	钢扶梯	踏步式	综　合	t	1.19	0.020	4.65	0.47	6.09	68.48	0.10	0.13	0.17	2.47
5-55			制　作		1.19		4.65	0.47		50.14	0.10	0.13	0.17	2.47
5-56			安　装			0.020			6.09	18.34				
5-57		爬式	综　合		0.32	0.020	4.65	0.47	6.09	68.48	0.06	0.11	0.20	1.48
5-58			制　作		0.32		4.65	0.47		50.14	0.06	0.11	0.20	1.48
5-59			安　装			0.020			6.09	18.34				

(6) 钢 栏 杆

工作内容: 1.制作:放样、钢材校正、画线下料(机切或氧切)、平直、钻孔、刨边、倒棱、揻弯、装配、焊接成品、校正、运输及堆放。2.安装:构件加固、吊装、校正、拧紧螺栓、电焊固定、构件翻身、就位、场内运输。

编号	项 目				单位	预 算 基 价				人 工	材 料		
						总 价	人工费	材料费	机械费	综合工	钢 材 栏杆(圆钢)	钢 材 栏杆(型钢)	钢 材 栏杆(钢管)
						元	元	元	元	工日	t	t	t
										135.00	3842.98	3683.05	3844.55
5-60	钢栏杆	圆 钢		综 合	t	10431.53	5555.25	4497.54	378.74	41.15	1.06		
5-61				制 作		7244.37	2543.40	4426.07	274.90	18.84	1.06		
5-62				安 装		3187.16	3011.85	71.47	103.84	22.31			
5-63		型 钢		综 合		10565.92	5891.40	4312.83	361.69	43.64		1.06	
5-64				制 作		7378.76	2879.55	4241.36	257.85	21.33		1.06	
5-65				安 装		3187.16	3011.85	71.47	103.84	22.31			
5-66		钢 管		综 合		10950.52	6046.65	4514.74	389.13	44.79			1.06
5-67				制 作		7763.36	3034.80	4443.27	285.29	22.48			1.06
5-68				安 装		3187.16	3011.85	71.47	103.84	22.31			
5-69		钢花饰		综 合		11171.21	6390.90	4401.57	378.74	47.34			
5-70				制 作		7984.05	3379.05	4330.10	274.90	25.03			
5-71				安 装		3187.16	3011.85	71.47	103.84	22.31			

173

编号	项目			单位	材							料	机	械
					钢材花饰栏杆	电焊条	氧气 6m³	乙炔气 5.5~6.5kg	方木	防锈漆	稀料	零星材料费	金属结构下料机	电焊机（综合）
					t	kg	m³	m³	m³	kg	kg	元	台班	台班
					3756.55	7.59	2.88	16.13	3266.74	15.51	10.88		366.82	74.17
5-60	钢栏杆	圆钢	综合	t		26.00	0.70	0.30	0.005	7.91	0.79	72.17	0.25	3.87
5-61			制作			19.00	0.70	0.30	0.005	7.91	0.79	53.83	0.25	2.47
5-62			安装			7.00						18.34		1.40
5-63		型钢	综合			24.00	0.70	0.30	0.005	7.91	0.79	72.17	0.25	3.64
5-64			制作			17.00	0.70	0.30	0.005	7.91	0.79	53.83	0.25	2.24
5-65			安装			7.00						18.34		1.40
5-66		钢管	综合			27.00	1.50	0.65	0.005	7.91	0.79	72.17	0.25	4.01
5-67			制作			20.00	1.50	0.65	0.005	7.91	0.79	53.83	0.25	2.61
5-68			安装			7.00						18.34		1.40
5-69		钢花饰	综合		1.06	26.00	0.70	0.03	0.005	7.91	0.79	72.17	0.25	3.87
5-70			制作		1.06	19.00	0.70	0.03	0.005	7.91	0.79	53.83	0.25	2.47
5-71			安装			7.00						18.34		1.40

(7) 钢 支 架

工作内容：1.制作：放样、钢材校正、画线下料(机切或氧切)、平直、钻孔、刨边、倒棱、撼弯、装配、焊接成品、校正、运输及堆放。2.安装：构件加固、吊装、
校正、拧紧螺栓、电焊固定、构件翻身、就位、场内运输。

编号	项　　目		单位	预　算　基　价				人工	材			料	
				总　价	人工费	材料费	机械费	综合工	钢材 滚动支架	钢材 悬挂支架	钢材 管道支架	电焊条	带帽螺栓
				元	元	元	元	工日	t	t	t	kg	kg
								135.00	5380.30	3752.49	3825.70	7.59	7.96
5-72	钢滚动支架	综　合	t	9418.51	2988.90	6087.32	342.29	22.14	1.06			26.18	1.00
5-73		制　作		8796.37	2401.65	6052.43	342.29	17.79	1.06			24.00	1.00
5-74		安　装		622.14	587.25	34.89		4.35				2.18	
5-75	悬挂钢支架	综　合		10805.56	2786.40	7676.87	342.29	20.64		1.06		23.18	0.81
5-76		制　作		9172.90	1239.30	7591.31	342.29	9.18		1.06		21.00	0.81
5-77		安　装		1632.66	1547.10	85.56		11.46				2.18	
5-78	管道钢支架	综　合		6637.30	1757.70	4537.31	342.29	13.02			1.06	20.84	10.00
5-79		制　作		5978.42	1293.30	4342.83	342.29	9.58			1.06	19.10	
5-80		安　装		658.88	464.40	194.48		3.44				1.74	10.00

编号	项目		单位	材					料		机		械	
				氧气 6m³	乙炔气 5.5～6.5kg	方木	防锈漆	稀料	镀锌钢丝 D4	零星材料费	制作吊车（综合）	金属结构下料机	台式钻床 D35	电焊机（综合）
				m³	m³	m³	kg	kg	kg	元	台班	台班	台班	台班
				2.88	16.13	3266.74	15.51	10.88	7.08		664.97	366.82	9.64	74.17
5-72		综合		2.10	0.93		4.65	0.47	1.00	72.17	0.18	0.09	0.20	2.53
5-73	钢滚动支架	制作		2.10	0.93		4.65	0.47	1.00	53.83	0.18	0.09	0.20	2.53
5-74		安装								18.34				
5-75		综合		2.10	0.93	1.010	4.65	0.47		119.15	0.18	0.09	0.20	2.53
5-76	悬挂钢支架	制作	t	2.10	0.93	1.010	4.65	0.47		50.14	0.18	0.09	0.20	2.53
5-77		安装								69.01				
5-78		综合		1.43	0.69	0.010	4.65	0.47		119.15	0.18	0.09	0.20	2.53
5-79	管道钢支架	制作		1.43	0.69		4.65	0.47		50.14	0.18	0.09	0.20	2.53
5-80		安装				0.010				69.01				

(8) 零星钢构件

工作内容：1.制作：放样、钢材校正、画线下料（机切或氧切）、平直、钻孔、刨边、倒棱、撖弯、装配、焊接成品、校正、运输及堆放。2.安装：构件加固、吊装、校正、拧紧螺栓、电焊固定、构件翻身、就位、场内运输。

编号	项目		单位	预 算 基 价				人工	材								料	机 械	
				总价	人工费	材料费	机械费	综合工	钢材箅子	钢材盖板	钢材零星构件	氧气6m³	电焊条	乙炔气5.5~6.5kg	防锈漆	稀料	零星材料费	金属结构下料机	电焊机(综合)
				元	元	元	元	工日	t	t	t	m³	kg	m³	kg	kg	元	台班	台班
								135.00	3750.30	3769.00	3769.55	2.88	7.59	16.13	15.51	10.88		366.82	74.17
5-81	钢 箅 子	综 合		10726.60	5863.05	4496.67	366.88	43.43	1.06			13.10	30.30	5.71	6.05	0.61	61.07	0.25	3.71
5-82		制 作		9046.20	4214.70	4464.62	366.88	31.22	1.06			13.10	30.30	5.71	6.05	0.61	29.02	0.25	3.71
5-83		安 装		1680.40	1648.35	32.05		12.21									32.05		
5-84	钢 盖 板	综 合	t	9997.65	5216.40	4458.13	323.12	38.64		1.06		9.00	31.20	3.92	6.05	0.61	36.56	0.25	3.12
5-85		制 作		8340.41	3566.70	4450.59	323.12	26.42		1.06		9.00	31.20	3.92	6.05	0.61	29.02	0.25	3.12
5-86		安 装		1657.24	1649.70	7.54		12.22									7.54		
5-87	零 星 钢 构 件	综 合		10790.80	6172.20	4334.05	284.55	45.72			1.06	0.70	19.00	0.32	6.05	0.61	86.47	0.25	2.60
5-88		制 作		7563.67	2999.70	4279.42	284.55	22.22			1.06	0.70	19.00	0.32	6.05	0.61	31.84	0.25	2.60
5-89		安 装		3227.13	3172.50	54.63		23.50									54.63		

（9）其他小型钢构件

工作内容： 1.制作：放样、钢材校正、画线下料（机切或氧切）、平直、钻孔、刨边、倒棱、撖弯、装配、焊接成品、校正、运输及堆放。2.安装：构件加固、吊装、校正、拧紧螺栓、电焊固定、构件翻身、就位、场内运输。

编号	项　　　目		单位	预　算　基　价			人　工	材			料
				总　价	人工费	材料费	综合工	铁　件	防锈漆	稀　料	零星材料费
				元	元	元	工日	kg	kg	kg	元
							135.00	9.49	15.51	10.88	
5-90	U　形　爬　梯	综　合	100个	**3362.01**	707.40	2654.61	5.24	275.00	1.66	0.17	17.26
5-91		制　作		**2900.95**	248.40	2652.55	1.84	275.00	1.66	0.17	15.20
5-92		安　装		**461.06**	459.00	2.06	3.40				2.06

（10）钢 拉 杆

工作内容： 1.制作：放样、钢材校正、画线下料(机切或氧切)、平直、钻孔、刨边、倒棱、撅弯、装配、焊接成品、校正、运输及堆放。2.安装：构件加固、吊装、校正、拧紧螺栓、电焊固定、构件翻身、就位、场内运输。

编号	项 目		单位	预 算 基 价				人 工	材		料		
				总 价	人工费	材料费	机械费	综合工	钢 材 钢拉杆	电焊条	氧 气 6m³	乙 炔 气 5.5~6.5kg	方 木
				元	元	元	元	工日	t	kg	m³	m³	m³
								135.00	3801.38	7.59	2.88	16.13	3266.74
5-93	钢 拉 杆	综 合	t	9081.93	2833.65	4775.03	1473.25	20.99	1.06	59.48	9.50	4.36	0.007
5-94		制 作		6728.09	1784.70	4527.97	415.42	13.22	1.06	35.00	9.00	3.92	0.005
5-95		安 装		2353.84	1048.95	247.06	1057.83	7.77		24.48	0.50	0.44	0.002

179

编号	项　　　目		单位	材			料		机			械	
				防锈漆	稀料	镀锌钢丝 D4	零星材料费	脚手架周转材料费	金属结构下料机	台式钻床 D35	电焊机（综合）	制作吊车（综合）	安装吊车（综合）
				kg	kg	kg	元	元	台班	台班	台班	台班	台班
				15.51	10.88	7.08			366.82	9.64	74.17	664.97	1288.68
5-93	钢 拉 杆	综 合		4.65	0.47	0.09	85.11	10.58	0.25	0.08	4.93	0.17	0.70
5-94		制 作	t	4.65	0.47		50.14		0.25	0.08	2.83	0.17	
5-95		安 装				0.09	34.97	10.58			2.10		0.70

（11）后加柱端头铁件

工作内容：1.制作：放样、钢材校正、画线下料(机切或氧切)、平直、钻孔、刨边、倒棱、搋弯、装配、焊接成品、校正、运输及堆放。2.安装：构件加固、吊装、校正、拧紧螺栓、电焊固定、构件翻身、就位、场内运输。

编号	项 目	单位	预 算 基 价				人 工	材	料	
			总 价	人工费	材料费	机械费	综合工	钢 材	电焊条	氧 气 6m³
			元	元	元	元	工日	t	kg	m³
							135.00	3776.67	7.59	2.88
5-96	后 加 柱 端 头 铁 件	t	**6242.60**	1302.75	4661.54	278.31	9.65	1.06	48.47	28.07

续前

编号	项 目	单位	材 料		机			械	
			乙 炔 气 5.5~6.5kg	零星材料费	钢筋切断机 D40	钢筋弯曲机 D40	交流弧焊机 32kV·A	综 合 机 械	小 型 机 具
			m³	元	台班	台班	台班	元	元
			16.13		42.81	26.22	87.97		
5-96	后 加 柱 端 头 铁 件	t	11.94	16.95	0.03	0.08	2.65	35.59	6.22

工作内容: 1.喷砂、抛丸除锈:运砂、丸,机械喷砂、抛丸,现场清理。2.超声波探伤:准备工作、机具搬运、焊道表面清理除锈、涂拌耦合剂、探伤、检查、记

编号	项 目		单位	预 算 基 价				人 工	材				
				总 价	人工费	材料费	机械费	综合工	石英砂	钢 丸	直探头	机油 5#~7#	铅 油
				元	元	元	元	工日	kg	kg	个	kg	kg
								135.00	0.28	4.34	206.66	7.21	11.17
5-97	喷 砂 除 锈		t	245.72	113.40	4.70	127.62	0.84	16.80				
5-98	抛 丸 除 锈			268.30	56.70	63.71	147.89	0.42		14.68			
5-99	超 声 波 探 伤	钢柱、钢屋架、钢网架		1660.78	1008.45	265.69	386.64	7.47			0.71	3.65	0.73
5-100		其 他		1316.02	799.20	209.49	307.33	5.92			0.56	2.89	0.58
5-101	X 光 透 视 探 伤		10张	1696.51	1067.85	250.49	378.17	7.91					

探伤与除锈

录、清理。3.X光透视探伤:准备工作、机具搬运安装、焊缝除锈、固定底片、拍片、暗室处理、鉴定、技术报告。

				料						机			械		
汤 布	砂 布 1#	软胶片 85×300	增感纸 85×300	显影剂 5000mL	定影剂 1000mL	零星 材料费	喷 砂 除锈机 3m³/min	抛 丸 除锈机 219mm	电动空气 压缩机 0.6m³	超声波 探伤机 CTS-22	X射线 探伤机 2005	汽车式 起重机 16t	轨道平车 10t	综合机械
kg	张	张	张	袋	瓶	元	台班	台班	台班	台班	台班	台班	台班	元
12.33	0.93	16.89	4.85	9.60	8.15		34.55	281.23	38.51	194.53	258.70	971.12	85.91	
							0.30		0.30			0.10	0.10	
								0.150				0.10	0.10	
2.91	15.91					33.81				1.95				7.31
2.31	12.04					26.77				1.55				5.81
		12.00	0.60	0.58	2.88	15.86					1.44			5.64

8.金属结构构件运输

工作内容：装车、绑扎、运输,按指定地点卸车、堆放。

编号	项目		单位	预算基价				人工	材料			机			械
				总价	人工费	材料费	机械费	综合工	硬杂木锯材二类	钢丝绳 D7.5	镀锌钢丝 D4	平板拖车组 20t	装卸吊车（综合）	载货汽车 8t	装卸吊车（综合）
				元	元	元	元	工日	m³	kg	kg	台班	台班	台班	台班
								135.00	4015.45	6.66	7.08	1101.26	1288.68	521.59	658.80
5-102	I 类构件	1km 以内		710.24	149.85	7.19	553.20	1.11	0.001	0.37	0.10	0.28	0.19		
5-103		5km 以内		1010.29	214.65	7.19	788.45	1.59	0.001	0.37	0.10	0.40	0.27		
5-104		每增加 1km		88.10			88.10					0.08			
5-105	II 类构件	1km 以内	10t	480.67	151.20	7.19	322.28	1.12	0.001	0.37	0.10			0.34	0.22
5-106		5km 以内		668.52	211.95	7.19	449.38	1.57	0.001	0.37	0.10			0.47	0.31
5-107		每增加 1km		36.51			36.51							0.07	
5-108	III 类构件	1km 以内		776.93	245.70	7.19	524.04	1.82	0.001	0.37	0.10			0.55	0.36
5-109		5km 以内		997.84	315.90	7.19	674.75	2.34	0.001	0.37	0.10			0.70	0.47
5-110		每增加 1km		41.73			41.73							0.08	

9.金属结构构件刷防火涂料

工作内容：底层清扫、除污、涂刷防火涂料。

编号	项			目		单位	预 算 基 价			人 工	材			料
							总 价	人工费	材料费	综合工	防火涂料厚型	防火涂料薄型	防火涂料超薄型	零 星材料费
							元	元	元	工日	kg	kg	kg	元
										135.00	2.47	6.13	15.49	
5-111	防火涂料	厚 型	19mm 厚		3.0h	100m²	8872.86	2631.15	6241.71	19.49	2516.94			24.87
5-112			4.2mm 厚		2.5h		5596.00	1633.50	3962.50	12.10		643.13		20.11
5-113		薄 型	2.6mm 厚	耐火极限	1.5h		3618.64	1136.70	2481.94	8.42		402.91		12.10
5-114			1.8mm 厚		1.0h		3152.73	888.30	2264.43	6.58		367.60		11.04
5-115			2.19mm 厚		2.0h		7492.75	1501.20	5991.55	11.12			385.26	23.87
5-116		超薄型	1.63mm 厚		1.5h		5750.90	1223.10	4527.80	9.06			291.14	18.04
5-117			1.2mm 厚		1.0h		5106.91	1009.80	4097.11	7.48			263.42	16.73

第六章　屋面及防水工程

说　　明

一、本章包括找平层，瓦屋面，卷材防水，涂料防水，彩色压型钢板屋面，薄钢板、瓦楞铁皮屋面，屋面排水7节，共119条基价子目。

二、卷材屋面不分屋面形式，如平屋面、锯齿形屋面、弧形屋面等均执行同一项目。刷冷底子油一遍已综合在项目内，不另计算。

三、卷材屋面的接缝、收头、找平层的嵌缝、冷底子油已计入基价项目内，不另计算。

四、卷材屋面项目中对弯起部分的圆角增加的混凝土及砂浆，基价用量中已考虑，不另计算。

五、防水卷材、防水涂料，基价以平面和立面列项，桩头、地沟、零星部位执行相应项目，人工工日乘以系数1.43。立面是以直形为依据编制的，为弧形时，相应项目的人工工日乘以系数1.18。

六、卷材防水附加层执行卷材防水相应项目，人工工日乘以系数1.43。

七、冷粘法是以满铺为依据编制的，点、条铺粘时按其相应项目的人工工日乘以系数0.91，胶粘剂乘以系数0.70。

八、镀锌薄钢板、瓦楞铁屋面及排水项目中，镀锌瓦楞铁咬口和搭接的工、料已包括在基价内，不另计算。

九、室内雨水管执行安装工程预算基价。

十、钢板焊接的雨水口制作按第四章铁件项目计算，安装用的工、料已包括在雨水管的预算基价内，不另计算。

十一、檐头钢筋压毡条项目中已综合屋面混凝土埂工、料。

十二、如设计要求刷油与预算基价不同时，允许换算。

十三、找平层的砂浆厚度，设计要求与基价不同时可按比例换算，人工费、机械费不调整。

十四、屋面伸缩缝做法均参照12J系列标准设计图集的做法，当设计要求与基价不同时，可按设计要求进行换算。

工程量计算规则

一、卷材防水：

1.斜屋顶（不包括平屋顶找坡）按设计图示尺寸的水平投影面积乘以屋面延尺系数（见屋面坡度系数表）以斜面积计算。

屋面坡度系数表

坡 度			延尺系数 $K_C = \dfrac{C}{A}$	隅延尺系数 $K_D = \dfrac{D}{A}$ $(A = S)$	坡 度			延尺系数 $K_C = \dfrac{C}{A}$	隅延尺系数 $K_D = \dfrac{D}{A}$ $(A = S)$
$\dfrac{B}{A}$	$\dfrac{B}{2A}$	角度 θ			$\dfrac{B}{A}$	$\dfrac{B}{2A}$	角度 θ		
1.000	1/2	45°00′	1.4142	1.7321	0.400	1/5	21°48′	1.0770	1.4697
0.750		36°52′	1.2500	1.6008	0.350		19°17′	1.0595	1.4569
0.700		35°00′	1.2207	1.5780	0.300		16°42′	1.0440	1.4457
0.667	1/3	33°41′	1.2019	1.5635	0.250	1/8	14°02′	1.0308	1.4361
0.650		33°01′	1.1927	1.5564	0.200	1/10	11°19′	1.0198	1.4283
0.600		30°58′	1.1662	1.5362	0.167	1/12	9°28′	1.0138	1.4240
0.577		30°00′	1.1547	1.5275	0.150		8°32′	1.0112	1.4221
0.550		28°49′	1.1413	1.5174	0.125	1/16	7°08′	1.0078	1.4197
0.500	1/4	26°34′	1.1180	1.5000	0.100	1/20	5°43′	1.0050	1.4177
0.450		24°14′	1.0966	1.4841	0.083	1/24	4°46′	1.0035	1.4167
0.414		22°30′	1.0824	1.4736	0.067	1/30	3°49′	1.0022	1.4158

190

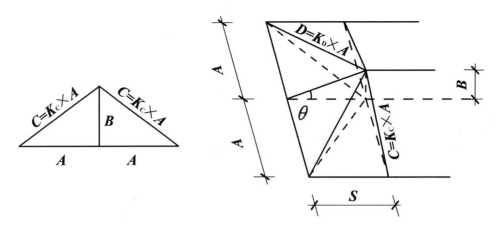

坡屋面示意图

注：1.两坡水及四坡水屋面的斜面积均为屋面水平投影面积乘以延尺系数 K_C。
2.四坡水屋面斜脊长度 $D=K_D \times A$（当 $S=A$ 时）。
3.沿山墙泛水长度 $C=K_C \times A$。

2.平屋顶按设计图示尺寸以水平投影面积计算,由于屋面泛水引起的尺寸增加已在基价内综合考虑。

3.计算卷材屋面的工程量时,不扣除房上烟囱、风帽底座、风道、屋面小气窗和斜沟所占面积,其根部弯起部分不另计算。屋面的女儿墙、伸缩缝和天窗等处的弯起部分并入屋面工程量内。天窗出檐部分重叠的面积按图示尺寸以面积计算,并入卷材屋面工程量内。如图纸未注明尺寸时,伸缩缝、女儿墙处的弯起高度可按250mm计算,天窗处弯起高度按500mm计算,计入立面工程量内。

4.墙的立面防水层,不论内墙、外墙,均按设计图示尺寸以面积计算。

5.基础底板的防水层按设计图示尺寸以面积计算,不扣除桩头所占面积。桩头处外包防水按桩头投影外扩300mm以面积计算,地沟处防水按展开面积计算,均计入平面工程量,执行相应项目。

6.屋面、楼地面及墙面、基础底板等,其防水搭接、拼缝、压边、留槎用量已综合考虑,不另计算,防水附加层按设计铺贴尺寸以面积计算。

7.屋面抹水泥砂浆找平层的工程量计算规则同卷材屋面。

二、瓦屋面、型材屋面(包括挑檐部分)均按设计图示尺寸的水平投影面积乘以屋面延尺系数以斜面积计算。不扣除房上烟囱、风帽底座、风道、屋面小气窗和斜沟等所占面积。屋面小气窗出檐与屋面重叠部分的面积亦不增加,但天窗出檐部分重叠的面积计入相应的屋面工程量内。瓦屋面的出线、披水、梢头抹灰、脊瓦加腮等工、料均已综合在基价内,不另计算。

三、屋面伸缩缝按设计图示尺寸以长度计算。

四、混凝土板刷沥青一道按设计图示尺寸以面积计算。

191

五、檐头钢筋压毡条按设计图示尺寸以长度计算。

六、涂膜屋面的工程量计算规则同卷材屋面。

七、聚合物水泥防水涂料、水泥基渗透结晶防水涂料按喷涂部位的面积计算。

八、彩色压型钢板屋脊盖板、内天沟、外天沟按设计图示尺寸以长度计算。

九、屋面排水管按设计图示尺寸以展开长度计算。如设计未标注尺寸,以檐口下皮算至设计室外地坪以上150mm为止,下端与铸铁弯头连接者,算至接头处。

十、屋面天沟、檐沟按设计图示尺寸以面积计算。薄钢板和卷材天沟按展开面积计算。

十一、屋面排水中,雨水斗、铸铁落水口、弯头、短管、铅丝网球按数量计算。

1.找 平 层

工作内容：清理基层,调制砂浆,抹水泥砂浆找平层。

编号	项目		单位	预算基价				人工	材料						机械	
				总价	人工费	材料费	机械费	综合工	干拌抹灰砂浆M15	湿拌抹灰砂浆M15	水泥	砂子	水	水泥砂浆1:3	灰浆搅拌机400L	干混砂浆罐式搅拌机
				元	元	元	元	工日	t	m³	kg	t	m³	m³	台班	台班
								135.00	342.18	422.75	0.39	87.03	7.62		215.11	254.19
6-1	1:3水泥砂浆抹找平层	在填充材料上2cm厚 现场搅拌砂浆	100m²	1741.09	837.00	833.10	70.99	6.20			1160.76	4.293	0.89	(2.70)	0.33	
6-2		干拌地面砂浆		2642.29	792.45	1725.29	124.55	5.87	5.02				0.99			0.49
6-3		湿拌地面砂浆		1889.33	747.90	1141.43		5.54		2.70						
6-4		在混凝土或硬基层上2cm厚 现场搅拌砂浆		1559.36	837.00	666.43	55.93	6.20			928.61	3.434	0.71	(2.16)	0.26	
6-5		干拌地面砂浆		2285.16	801.90	1381.58	101.68	5.94	4.02				0.79			0.40
6-6		湿拌地面砂浆		1679.94	766.80	913.14		5.68		2.16						
6-7		每增减0.5cm厚 现场搅拌砂浆		355.88	174.15	166.67	15.06	1.29			232.15	0.859	0.18	(0.54)	0.07	
6-8		干拌地面砂浆		533.82	164.70	343.70	25.42	1.22	1.00				0.20			0.10
6-9		湿拌地面砂浆		383.54	155.25	228.29		1.15		0.54						

2.瓦

工作内容： 1.铺水泥瓦、黏土瓦、屋脊抹灰。2.调制砂浆、安脊瓦及抹脊背。3.檩上铺钉石棉瓦、安脊瓦、石棉瓦裁角、钻眼等。

编号	项目		单位	预算基价			人工	材料					
				总价	人工费	材料费	综合工	水泥平瓦 385×235	水泥脊瓦 455×195	黏土平瓦 385×235	黏土脊瓦 455×195	小波石棉瓦 1800×720×6	小波石棉脊瓦 700×180×5
				元	元	元	工日	块	块	块	块	块	块
							135.00	1.38	1.46	1.16	1.33	20.21	22.36
6-10	在屋面板或椽子挂瓦条上铺设	水泥瓦	100m²	3015.24	610.20	2405.04	4.52	1691	28.20				
6-11		黏土瓦		2591.73	608.85	1982.88	4.51			1651	28.20		
6-12	小波石棉瓦	木檩上		3411.79	619.65	2792.14	4.59					99	14.85
6-13		钢檩上		3977.20	963.90	3013.30	7.14					99	14.85
6-14		混凝土檩上		4100.76	963.90	3136.86	7.14					99	14.85

194

屋　面

料														
水　泥	砂　子	水	白　灰	麻　刀	镀锌螺钉 M7.5 带垫	镀锌螺栓钩 M4.6×600	镀锌螺栓钩 M4.6×800	镀锌扁钢钩 3×12×300	镀锌扁钢钩 3×12×400	镀锌钢丝 D0.9	零星材料费	白灰膏	水泥砂浆 1:2.5	白灰麻刀浆
kg	t	m³	kg	kg	套	个	个	个	个	kg	元	m³	m³	m³
0.39	87.03	7.62	0.30	3.92	1.10	1.46	1.86	1.85	2.06	7.31				
43.939	0.135	0.031								0.16			(0.09)	
43.939	0.135	0.031								0.15			(0.09)	
		0.015	20.55	0.60	402						8.47	(0.029)		(0.03)
		0.015	20.55	0.60		206		196			8.47	(0.029)		(0.03)
		0.015	20.55	0.60			206		196		8.47	(0.029)		(0.03)

工作内容： 1.铺油毡,钉顺水条、挂瓦条。 2.预埋铁钉、铁丝,做水泥砂浆条。 3.钻孔、固定角钢。

编号	项		目	单位	预 算 基 价				人 工	材		
					总 价	人工费	材料费	机械费	综合工	松木锯材三类	木挂瓦条	板 条 1200×38×6
					元	元	元	元	工日	m³	m³	千根
									135.00	1661.90	2319.50	586.87
6-15	挂瓦条	木基层	钉挂瓦条	100m²	2026.98	322.65	1704.33		2.39	0.691	0.225	
6-16			钉纤维板、油毡、挂瓦条		3756.65	450.90	3305.75		3.34	0.691	0.225	0.15
6-17		混凝土基层	单独钉挂瓦条		677.57	126.90	550.67		0.94		0.225	
6-18			钉顺水条、挂瓦条		1178.76	205.20	973.56		1.52		0.405	
6-19			砂浆条		814.76	540.00	274.76		4.00			
6-20			角钢条		2913.60	648.00	2056.12	209.48	4.80			

材料											机械	
纤维板	油毡	圆钉	水泥钉	湿拌抹灰砂浆 M15	镀锌钢丝 $D0.7$	热轧等边角钢 25×4	膨胀螺栓 M6×60	电焊条	氧气 6m³	乙炔气 5.5~6.5kg	台式钻床 $D35$	交流弧焊机 32kV·A
m²	m²	kg	kg	m³	kg	t	套	kg	m³	m³	台班	台班
10.35	3.83	6.68	7.36	422.75	7.42	3715.62	0.45	7.59	2.88	16.13	9.64	87.97
		5.10										
105.00	110.00	5.90										
			3.91									
		2.26	2.59									
			9.51	0.431	3.04							
						0.455	558.000	12.87	1.72	0.73	1.38	2.23

3. 卷 材

工作内容： 1.清扫基层、刷冷底子油一道。2.铺卷材、撒豆粒石。3.刷冷玛琋脂、铺卷材、撒云母粉扫匀。4.屋面浇水试验。

编号	项 目			单位	预 算 基 价			人 工				材
					总 价	人工费	材料费	综合工	预拌混凝土 AC10	页岩标砖 240×115×53	松木锯材 三类	钢 筋 D10以内
					元	元	元	工日	m³	千块	m³	t
								135.00	430.17	513.60	1661.90	3970.73
6-21	玻璃纤维油毡	热做法	二毡三油带豆石	100m²	6556.92	1879.20	4677.72	13.92				
6-22			每增减一毡一油		2011.00	585.90	1425.10	4.34				
6-23		冷做法	二毡三油带云母粉		5455.24	1051.65	4403.59	7.79				
6-24			每增减一毡一油		1746.03	311.85	1434.18	2.31				
6-25	伸缩缝	靠墙		100m	11659.02	4814.10	6844.92	35.66		1.63	0.819	
6-26		不靠墙			16578.66	4907.25	11671.41	36.35		3.25	1.189	
6-27	混凝土板刷沥青一道			100m²	1118.45	135.00	983.45	1.00				
6-28	檐头钢筋压毡条			100m	2319.22	1024.65	1294.57	7.59	1.44			0.024

防 水

铁 钉	玻璃纤维油毡80g	石油沥青10#	豆粒石	水	沥青冷胶	云母粉	麻 丝	水 泥	砂 子	镀锌薄钢板0.56	油 毡	调和漆	稀 料	零星材料费	水泥砂浆M5
kg	m²	kg	t	m³	kg	kg	kg	kg	t	m²	m²	kg	kg	元	m³
6.68	6.37	4.04	139.19	7.62	7.08	0.97	14.54	0.39	87.03	20.08	3.83	14.11	10.88		
	228.00	728.00	0.787	2.500										155.65	
	114.00	173.00													
	228.00			2.500	386	45.00								155.65	
	114.00				100										
2.80		329.20		0.165			97.00	159.75	1.197	57.30	46.10	12.00	1.20	210.35	(0.75)
2.80		658.40		0.330			195.00	319.50	2.394	62.50	46.10	13.00	1.30	547.66	(1.50)
		200.00												175.45	
2.13		140.00													

工作内容：清理基层,刷基底处理剂,收头钉压条等全部操作过程。

编号	项目		单位	预算基价			人工	材			料	
				总价	人工费	材料费	综合工	SBS改性沥青防水卷材3mm	改性沥青嵌缝油膏	液化石油气	SBS弹性沥青防水胶	聚丁胶胶粘剂
				元	元	元	工日	m²	kg	kg	kg	kg
							135.00	34.20	8.44	4.36	30.29	17.31
6-29	热熔法一层	平面	100m²	**5329.58**	330.75	4998.83	2.45	115.635	5.977	26.992	28.92	
6-30		立面		**5571.23**	572.40	4998.83	4.24	115.635	5.977	26.992	28.92	
6-31	热熔法每增一层	平面		**4413.17**	283.50	4129.67	2.10	115.635	5.165	30.128		
6-32		立面		**4621.07**	491.40	4129.67	3.64	115.635	5.165	30.128		
6-33	冷粘法一层	平面		**6112.49**	301.05	5811.44	2.23	115.635	5.977		28.92	53.743
6-34		立面		**6371.69**	560.25	5811.44	4.15	115.635	5.977		28.92	53.743
6-35	冷粘法每增一层	平面		**5295.88**	259.20	5036.68	1.92	115.635	5.165			59.987
6-36		立面		**5484.88**	448.20	5036.68	3.32	115.635	5.165			59.987

改性沥青卷材

工作内容：清理基层,刷基底处理剂,收头钉压条等全部操作过程。

编号	项 目			单位	预 算 基 价			人 工	材				料	
					总 价	人工费	材料费	综合工	高聚物改性沥青自粘卷材4mm厚Ⅱ型	耐根穿刺防水卷材4mm厚	冷底子油30:70	改性沥青嵌缝油膏	液化石油气	SBS弹性沥青防水胶
					元	元	元	工日	m²	m²	kg	kg	kg	kg
								135.00	34.20	87.06	6.41	8.44	4.36	30.29
6-37	高聚物改性沥青自粘卷材	自粘法一层	平 面		4539.52	274.05	4265.47	2.03	115.635		48.48			
6-38			立 面		4743.37	477.90	4265.47	3.54	115.635		48.48			
6-39		自 粘 法 每 增 一 层	平 面	100m²	4189.62	234.90	3954.72	1.74	115.635					
6-40			立 面		4363.77	409.05	3954.72	3.03	115.635					
6-41	耐根穿刺复合铜胎基改性沥青卷材				11485.25	373.95	11111.30	2.77		115.635		5.977	26.992	28.92

201

工作内容： 清理基层,刷基底处理剂,收头钉压条等全部操作过程。

编号	项目			单位	预算基价				人工	材							料	机械
					总价	人工费	材料费	机械费	综合工	聚氯乙烯防水卷材1.5mm厚P类	FL-15胶粘剂	聚氯乙烯薄膜0.1mm厚	水泥钉	防水密封胶	胶粘剂	焊剂	焊丝D3.2	小型机具
					元	元	元	元	工日	m²	kg	m²	kg	支	kg	kg	kg	元
									135.00	31.98	15.58	1.24	7.36	12.98	23.36	8.22	6.92	
6-42	聚氯乙烯卷材	冷粘法一层	平面	100m²	5940.93	418.50	5522.43		3.10	115.635	117.10							
6-43			立面		6214.98	692.55	5522.43		5.13	115.635	117.10							
6-44		冷粘法每增一层	平面		5858.58	336.15	5522.43		2.49	115.635	117.10							
6-45			立面		6077.28	554.85	5522.43		4.11	115.635	117.10							
6-46		热风焊接法一层	平面		4938.48	461.70	4462.18	14.60	3.42	115.635		12.50	0.06	15.00	20.65	1.50	8.50	14.60
6-47			立面		5244.93	768.15	4462.18	14.60	5.69	115.635		12.50	0.06	15.00	20.65	1.50	8.50	14.60
6-48		热风焊接法每增一层	平面		4846.68	369.90	4462.18	14.60	2.74	115.635		12.50	0.06	15.00	20.65	1.50	8.50	14.60
6-49			立面		5091.03	614.25	4462.18	14.60	4.55	115.635		12.50	0.06	15.00	20.65	1.50	8.50	14.60

工作内容： 清理基层,刷基底处理剂,收头钉压条等全部操作过程。

编号	项 目		单位	预 算 基 价			人 工	材	料
				总 价	人 工 费	材 料 费	综 合 工	高分子自粘胶膜卷材 1.5mm厚 W类	冷底子油 30:70
				元	元	元	工日	m²	kg
							135.00	28.43	6.41
6-50	高分子自粘胶膜卷材	自 粘 法 一 层	平 面		**3977.61**	379.35	3598.26	2.81	115.635	48.48
6-51			立 面	**4227.36**	629.10	3598.26	4.66	115.635	48.48
6-52		自粘法每增一层	平 面	100m²	**3589.90**	302.40	3287.50	2.24	115.635	
6-53			立 面	**3789.70**	502.20	3287.50	3.72	115.635	

4.涂 料 防 水

工作内容： 清理基层,调配及涂刷涂料。

编号	项 目			单位	预 算 基 价			人 工	材		料
					总 价	人 工 费	材 料 费	综合工	聚氨酯甲料	聚氨酯乙料	二甲苯
					元	元	元	工日	kg	kg	kg
								135.00	15.28	14.85	5.21
6-54	聚氨酯防水涂膜	2mm 厚	平 面	100m²	4531.99	410.40	4121.59	3.04	108.00	162.00	12.60
6-55			立 面		5164.55	622.35	4542.20	4.61	119.20	178.80	12.60
6-56		每增减 0.5mm 厚	平 面		1194.43	102.60	1091.83	0.76	28.40	42.60	4.85
6-57			立 面		1338.56	156.60	1181.96	1.16	30.80	46.20	4.85

工作内容：清理基层，调配及涂刷涂料。

编号	项 目			单位	预　算　基　价			人　工	材	料
					总　　价	人　工　费	材　料　费	综　合　工	防水涂料 JS I 型	水
					元	元	元	工日	kg	m³
								135.00	10.82	7.62
6-58	聚合物水泥防水涂料	1.0mm 厚	平　面	100m²	**2669.67**	283.50	2386.17	2.10	220.500	0.047
6-59			立　面		**2937.40**	368.55	2568.85	2.73	237.384	0.047
6-60		每增减 0.5mm厚	平　面		**1135.93**	113.40	1022.53	0.84	94.500	0.005
6-61			立　面		**1246.08**	141.75	1104.33	1.05	102.060	0.005

工作内容：清理基层,调配及涂刷涂料。

编号	项 目			单位	预 算 基 价			人 工	材 料	
					总 价	人工费	材料费	综 合 工	水泥基渗透结晶防水涂料 I 型	水
					元	元	元	工日	kg	m³
								135.00	14.71	7.62
6-62	水 泥 基 渗 透 结 晶 型 防 水 涂 料	1.0mm 厚	平 面	100m²	2313.91	298.35	2015.56	2.21	137.000	0.038
6-63			立 面		2545.33	368.55	2176.78	2.73	147.960	0.038
6-64		每增 0.5mm厚	平 面		731.32	113.40	617.92	0.84	42.000	0.013
6-65			立 面		809.09	141.75	667.34	1.05	45.360	0.013

工作内容：1.清理基层、配制涂刷冷底子油。2.清理基层,刷石油沥青,撒砂。

编号	项目		单位	预　算　基　价				人工	材　　　料			机械
				总价	人工费	材料费	机械费	综合工	冷底子油 30:70	石油沥青 10#	砂粒 1～1.5mm	沥青熔化炉 XLL-0.5t
				元	元	元	元	工日	kg	kg	m³	台班
								135.00	6.41	4.04	258.38	282.91
6-66	冷底子油	第一遍	100m²	**518.51**	205.20	310.76	2.55	1.52	48.48			0.009
6-67		第二遍		**403.58**	167.40	233.07	3.11	1.24	36.36			0.011
6-68	防水层表面撒砂粒			**912.73**	167.40	735.99	9.34	1.24		147.00	0.55	0.033

工作内容：1.铺彩钢屋面板、檐口堵头、防水。2.彩色压型钢板上铺屋脊盖板。3.铺彩钢板内、外天沟。

编号	项目		单位	预　算　基　价			人　工	彩色压型钢板 YX 35-115-677
				总　价	人 工 费	材 料 费	综 合 工	
				元	元	元	工日	m²
							135.00	271.43
6-69	彩色压型屋面板	铺在钢檩条上	100m²	31512.57	3041.55	28471.02	22.53	104.00
6-70		屋 脊 盖 板		7654.67	878.85	6775.82	6.51	
6-71	彩 色 压 型 钢 板	外 天 沟	100m	11827.64	3041.55	8786.09	22.53	
6-72		内 天 沟		9427.37	878.85	8548.52	6.51	

钢板屋面

彩钢板檐口堵头 WD-1	彩钢屋脊板 2mm厚	彩钢板外天沟 B600	彩钢板天沟专用挡板	彩钢板内天沟 B600	热轧等边角钢 40×4	胶泥带	自攻螺钉 M4×35	玻璃胶 310g	塑料压条	零星材料费
m	m	m	块	m	t	m	个	支	m	元
13.04	32.01	63.37	5.37	64.89	3752.49	1.53	0.06	23.15	3.23	
10.74						11.58	1400.00			0.53
204.00	108.00					220.00	734.00	12.00		0.14
		108.00	2.43		0.45		1689.30	6.00		0.20
			4.86	108.00		220.00	2200.00	16.70	204.00	0.18

6.薄钢板、瓦

工作内容：1.薄钢板的截料、制作,固定薄钢板带和折合缝、铺设咬口、刷油漆。2.薄钢板钻孔、稳固、上螺钉、刷油漆等。3.薄钢板排水的制作、安装、油

编号	项	目		单位	预 算 基 价			人 工
					总 价	人 工 费	材 料 费	综 合 工
					元	元	元	工日
								135.00
6-73	薄 钢 板 屋 面	单咬口	综 合	100m²	4682.23	1853.55	2828.68	13.73
6-74			制作、安装		2832.45	499.50	2332.95	3.70
6-75			油 漆		1849.78	1354.05	495.73	10.03
6-76		双咬口	综 合		4911.55	1902.15	3009.40	14.09
6-77			制作、安装		3061.77	548.10	2513.67	4.06
6-78			油 漆		1849.78	1354.05	495.73	10.03
6-79	瓦 楞 铁 皮 屋 面	木檩上	综 合		6291.79	1833.30	4458.49	13.58
6-80			制作、安装		4094.64	225.45	3869.19	1.67
6-81			油 漆		2197.15	1607.85	589.30	11.91
6-82		钢檩上	综 合		6347.14	1888.65	4458.49	13.99
6-83			制作、安装		4149.99	280.80	3869.19	2.08
6-84			油 漆		2197.15	1607.85	589.30	11.91

210

楞铁皮屋面

漆及漏斗安装等操作过程。4.雨水管、雨水斗、弯头、短管的安装、油漆。

材							料
镀锌薄钢板 0.56	镀锌瓦楞铁 0.56	铁 钉	防 锈 漆	调 和 漆	稀 料	镀锌瓦钉带垫 长60	零星材料费
m²	m²	kg	kg	kg	kg	套	元
20.08	28.51	6.68	15.51	14.11	10.88	0.45	
116.00		0.55	12.22	16.62	2.88		40.36
116.00		0.55					
			12.22	16.62	2.88		40.36
125.00		0.55	12.22	16.62	2.88		40.36
125.00		0.55					
			12.22	16.62	2.88		40.36
4.41	126	0.14	14.54	19.76	3.43	404	53.29
4.41	126	0.14				404	5.64
			14.54	19.76	3.43		47.65
4.41	126	0.14	14.54	19.76	3.43	404	53.29
4.41	126	0.14				404	5.64
			14.54	19.76	3.43		47.65

工作内容：雨水管、雨水斗、弯头、短管的安装、油漆。

编号	项 目			单位	预 算 基 价			人 工	镀锌薄钢板 0.56	UPVC雨水管 D110以内
					总 价	人 工 费	材 料 费	综 合 工		
					元	元	元	工日	m²	m
								135.00	20.08	25.96
6-85	薄 钢 板 雨 水 管	周 长 在 270～330mm	综 合	100m	2405.48	1297.35	1108.13	9.61	38.16	
6-86			制 作		1089.25	290.25	799.00	2.15	38.16	
6-87			安 装		691.80	549.45	142.35	4.07		
6-88			油 漆		624.43	457.65	166.78	3.39		
6-89		周 长 在 330～420mm	综 合		2846.22	1439.10	1407.12	10.66	47.70	
6-90			制 作		1291.44	290.25	1001.19	2.15	47.70	
6-91			安 装		736.40	549.45	186.95	4.07		
6-92			油 漆		818.38	599.40	218.98	4.44		
6-93		周 长 在 420～570mm	综 合		3540.64	1653.75	1886.89	12.25	63.60	
6-94			制 作		1625.56	290.25	1335.31	2.15	63.60	
6-95			安 装		803.02	549.45	253.57	4.07		
6-96			油 漆		1112.06	814.05	298.01	6.03		
6-97	UPVC 雨 水 管	D110 以 内			4087.67	527.85	3559.82	3.91		105.00
6-98		D110 以 外			7045.10	712.80	6332.30	5.28		
6-99	薄 钢 板 天 沟 泛 水	综 合		100m²	4717.59	1849.50	2868.09	13.70	107.35	
6-100		制 作			3007.69	681.75	2325.94	5.05	107.35	
6-101		安 装			730.07	710.10	19.97	5.26		
6-102		油 漆			979.83	457.65	522.18	3.39		

排 水

UPVC雨水管 D110以外	铁钉	防锈漆	调和漆	稀料	焊锡	铁件	卡箍膨胀螺栓 D110以内	卡箍膨胀螺栓 D110以外	伸缩节 D110以内	伸缩节 D110以外	零星材料费
m	kg	kg	kg	kg	kg	kg	套	套	个	个	元
46.73	6.68	15.51	14.11	10.88	59.85	9.49	1.73	2.60	15.83	35.77	
		4.12	5.61	0.97	0.40	15.00					21.98
					0.40						8.81
						15.00					
		4.12	5.61	0.97							13.17
		5.41	7.35	1.28	0.53	19.70					29.09
					0.53						11.65
						19.70					
		5.41	7.35	1.28							17.44
		7.34	9.99	1.73	0.71	26.72					40.12
					0.71						15.73
						26.72					
		7.34	9.99	1.73							24.39
						31.69	61.20		27.00		
105.00						31.69		61.20		27.00	
	2.99	12.89	17.52	3.04	2.08						87.83
					2.08						45.86
	2.99										
		12.89	17.52	3.04							41.97

工作内容：雨水管、雨水斗、弯头、短管的安装、油漆。

编号	项 目			单位	预 算 基 价			人 工	材			
					总 价	人工费	材料费	综合工	镀锌薄钢板 0.56	铸铁落水口 D100×300	UPVC雨水斗 160带罩	铸铁弯头排水口 336×200
					元	元	元	工日	m²	套	个	个
								135.00	20.08	49.08	71.10	41.42
6-103	雨 水 斗	薄钢板	综合		619.52	432.00	187.52	3.20	4.24			
6-104			制作		536.84	371.25	165.59	2.75	4.24			
6-105			油漆		82.68	60.75	21.93	0.45				
6-106		UPVC			1180.49	423.90	756.59	3.14			10.10	
6-107	铸 铁 落 水 口	综 合			1255.93	585.90	670.03	4.34		10.10		
6-108		安 装			1219.23	562.95	656.28	4.17		10.10		
6-109		油 漆			36.70	22.95	13.75	0.17				
6-110	弯 头	铸铁	综合	10个	1260.78	747.90	512.88	5.54				10.10
6-111			安装		1008.29	589.95	418.34	4.37				10.10
6-112			油漆		252.49	157.95	94.54	1.17				
6-113		UPVC			599.49	176.85	422.64	1.31				
6-114	铅 丝 网 球 D100				155.65	74.25	81.40	0.55				
6-115	UPVC 短 管				563.13	176.85	386.28	1.31				
6-116	阳 台 出 水 口				132.24	108.00	24.24	0.80				
6-117	烟道、掏灰口薄钢板盖	综 合			295.93	279.45	16.48	2.07	0.66			
6-118		制作、安装			283.25	270.00	13.25	2.00	0.66			
6-119		油 漆			12.68	9.45	3.23	0.07				

214

UPVC弯头90°	铅丝网球D100出气罩	UPVC短管	硬塑料管D50	稀料	调和漆	防锈漆	焊锡	预拌混凝土AC20	密封胶	铁件	石油沥青10#	清油	零星材料费
个	个	个	kg	kg	kg	kg	kg	m³	kg	kg	kg	kg	元
41.53	8.14	37.93	11.02	10.88	14.11	15.51	59.85	450.56	31.90	9.49	4.04	15.06	
				0.13	0.74	0.550	0.72						38.90
							0.72						37.36
				0.13	0.74	0.550							1.54
								0.05	0.50				
				0.65						16.92	0.59	0.07	3.24
										16.92			
				0.65							0.59	0.07	3.24
				4.51							4.06	0.45	22.29
				4.51							4.06	0.45	22.29
10.10										0.10			
	10												
		10.10								0.10			
			2.20										
				0.02	0.12	0.085							
				0.02	0.12	0.085							

215

第七章　防腐、隔热、保温工程

说　明

一、本章包括防腐,隔热、保温2节,共264条基价子目。

二、防腐:

1.整体面层、隔离层适用于平面、立面的防腐耐酸工程,包括沟、坑、槽。

2.块料面层以平面砌为准,砌立面者按平面砌相应项目的人工工日乘以系数1.38,踢脚线人工工日乘以系数1.56。

3.砂浆、胶泥的配合比如设计要求与基价不同时,按设计要求调整,其他不变。

4.整体面层的砂浆厚度如设计要求与基价不同时,可按比例换算,其他不变。

5.本章各种面层均未包括踢脚线。

6.防腐卷材接缝、收头等人工、材料已计入在基价中,不另计算。

7.花岗岩板以六面剁斧的板材为准。如底面为毛面者,水玻璃砂浆每100m² 增加 0.38m³,耐酸沥青砂浆每100m² 增加 0.44m³。

三、隔热、保温:

1.本章隔热、保温项目只包括隔热保温材料的铺贴,未包括隔气防潮、保护层或衬墙等。

2.保温层的保温材料配合比、材质、厚度与基价不同时,按设计要求调整,其他不变。

3.弧形墙墙面保温隔热层按相应项目的人工工日乘以系数1.10。

4.墙面岩棉板保温、聚苯乙烯板保温如使用钢骨架,按装饰装修基价相应项目执行。

5.柱面保温根据墙面保温项目人工工日乘以系数1.19,材料乘以系数1.04。

6.抗裂保护层工程如采用塑料膨胀螺栓固定时,每平方米增加人工0.03工日,塑料膨胀螺栓6.12套。

工程量计算规则

一、防腐:

1.防腐工程项目区分不同防腐材料种类及其厚度,按设计图示尺寸以实铺面积计算。扣除凸出地面的构筑物、设备基础等所占面积,砖垛等突出墙面部分按展开面积并入墙面防腐工程量内。

2.踢脚线按设计图示尺寸以实铺长度乘以高度以面积计算,扣除门洞所占的面积,增加门洞口侧壁面积。

二、隔热、保温:

1.屋面保温隔热层工程量按设计图示尺寸以面积计算,扣除单个面积大于0.3m² 孔洞所占面积。其他项目按设计图示尺寸的面积乘以平均厚度以体积计算,不扣除烟囱、风帽、水斗及斜沟所占面积。

2.天棚保温隔热层工程量按设计图示尺寸以面积计算。扣除单个面积大于0.3m² 柱、垛、孔洞所占面积,与天棚相连的梁按展开面积计算,其工程量并入天棚内。

3.墙面保温隔热层工程量按设计图示尺寸以面积计算。扣除门窗洞口面积及单个面积大于 0.3m² 梁、孔洞所占面积；门窗洞口侧壁以及与墙相连的柱并入保温墙体工程量内。墙体及混凝土板下铺贴隔热层不扣除木框架及木龙骨的体积。其中外墙按隔热层中心线长度计算,内墙按隔热层净长度计算。

4.柱、梁保温隔热层工程量按设计图示尺寸以面积计算。柱按设计图示柱断面保温层中心线展开长度乘以高度以面积计算,扣除单个面积大于 0.3m² 梁所占面积。梁按设计图示梁断面保温层中心线展开长度乘以保温层长度以面积计算。

5.楼地面保温隔热层工程量按设计图示尺寸以面积计算。扣除单个面积大于 0.3m² 柱、垛、孔洞所占面积。

6.单个面积大于 0.3m² 的孔洞侧壁周围及梁头、连系梁等其他零星工程保温隔热工程量,并入墙面的保温隔热工程量内。

7.柱帽保温隔热层并入天棚保温隔热层工程量内。

8.池槽隔热层按设计图示池槽保温隔热层的长度、宽度及其厚度以体积计算。其中池壁执行墙面隔热保温相关子目,池底执行楼地面隔热保温相关子目。

9.其他保温隔热层工程量按设计图示尺寸以面积计算。扣除单个面积大于 0.3m² 孔洞所占面积。

10.保温层排气管按设计图示尺寸以长度计算,不扣除管件所占长度,保温层排气孔以数量计算。

11.保温线条加工按设计图示尺寸以长度计算,粘贴及表面刮胶贴网按设计图示尺寸以面积计算。

12.防火隔离带工程量按设计图示尺寸以面积计算。

1.防　腐
(1) 整 体 面 层
①砂浆、混凝土、胶泥面层

工作内容：1.清理基层。2.铺沥青、填充料加热。3.调运砂浆、混凝土。4.摊铺砂浆、浇灌混凝土。

编号	项　　　目		单位	预　算　基　价				人　工	材		料
				总　价	人工费	材料费	机械费	综合工	石英石	石英砂	石英粉
				元	元	元	元	工日	kg	kg	kg
								135.00	0.58	0.28	0.42
7-1	水玻璃耐酸混凝土	60mm	100m²	19200.37	4541.40	14308.86	350.11	33.64	5716.08	4314.60	1681.68
7-2		每增减 10mm		2985.13	681.75	2245.98	57.40	5.05	952.68	719.10	264.18
7-3	碎 石 灌 沥 青	100mm		27331.67	3997.35	23334.32		29.61			
7-4	硫 黄 混 凝 土	60mm		24086.41	5827.95	17908.35	350.11	43.17	8457.84	2417.40	1405.05
7-5		每增减 10mm		3593.04	896.40	2639.24	57.40	6.64	1395.82	342.39	198.97
7-6	环 氧 砂 浆	5mm		13721.01	4819.50	8901.51		35.70		681.51	345.42
7-7		每增减 1mm		2225.03	757.35	1467.68		5.61		133.63	66.70

编号	项 目		单位	材							
				水玻璃	氟硅酸钠	铸石粉	石油沥青 10#	碴 石 13～19	木 柴	硫 黄	聚硫橡胶
				kg	kg	kg	kg	t	kg	kg	kg
				2.38	7.99	1.11	4.04	85.85	1.03	1.93	14.80
7-1	水玻璃耐酸混凝土	60mm	100m²	1929.39	304.17	1853.04					
7-2		每增减 10mm		289.68	45.90	292.74					
7-3	碎 石 灌 沥 青	100mm					3608.00	15.44	7216.00		
7-4	硫 黄 混 凝 土	60mm							137.00	4051.95	206.04
7-5		每 增 减 10mm							20.00	573.68	28.28
7-6	环 氧 砂 浆	5mm									
7-7		每 增 减 1mm									

煤	环氧树脂6101	丙 酮	乙 二 胺	零 星材 料 费	水 玻 璃混 凝 土	水玻璃稀胶泥1:0.15:0.5:0.5	硫黄混凝土	硫黄砂浆	环氧砂浆	环氧树脂 底料	滚筒式混凝土搅拌机500L	小型机具
kg	kg	kg	kg	元	m³	m³	m³	m³	m³	m³	台班	元
0.53	28.33	9.89	21.96								273.53	
					(6.12)	(0.21)					1.22	16.40
					(1.02)						0.20	2.69
1368.00							(6.12)	(0.51)			1.22	16.40
196.00							(1.01)				0.20	2.69
	207.09	69.39	87.63	88.13					(0.51)	(0.03)		
	33.70	6.70	16.70	14.53					(0.10)			

工作内容：1.清理基层。2.打底料。3.调运砂浆、混凝土。4.摊铺砂浆、浇灌混凝土。

编号	项目		单位	预算基价			人工	材								
				总价	人工费	材料费	综合工	石英砂	石英粉	环氧树脂6101	丙酮	乙二胺	防腐油	二甲苯	糠醇树脂	白云石砂
				元	元	元	工日	kg	kg	kg	kg	kg	kg	kg	kg	kg
							135.00	0.28	0.42	28.33	9.89	21.96	0.52	5.21	7.74	0.47
7-8	环氧煤焦油砂浆	5mm	100m²	9267.00	4704.75	4562.25	34.85	668.10	339.30	119.37	42.36	9.60	84.66	16.83		
7-9		每增减1mm		1302.59	688.50	614.09	5.10	131.00	65.50	16.50	1.40	1.40	16.60	3.30		
7-10	环氧呋喃砂浆	5mm		10838.39	4819.50	6018.89	35.70	675.24	343.52	154.30	59.04	11.13			55.08	
7-11		每增减1mm		1659.84	757.35	902.49	5.61	132.40	66.33	23.35	4.67	1.70			10.80	
7-12	不发火沥青砂浆	20mm		12976.41	3582.90	9393.51	26.54									2666.40
7-13	重晶石混凝土		10m³	37673.98	4668.30	33005.68	34.58									
7-14	重晶石砂浆	30mm		14916.59	6709.50	8207.09	49.70									
7-15		每增减5mm	100m²	2119.77	751.95	1367.82	5.57									
7-16	酸化处理			917.86	757.35	160.51	5.61									

																		料
石棉粉	石油沥青10#	硅藻土	汽油90#	木柴	水	水泥	重晶石砂	重晶石	硫酸	零星材料费	环氧树脂底料	环氧煤焦油砂浆	环氧呋喃树脂砂浆	不发火沥青砂浆	沥青胶泥	冷底子油3:7	重晶石混凝土	重晶石砂浆1:4:0.8
kg	kg	kg	kg	kg	m³	kg	kg	kg	kg	元	m³	m³	m³	m³	m³	kg	m³	m³
2.14	4.04	1.76	7.16	1.03	7.62	0.39	1.00	1.05	3.55									
										89.46	(0.03)	(0.51)						
										12.04		(0.10)						
										59.59	(0.03)		(0.51)					
										8.94			(0.10)					
442.38	1070.28	452.48	36.96	1756.00										(2.02)	(0.20)	(48.00)		
					18.73	3471.30	11611.60	18950.05									(10.15)	
					9.62	1499.40	7549.02											(3.06)
					1.60	249.90	1258.17											(0.51)
					0.10				45.00									

②玻璃钢面层

工作内容：1.清理基层。2.填料干燥、过筛。3.胶浆配置、涂刷。4.配制腻子及嵌刮。5.贴布一层。

编号	项目	单位	预算基价 总价 元	人工费 元	材料费 元	机械费 元	人工 综合工 工日	环氧树脂6101 kg	丙酮 kg	乙二胺 kg	石英粉 kg	砂布1# 张	玻璃布0.2 m²	酚醛树脂 kg	苯磺酰氯 kg	乙醇 kg	糠醇树脂 kg	零星材料费 元	轴流通风机7.5kW 台班
							135.00	28.33	9.89	21.96	0.42	0.93	3.95	24.09	14.49	9.69	7.74		42.17
7-17	底漆 每层		1085.76	580.50	463.09	42.17	4.30	11.96	9.68	0.84	2.39							9.08	1.00
7-18	刮腻子 每层		577.44	352.35	157.62	67.47	2.61	3.59	0.72	0.25	7.18	40.00						3.09	1.60
7-19	环氧玻璃钢 贴布每层		6147.91	4845.15	1091.91	210.85	35.89	17.94	6.09	1.26	3.59	20.00	115.00					21.41	5.00
7-20	面漆每层	100m²	802.67	360.45	400.05	42.17	2.67	11.96	4.29	0.84	0.84								1.00
7-21	环氧酚醛玻璃钢 贴布每层		6088.53	4845.15	1032.53	210.85	35.89	12.56	5.19	0.90	3.59		115.00	5.38				20.25	5.00
7-22	面漆每层		755.82	364.50	349.15	42.17	2.70	8.37	1.20	0.60	1.20			3.59					1.00
7-23	酚醛玻璃钢 贴布每层		7354.61	5328.45	1815.31	210.85	39.47	22.36	15.92	1.57	7.16		115.00	17.94	1.61	4.29		35.59	5.00
7-24	面漆每层		744.76	364.50	338.09	42.17	2.70				1.20			11.96	1.08	3.49			1.00
7-25	环氧呋喃玻璃钢 贴布每层		5973.81	4845.15	917.81	210.85	35.89	12.56	2.69	0.90	2.69	20.00	115.00				5.38		5.00
7-26	面漆每层		697.13	364.50	290.46	42.17	2.70	8.37	1.20	0.60	1.20						3.59		1.00

226

(2)隔 离 层

工作内容：1.清理基层,调运胶泥。2.填充料加热。3.涂冷底子油。4.铺设油毡、玻璃布。

编号	项目		单位	预算基价			人工	材						料		
				总价	人工费	材料费	综合工	油毡	石油沥青10#	石英粉	石棉6级	汽油90#	木柴	玻璃布0.2	耐酸沥青胶泥1:0.3:0.05	冷底子油3:7
				元	元	元	工日	m²	kg	kg	kg	kg	kg	m²	m³	kg
							135.00	3.83	4.04	0.42	3.76	7.16	1.03	3.95		
7-27	耐酸沥青胶泥卷材	二毡三油	100m²	5747.83	1341.90	4405.93	9.94	237.50	608.10	166.13	27.78	82.45	267.00		(0.567)	(107.08)
7-28		每增减一毡一油		1921.49	600.75	1320.74	4.45	115.40	183.35	53.03	8.87		80.00		(0.181)	
7-29	耐酸沥青胶泥玻璃布	一布一油		3789.96	649.35	3140.61	4.81		438.93	117.20	19.60	82.45	194.00	115.00	(0.400)	(107.08)
7-30		每增减一布一油		1924.03	498.15	1425.88	3.69		202.60	58.60	9.80		89.00	115.00	(0.200)	
7-31	一道冷底子油二道热沥青			2680.75	571.05	2109.70	4.23		405.20			36.96	202.00			(48.00)

227

(3) 平面砌

工作内容：1.清理基层。2.清洗块料。3.调制胶泥。4.铺砌块料。

编号	项		目	单位	预 算 基 价				人 工	耐酸瓷砖 230×113×65	耐酸瓷板
					总 价	人工费	材料费	机械费	综合工		
					元	元	元	元	工日	千块	千块
									135.00	6882.77	
7-32	树脂类胶泥	瓷 砖	230×113×65	100m²	66835.17	12868.20	53882.63	84.34	95.32	3.77414	
7-33		瓷 板	150×150×20		47940.55	13335.30	34520.91	84.34	98.78		4.50133×2441.57
7-34			150×150×30		51733.07	13336.65	38312.08	84.34	98.79		4.44267×2999.44
7-35			180×110×20		42711.64	13649.85	28977.45	84.34	101.11		
7-36			180×110×30		44367.44	13878.00	30405.10	84.34	102.80		
7-37		陶 板	150×150×20		39977.08	13309.65	26583.09	84.34	98.59		
7-38			150×150×30		42109.21	13423.05	28601.82	84.34	99.43		
7-39			180×110×20		49260.25	13649.85	35526.06	84.34	101.11		
7-40		铸石板	180×110×30		55681.26	13878.00	41718.92	84.34	102.80		
7-41			300×200×20		47437.23	12156.75	35196.14	84.34	90.05		
7-42			300×200×30		53737.03	12162.15	41490.54	84.34	90.09		

规 格 (mm)

228

块料面层

材			料							机 械
瓷 板	陶 板	铸 石 板	水	石 英 粉	环氧树脂 6101	丙 酮	乙 二 胺	环氧树 脂胶泥	环氧树 脂底料	轴流通风机 7.5kW
千块	千块	千块	m³	kg	kg	kg	kg	m³	m³	台班
			7.62	0.42	28.33	9.89	21.96			42.17
			6.00	1186.66	815.08	292.65	62.68	(0.89)	(0.20)	2.00
			5.00	914.92	678.16	279.00	51.76	(0.68)	(0.20)	2.00
			5.00	1005.50	723.80	283.55	55.40	(0.75)	(0.20)	2.00
5.10202×1026.82			5.00	927.86	684.68	279.65	52.28	(0.69)	(0.20)	2.00
5.02929×1036.04			5.00	1018.44	730.32	284.20	55.92	(0.76)	(0.20)	2.00
	4.50133×678.13		5.00	914.92	678.16	279.00	51.76	(0.68)	(0.20)	2.00
	4.44267×813.76		5.00	1005.50	723.80	283.55	55.40	(0.75)	(0.20)	2.00
		5.00556×2105.56	5.00	1005.50	723.80	283.55	55.40	(0.75)	(0.20)	2.00
		5.00556×3093.44	5.00	1083.14	762.92	287.45	58.52	(0.81)	(0.20)	2.00
		1.67900×6576.27	5.00	953.74	697.72	280.95	53.32	(0.71)	(0.20)	2.00
		1.67900×9705.77	5.00	1018.44	730.32	284.20	55.92	(0.76)	(0.20)	2.00

工作内容：1.清理基层。2.清洗块料。3.调制胶泥。4.铺砌块料。

编号	项			目	单位	预 算 基 价				人 工		
						总　价	人工费	材料费	机械费	综合工	耐酸瓷砖 230×113×65	耐酸瓷板
						元	元	元	元	工日	千块	千块
										135.00	6882.77	
7-43	水玻璃胶泥	瓷　砖	规　格 （mm）	230×113×65	100m²	42214.76	12955.95	29174.47	84.34	95.97	3.77414	
7-44		瓷　板		150×150×20		26824.08	13302.90	13436.84	84.34	98.54		4.50133×2441.57
7-45				150×150×30		29521.97	13417.65	16019.98	84.34	99.39		4.44267×2999.44
7-46				180×110×20		21452.30	13647.15	7720.81	84.34	101.09		
7-47				180×110×30		21901.41	13876.65	7940.42	84.34	102.79		
7-48		陶　板		150×150×20		18921.68	13302.90	5534.44	84.34	98.54		
7-49				150×150×30		19811.71	13417.65	6309.72	84.34	99.39		
7-50		铸石板		180×110×20		27018.88	13647.15	13287.39	84.34	101.09		
7-51				180×110×30		32363.10	13876.65	18402.11	84.34	102.79		
7-52				300×200×20		25897.53	12156.75	13656.44	84.34	90.05		
7-53				300×200×30		31292.12	12174.30	19033.48	84.34	90.18		

材							料		机 械
瓷 板	陶 板	铸 石 板	水	石英粉	水玻璃	氟硅酸钠	铸石粉	水玻璃胶泥 1:0.18:1.2:1.1	轴流通风机 7.5kW
千块	千块	千块	m³	kg	kg	kg	kg	m³	台班
			7.62	0.42	2.38	7.99	1.11		42.17
			6.00	685.30	566.04	102.35	630.12	(0.89)	2.00
			5.00	523.60	432.48	78.20	481.44	(0.68)	2.00
			5.00	577.50	477.00	86.25	531.00	(0.75)	2.00
5.10202×1026.82			5.00	531.30	438.84	79.35	488.52	(0.69)	2.00
5.02929×1036.04			5.00	585.20	483.36	87.40	538.08	(0.76)	2.00
	4.50133×678.13		5.00	531.30	438.84	79.35	488.52	(0.69)	2.00
	4.44267×813.76		5.00	577.50	477.00	86.25	531.00	(0.75)	2.00
		5.07778×2105.56	6.00	554.40	457.92	82.80	509.76	(0.72)	2.00
		5.00657×3093.44	6.00	623.70	515.16	93.15	573.48	(0.81)	2.00
		1.69267×6576.27	6.00	539.00	445.20	80.50	495.60	(0.70)	2.00
		1.67900×9705.77	6.00	585.20	483.36	87.40	538.08	(0.76)	2.00

工作内容： 1.清理基层。2.清洗块料。3.调制胶泥。4.铺砌块料。

编号	项		目	单位	预 算 基 价				人 工	
					总 价	人 工 费	材 料 费	机 械 费	综 合 工	耐 酸 瓷 砖 230×113×65
					元	元	元	元	工日	千块
									135.00	6882.77
7-54	硫黄胶泥	瓷 砖	230×113×65	100m²	44760.65	13300.20	31376.11	84.34	98.52	3.63217
7-55		瓷 板	150×150×20		27966.98	13647.15	14235.49	84.34	101.09	
7-56			150×150×30		31189.06	13876.65	17228.07	84.34	102.79	
7-57		陶 板	规 格 (mm) 150×150×20		19942.96	13302.90	6555.72	84.34	98.54	
7-58			150×150×30		21589.41	13417.65	8087.42	84.34	99.39	
7-59		铸 石 板	180×110×20		28258.58	13647.15	14527.09	84.34	101.09	
7-60			180×110×30		34172.00	13876.65	20211.01	84.34	102.79	

材 料								机 械
耐 酸 瓷 板	陶 板	铸 石 板	水	石 英 粉	硫 黄	聚 硫 橡 胶	硫 黄 胶 泥 6:4:0.2	轴 流 通 风 机 7.5kW
千块	千块	千块	m³	kg	kg	kg	m³	台班
			7.62	0.42	1.93	14.80		42.17
			8.00	1157.76	2558.06	60.30	(1.34)	2.00
4.32844×2441.57			5.00	665.28	1469.93	34.65	(0.77)	2.00
4.19111×2999.44			5.00	846.72	1870.82	44.10	(0.98)	2.00
	4.32889×678.13		5.00	656.64	1450.84	34.20	(0.76)	2.00
	4.27333×813.76		5.00	838.08	1851.73	43.65	(0.97)	2.00
		4.86667×2105.56	5.00	777.60	1718.10	40.50	(0.90)	2.00
		4.79949×3093.44	5.00	976.32	2157.17	50.85	(1.13)	2.00

工作内容： 1.清理基层。2.清洗块料。3.调制胶泥。4.铺砌块料。

编号	项		目	单位	预 算 基 价				人 工	
					总 价	人 工 费	材 料 费	机 械 费	综合工	耐酸瓷砖 230×113×65
					元	元	元	元	工日	千块
									135.00	6882.77
7-61	耐酸沥青胶泥	瓷砖	230×113×65	100m²	42375.96	12960.00	29331.62	84.34	96.00	3.77414
7-62		瓷板	150×150×20		26425.26	13302.90	13038.02	84.34	98.54	
7-63			150×150×30		29587.42	13417.65	16085.43	84.34	99.39	
7-64		陶板	150×150×20		18506.89	13302.90	5119.65	84.34	98.54	
7-65			150×150×30		19886.45	13417.65	6384.46	84.34	99.39	
7-66		铸石板	180×110×20		26998.59	13647.15	13267.10	84.34	101.09	
7-67			180×110×30		32743.54	13876.65	18782.55	84.34	102.79	

规格（mm）

材										料	机 械
耐酸瓷板	陶 板	铸 石 板	石油沥青 10#	水	石英粉	石 棉 6级	汽 油 90#	木 柴	耐酸沥 青胶泥 1:1:0.05	冷底子油 3:7	轴 流 通风机 7.5kW
千块	千块	千块	kg	m³	kg	kg	kg	kg	m³	kg	台班
			4.04	7.62	0.42	3.76	7.16	1.03			42.17
			561.06	6.00	516.78	25.74	64.68	258.00	(0.66)	(84.00)	2.00
4.44267×2441.57			334.26	5.00	297.54	14.82	64.68	154.00	(0.38)	(84.00)	2.00
4.38444×2999.44			480.06	5.00	438.48	21.84	64.68	221.00	(0.56)	(84.00)	2.00
	4.50133×678.13		309.96	5.00	274.05	13.65	64.68	143.00	(0.35)	(84.00)	2.00
	4.44267×813.76		447.66	5.00	407.16	20.28	64.68	206.00	(0.52)	(84.00)	2.00
		5.00556×2105.56	439.56	5.00	399.33	19.89	64.68	202.00	(0.51)	(84.00)	2.00
		4.90960×3093.44	609.66	5.00	563.76	28.08	64.68	280.00	(0.72)	(84.00)	2.00

工作内容：1.清理基层。2.清洗块料。3.调制砂浆。4.铺砌块料。

编号	项			目	单位	预 算 基 价			
						总 价	人 工 费	材 料 费	机 械 费
						元	元	元	元
7-68	耐 酸 沥 青 砂 浆	花 岗 岩	规 格（mm）	500×400×60	100m²	49362.82	12162.15	37116.33	84.34
7-69				500×400×80		49585.94	12162.15	37339.45	84.34
7-70				500×400×100		50113.86	12276.90	37752.62	84.34
7-71				500×400×120		50730.27	12276.90	38369.03	84.34

人 工	材				料			机 械
综 合 工	花 岗 岩 石	水	木 柴	石 油 沥 青 10#	石 英 砂	石 英 粉	耐酸沥青砂浆 1.3:2.6:7.4	轴 流 通 风 机 7.5kW
工日	千块	m³	kg	kg	kg	kg	m³	台班
135.00		7.62	1.03	4.04	0.28	0.42		42.17
90.09	0.48500×68862.45	6.00	868.00	434.00	2397.90	841.70	（1.55）	2.00
90.09	0.48515×68862.45	6.00	918.00	459.20	2537.10	890.52	（1.64）	2.00
90.94	0.40296×83130.71	8.00	991.00	495.60	2738.20	961.10	（1.77）	2.00
90.94	0.40296×83130.71	8.00	1137.00	568.40	3140.40	1102.30	（2.03）	2.00

工作内容： 1.清理基层。2.清洗块料。3.调制胶泥。4.铺砌块料。5.树脂胶泥勾缝。

编号	项			目	单位	预 算 基 价				人 工	耐酸瓷砖 230×113×65	耐酸瓷板
						总 价	人工费	材料费	机械费	综合工		
						元	元	元	元	工日	千块	千块
										135.00	6882.77	
7-72	水 玻 璃 胶 泥 结 合 层	树 脂 胶 泥 勾 缝	瓷 砖	230×113×65	100m²	**45230.01**	12988.35	32157.32	84.34	96.21	3.58638	
7-73			瓷 板	150×150×20		**29231.37**	14048.10	15098.93	84.34	104.06		4.21911×2441.57
7-74				150×150×30		**32018.60**	14162.85	17771.41	84.34	104.91		4.21911×2999.44
7-75				180×110×20		**24400.68**	14393.70	9922.64	84.34	106.62		
7-76				180×110×30		**24855.39**	14450.40	10320.65	84.34	107.04		
7-77			陶 板	150×150×20		**21506.38**	13763.25	7658.79	84.34	101.95		
7-78				150×150×30		**22626.88**	13992.75	8549.79	84.34	103.65		
7-79				180×110×20		**28222.60**	13190.85	14947.41	84.34	97.71		
7-80				180×110×30		**34785.92**	14451.75	20249.83	84.34	107.05		
7-81			铸 石 板	300×200×20		**27550.32**	12730.50	14735.48	84.34	94.30		
7-82				300×200×30		**32970.27**	12730.50	20155.43	84.34	94.30		

(注：项目"规格（mm）"列位于"目"栏内)

材			料										机械
瓷板	陶板	铸石板	水	水玻璃	氟硅酸钠	铸石粉	石英粉	环氧树脂6101	丙酮	乙二胺	水玻璃胶泥 1:0.18:1.2:1.1	环氧树脂胶泥	轴流通风机 7.5kW
千块	千块	千块	m³	kg	kg	kg	kg	kg	kg	kg	m³	m³	台班
			7.62	2.38	7.99	1.11	0.42	28.33	9.89	21.96			42.17
			6.00	661.44	119.60	736.32	1033.72	117.36	11.70	9.36	(1.04)	(0.18)	2.00
			4.00	445.20	80.50	495.60	681.34	71.72	7.15	5.72	(0.70)	(0.11)	2.00
			4.00	502.44	90.85	559.32	750.64	71.72	7.15	5.72	(0.79)	(0.11)	2.00
4.75404×1026.82			4.00	451.56	81.65	502.68	701.98	78.24	7.80	6.24	(0.71)	(0.12)	2.00
4.75404×1036.04			4.00	515.16	93.15	573.48	778.98	78.24	7.80	6.24	(0.81)	(0.12)	2.00
	4.21911×678.13		4.00	445.20	80.50	495.60	681.34	71.72	7.15	5.72	(0.70)	(0.11)	2.00
	4.21911×813.76		4.00	502.44	90.85	559.32	750.64	71.72	7.15	5.72	(0.79)	(0.11)	2.00
		4.80000×2105.56	5.00	451.56	81.65	502.68	689.04	71.72	7.15	5.72	(0.71)	(0.11)	2.00
		4.79949×3093.44	5.00	515.16	93.15	573.48	778.98	78.24	7.80	6.24	(0.81)	(0.12)	2.00
		1.65267×6576.27	5.00	426.12	77.05	474.36	606.48	45.64	4.55	3.64	(0.67)	(0.07)	2.00
		1.65267×9705.77	5.00	470.64	85.10	523.92	660.38	45.64	4.55	3.64	(0.74)	(0.07)	2.00

工作内容：1.清理基层。2.清洗块料。3.调制胶泥。4.铺砌块料。5.树脂胶泥勾缝。

编号	项				目	单位	预算基价			人工	耐酸瓷砖 230×113×65	耐酸瓷板
							总价	人工费	材料费	综合工		
							元	元	元	工日	千块	千块
										135.00	6882.77	
7-83	耐酸沥青胶泥结合层	树脂胶泥勾缝	瓷砖	规格（mm）	230×113×65	100m²	44932.82	12988.35	31944.47	96.21	3.58638	
7-84			瓷板		150×150×20		28735.52	14042.70	14692.82	104.02		4.21911×2441.57
7-85					150×150×30		31581.71	14162.85	17418.86	104.91		4.21911×2999.44
7-86			陶板		150×150×20		22135.07	14882.40	7252.67	110.24		
7-87					150×150×30		22189.99	13992.75	8197.24	103.65		
7-88			铸石板		180×110×20		30096.52	15391.35	14705.17	114.01		
7-89					180×110×30		35378.67	15518.25	19860.42	114.95		

材									料	
陶 板	铸 石 板	水	石英粉	石油沥青 10#	石 棉 6级	环氧树脂 6101	丙 酮	乙二胺	木 柴	耐酸沥青胶泥 1:1:0.05	环氧树脂胶泥
千块	千块	m³	kg	kg	kg	kg	kg	kg	kg	m³	m³
		7.62	0.42	4.04	3.76	28.33	9.89	21.96	1.03		
		6.00	890.64	680.40	32.76	117.36	11.70	9.36	313.00	(0.84)	(0.18)
		5.00	533.84	405.00	19.50	71.72	7.15	5.72	186.00	(0.50)	(0.11)
		5.00	604.31	477.90	23.01	71.72	7.15	5.72	220.00	(0.59)	(0.11)
4.21911×678.13		5.00	533.84	405.00	19.50	71.72	7.15	5.72	186.00	(0.50)	(0.11)
4.21911×813.76		5.00	604.31	477.90	23.01	71.72	7.15	5.72	220.00	(0.59)	(0.11)
	4.79949×2105.56	5.00	546.78	405.00	19.50	78.24	7.80	6.24	186.00	(0.50)	(0.12)
	4.79949×3093.44	5.00	625.08	486.00	23.40	78.24	7.80	6.24	224.00	(0.60)	(0.12)

工作内容：1.清理基层。2.清洗块料。3.调制胶泥。4.铺砌块料。

编号	项			目	单位	预　算　基　价			人　工	耐酸瓷砖 230×113×65	耐酸瓷板
						总　价	人工费	材料费	综合工		
						元	元	元	工日	千块	千块
									135.00	6882.77	
7-90	树脂类胶泥	瓷　砖	规　格 （mm）	230×113×65	100m²	72601.24	17662.05	54939.19	130.83	3.92189	
7-91		瓷　板		150×150×20		52746.71	18121.05	34625.66	134.23		4.52800×2441.57
7-92				150×150×30		57218.25	18465.30	38752.95	136.78		4.57644×2999.44
7-93				180×110×20		46895.01	17776.80	29118.21	131.68		
7-94				180×110×30		48436.74	17891.55	30545.19	132.53		
7-95		铸石板		180×110×20		53442.45	17776.80	35665.65	131.68		
7-96				180×110×30		59796.95	17891.55	41905.40	132.53		

槽砌块料

材						料				
瓷 板	铸 石 板	水	石 英 粉	环氧树脂 6101	丙 酮	乙 二 胺	棉 纱	环氧树脂胶泥	环氧树脂底料
千块	千块	m³	kg	kg	kg	kg	kg	m³	m³
		7.62	0.42	28.33	9.89	21.96	16.11		
		6.00	1186.66	815.08	292.65	62.68	2.46	(0.89)	(0.20)
		5.00	914.92	678.16	279.00	51.76	2.46	(0.68)	(0.20)
		5.00	1005.50	723.80	283.55	55.40	2.46	(0.75)	(0.20)
5.20051×1026.82		5.00	927.86	684.68	279.65	52.28	2.46	(0.69)	(0.20)
5.12626×1036.04		5.00	1018.44	730.32	284.20	55.92	2.46	(0.76)	(0.20)
	5.05303×2105.56	5.00	1005.50	723.80	283.55	55.40	2.46	(0.75)	(0.20)
	5.05303×3093.44	5.00	1083.14	762.92	287.45	58.52	2.46	(0.81)	(0.20)

工作内容： 1.清理基层。2.清洗块料。3.调制胶泥。4.铺砌块料。

编号	项			目	单位	预 算 基 价			人 工	耐酸瓷砖 230×113×65
						总 价	人 工 费	材 料 费	综 合 工	
						元	元	元	工日	千块
									135.00	6882.77
7-97	水玻璃胶泥	瓷砖	规格（mm）	230×113×65	100m²	46931.40	16740.00	30191.40	124.00	3.92189
7-98		瓷板		150×150×20		30966.25	17317.80	13648.45	128.28	
7-99				150×150×30		33858.64	17547.30	16311.34	129.98	
7-100				180×110×20		25541.37	17775.45	7765.92	131.67	
7-101				180×110×30		25931.09	17890.20	8040.89	132.52	
7-102		铸石板		180×110×20		31164.92	17775.45	13389.47	131.67	
7-103				180×110×30		36437.61	17890.20	18547.41	132.52	
7-104				300×200×20		29015.31	15253.65	13761.66	112.99	
7-105				300×200×30		34442.43	15253.65	19188.78	112.99	

材					料			
耐 酸 瓷 板	瓷　　　板	铸 石 板	水	石 英 粉	水 玻 璃	氟硅酸钠	铸 石 粉	水 玻 璃 胶 泥 1:0.18:1.2:1.1
千块	千块	千块	m³	kg	kg	kg	kg	m³
			7.62	0.42	2.38	7.99	1.11	
			6.00	685.30	566.04	102.35	630.12	(0.89)
4.58800×2441.57			5.00	523.60	432.48	78.20	481.44	(0.68)
4.52800×2999.44			5.00	585.20	483.36	87.40	538.08	(0.76)
	5.14596×1026.82		5.00	531.30	438.84	79.35	488.52	(0.69)
	5.12626×1036.04		5.00	585.20	483.36	87.40	538.08	(0.76)
		5.12626×2105.56	6.00	554.40	457.92	82.80	509.76	(0.72)
		5.05354×3093.44	6.00	623.70	515.16	93.15	573.48	(0.81)
		1.70867×6576.27	6.00	539.00	445.20	80.50	495.60	(0.70)
		1.69500×9705.77	6.00	585.20	483.36	87.40	538.08	(0.76)

工作内容：1.清理基层。2.清洗块料。3.调制胶泥。4.铺砌块料。

编号	项			目	单位	预 算 基 价			人 工	耐酸瓷砖 230×113×65
						总 价	人 工 费	材 料 费	综 合 工	
						元	元	元	工日	千块
									135.00	6882.77
7-106	耐酸沥青胶泥	瓷 砖	规 格 (mm)	230×113×65	100m²	**46720.97**	15942.15	30778.82	118.09	3.92189
7-107		瓷 板		150×150×20		**30238.14**	16744.05	13494.09	124.03	
7-108				150×150×30		**33562.60**	16858.80	16703.80	124.88	
7-109		铸 石 板		180×110×20		**31017.33**	17317.80	13699.53	128.28	
7-110				180×110×30		**36907.89**	17432.55	19475.34	129.13	

246

材									料
耐 酸 瓷 板	铸 石 板	水	石 英 粉	石 油 沥 青 10#	石 棉 6级	汽 油 90#	木 柴	耐酸沥青胶泥 1:0.3:0.05	冷 底 子 油 3:7
千块	千块	m³	kg	kg	kg	kg	kg	m³	kg
		7.62	0.42	4.04	3.76	7.16	1.03		
		6.00	193.38	695.04	32.34	64.68	258.00	(0.66)	(84.00)
4.52800×2441.57		5.00	111.34	411.40	18.62	64.68	154.00	(0.38)	(84.00)
4.46889×2999.44		5.00	164.08	593.74	27.44	64.68	221.00	(0.56)	(84.00)
	5.05303×2105.56	5.00	149.43	543.09	24.99	64.68	202.00	(0.51)	(84.00)
	4.98182×3093.44	5.00	210.96	755.82	35.28	64.68	280.00	(0.72)	(84.00)

（5）耐酸防腐涂料

工作内容：1.清理基层。2.刷涂料。

编号	项目		目	单位	预算基价				人工	材			料		机	械
					总价	人工费	材料费	机械费	综合工	过氯乙烯底漆	过氯乙烯漆稀释剂	砂布1#	过氯乙烯磁漆	过氯乙烯清漆	轴流通风机7.5kW	电动空气压缩机0.6m³
					元	元	元	元	工日	kg	kg	张	kg	kg	台班	台班
									135.00	13.87	13.66	0.93	18.22	15.56	42.17	38.51
7-111	过氯乙烯漆	混凝土面	底漆一遍	100m²	534.57	148.50	289.25	96.82	1.10	10.00	10.00	15.00			1.20	1.20
7-112			中间漆一遍		923.06	229.50	548.34	145.22	1.70		17.20		17.20		1.80	1.80
7-113			面漆一遍		389.67	114.75	210.38	64.54	0.85		7.20			7.20	0.80	0.80
7-114		抹灰面	底漆一遍		479.73	137.70	253.28	88.75	1.02	9.20	9.20				1.10	1.10
7-115			中间漆一遍		854.68	218.70	506.89	129.09	1.62		15.90		15.90		1.60	1.60
7-116			面漆一遍		359.99	102.60	192.85	64.54	0.76		6.60			6.60	0.80	0.80

248

工作内容： 1.清理基层。2.刷涂料。

编号	项目			单位	预算基价				人工	材							料		机械
					总价	人工费	材料费	机械费	综合工	沥青耐酸漆L50-1	石油沥青10#	汽油90#	木柴	漆酚树脂漆	石英粉	砂布1#	乙醇	苯磺酰氯	轴流通风机7.5kW
					元	元	元	元	工日	kg	kg	kg	kg	kg	kg	张	kg	kg	台班
									135.00	14.18	4.04	7.16	1.03	14.00	0.42	0.93	9.69	14.49	42.17
7-117	沥青漆	混凝土面、抹灰面	面漆一遍	100m²	4165.29	3210.30	575.46	379.53	23.78	19.00	22.00	24.00	44.00						9.00
7-118			面漆增一遍		1882.80	1375.65	127.62	379.53	10.19	9.00									9.00
7-119	漆酚树脂漆	混凝土面	底漆一遍		1555.00	849.15	326.32	379.53	6.29			10.80		14.90	7.60	40.00			9.00
7-120			底漆增一遍		1445.69	905.85	160.31	379.53	6.71			6.80		5.10	7.20	40.00			9.00
7-121			中间漆一遍		1289.27	669.60	240.14	379.53	4.96			4.50		13.40	4.10	20.00			9.00
7-122			中间漆增一遍		1255.97	654.75	221.69	379.53	4.85			4.50		12.10	3.50	20.00			9.00
7-123			面漆一遍		1264.27	681.75	202.99	379.53	5.05			4.30		12.30					9.00
7-124			面漆增一遍		1202.45	630.45	192.47	379.53	4.67			4.20		11.60					9.00
7-125		抹灰面	底漆一遍		1447.63	780.30	287.80	379.53	5.78			10.40		13.70	7.00	20.00			9.00
7-126			底漆增一遍		1458.44	826.20	252.71	379.53	6.12			6.50		13.20	6.60	20.00			9.00
7-127			中间漆一遍		1188.37	583.20	225.64	379.53	4.32			4.40		12.40	4.60	20.00			9.00
7-128			中间漆增一遍		1150.92	572.40	198.99	379.53	4.24			4.40		11.20	3.30	10.00			9.00
7-129			面漆一遍		1314.18	619.65	315.00	379.53	4.59			4.20		11.30	12.80	30.00	7.70	1.30	9.00
7-130			面漆增一遍		1222.06	594.00	248.53	379.53	4.40			4.20		10.70	3.50	15.00	3.70	1.20	9.00

工作内容： 1.清理基层。2.刷涂料。

编号	项 目			单位	预 算 基 价				人工	材 料					机 械
					总 价	人工费	材料费	机械费	综合工	酚醛树脂漆	乙 醇	石英粉	苯磺酰氯	砂布1#	轴流通风机7.5kW
					元	元	元	元	工日	kg	kg	kg	kg	张	台班
									135.00	14.03	9.69	0.42	14.49	0.93	42.17
7-131	酚醛树脂漆	混凝土面	底漆一遍	100m²	1573.35	837.00	356.82	379.53	6.20	16.40	7.70	12.80	1.30	30.00	9.00
7-132			底漆增一遍		1561.21	918.00	263.68	379.53	6.80	13.90	3.70	3.50	1.20	15.00	9.00
7-133			中间漆一遍		1339.27	689.85	269.89	379.53	5.11	13.80	4.70	2.00	1.10	15.00	9.00
7-134			中间漆增一遍		1314.35	666.90	267.92	379.53	4.94	13.70	4.80	1.80	1.00	15.00	9.00
7-135			面漆一遍		1373.16	693.90	299.73	379.53	5.14	17.50	3.50		1.40		9.00
7-136			面漆增一遍		1332.37	681.75	271.09	379.53	5.05	15.70	3.30		1.30		9.00
7-137		抹灰面	底漆一遍		1494.45	814.05	300.87	379.53	6.03	15.20	5.50	7.10	1.20	15.00	9.00
7-138			底漆增一遍		1492.30	849.15	263.62	379.53	6.29	12.90	5.30	3.30	1.10	15.00	9.00
7-139			中间漆一遍		1263.76	631.80	252.43	379.53	4.68	12.70	4.50	1.80	1.10	15.00	9.00
7-140			中间漆增一遍		1246.19	621.00	245.66	379.53	4.60	12.60	4.10	1.70	1.00	15.00	9.00
7-141			面漆一遍		1261.09	631.80	249.76	379.53	4.68	13.80	4.00		1.20		9.00
7-142			面漆增一遍		1253.34	631.80	242.01	379.53	4.68	13.80	3.20		1.20		9.00

工作内容：1.清理基层。2.刷涂料。

编号	项		目	单位	预 算 基 价				人工	材	料		机 械
					总 价	人工费	材料费	机械费	综合工	氯磺化聚乙烯面漆	氯磺化聚乙烯	零 星 材料费	轴 流 通风机 7.5kW
					元	元	元	元	工日	kg	kg	元	台班
									135.00	13.55	18.17		42.17
7-143	氯磺化聚乙烯漆	混凝土面	底漆一遍	100m²	1925.76	1031.40	514.83	379.53	7.64	28.00	5.60	33.68	9.00
7-144			刮 腻 子		1641.10	801.90	459.67	379.53	5.94	25.00	5.00	30.07	9.00
7-145			中间漆一遍		1727.74	916.65	431.56	379.53	6.79	24.00	4.30	28.23	9.00
7-146			面漆一遍		1855.23	997.65	478.05	379.53	7.39	26.00	5.20	31.27	9.00
7-147		抹灰面	底漆一遍		1869.06	974.70	514.83	379.53	7.22	28.00	5.60	33.68	9.00
7-148			中间漆一遍		1669.97	849.15	441.29	379.53	6.29	24.00	4.80	28.87	9.00
7-149			面漆一遍		1797.18	939.60	478.05	379.53	6.96	26.00	5.20	31.27	9.00

工作内容：1.清理基层。2.刷涂料。

编号	项目		单位	预算基价			人工	材料						料
				总价	人工费	材料费	综合工	聚氨酯清漆	二甲苯	聚氨酯腻子	砂布1#	聚氨酯底漆	聚氨酯磁漆	零星材料费
				元	元	元	工日	kg	kg	kg	张	kg	kg	元
							135.00	16.57	5.21	10.02	0.93	12.16	18.93	
7-150	聚氨酯漆	混凝土面 清漆一遍	100m²	791.90	504.90	287.00	3.74	15.00	6.30					5.63
7-151		刮腻子		590.58	527.85	62.73	3.91		3.80	1.50	30.00			
7-152		底漆一遍		961.33	769.50	191.83	5.70		3.80		15.00	13.00		
7-153		中间漆一遍		714.34	500.85	213.49	3.71		3.80		15.00	9.80	3.20	
7-154		中间漆增一遍		841.98	606.15	235.83	4.49		3.80		15.00	6.50	6.50	
7-155		面漆一遍		650.56	606.15	44.41	4.49		3.80				1.30	
7-156		抹灰面 清漆一遍		710.68	471.15	239.53	3.49	13.90						9.21
7-157		刮腻子		632.03	492.75	139.28	3.65			13.90				
7-158		底漆一遍		879.80	700.65	179.15	5.19		3.70		15.00	12.00		
7-159		中间漆一遍		716.51	517.05	199.46	3.83		3.70		15.00	9.00	3.00	
7-160		中间漆增一遍		790.40	569.70	220.70	4.22		3.70		16.00	6.00	6.00	
7-161		面漆一遍		816.14	569.70	246.44	4.22		3.70				12.00	

2．隔热、保温
（1）保温隔热屋面

工作内容：1.清理基层。2.拍实、平整保温层。3.铺砌保温层。

编号	项　　目	单位	预算基价			人工 综合工	材								料		
			总价	人工费	材料费	综合工	泡沫混凝土块	沥青玻璃棉毡	沥青矿渣棉毡	加气混凝土砌块 300×600×(125～300)	白灰	炉渣	水	水泥	沥青珍珠岩板 1000×500×50	白灰炉渣 1:10	水泥白灰炉渣 1:1:12
			元	元	元	工日	m³	m³	m³	m³	kg	m³	m³	kg	m³	m³	m³
						135.00	224.36	71.10	42.40	318.48	0.30	108.30	7.62	0.39	318.43		
7-162	泡 沫 混 凝 土 板		3064.85	664.20	2400.65	4.92	10.70										
7-163	沥 青 玻 璃 棉 毡		1384.89	629.10	755.79	4.66		10.63									
7-164	沥 青 矿 渣 棉 毡		1070.06	629.10	440.96	4.66			10.40								
7-165	加 气 混 凝 土 块	10m³	4050.34	642.60	3407.74	4.76				10.70							
7-166	白 灰 炉 渣 1:10		2965.70	1564.65	1401.05	11.59					558.00	11.18	3.00			(10.10)	
7-167	水 泥 白 灰 炉 渣 1:1:12		3646.12	1576.80	2069.32	11.68					535.00	12.83	3.00	1273.00			(10.10)
7-168	沥 青 珍 珠 岩 板		4069.02	757.35	3311.67	5.61									10.40		

253

工作内容： 1.清理基层。 2.拍实、平整保温层。 3.铺砌保温层。

编号	项目		单位	预 算 基 价			人 工	水 泥
				总 价	人 工 费	材 料 费	综 合 工	水 泥
				元	元	元	工日	kg
							135.00	0.39
7-169	现 浇 水 泥 珍 珠 岩	1:10	10m³	3659.66	1408.05	2251.61	10.43	1793.00
7-170		1:12		3577.25	1408.05	2169.20	10.43	1521.00
7-171	现 浇 水 泥 蛭 石	1:10		3983.38	1408.05	2575.33	10.43	1793.00
7-172		1:12		3906.01	1408.05	2497.96	10.43	1521.00
7-173	水 泥 蛭 石 块			5355.71	757.35	4598.36	5.61	
7-174	干 铺 蛭 石			1981.43	488.70	1492.73	3.62	

254

材				料			
珍　珠　岩	水	蛭　石	水泥蛭石块	水 泥 珍 珠 岩 1:10	水 泥 珍 珠 岩 1:12	水 泥 蛭 石 1:10	水 泥 蛭 石 1:12
m³	m³	m³	m³	m³	m³	m³	m³
98.63	7.62	119.61	442.15				
15.43	4.00			(10.88)			
15.67	4.00				(10.30)		
	4.00	15.43				(10.88)	
	4.00	15.67					(10.30)
			10.40				
		12.48					

工作内容: 1.清理基层。 2.拍实、平整保温层。 3.铺砌保温层。

编号	项目		单位	预 算 基 价				人 工	聚苯乙烯泡沫塑料板
				总 价	人 工 费	材 料 费	机 械 费	综 合 工	
				元	元	元	元	工日	m³
								135.00	387.94
7-175	1:6 水 泥 炉 渣 泛 水			3515.55	1547.10	1968.45		11.46	
7-176	干 铺 炉 渣		10m³	1695.74	376.65	1319.09		2.79	
7-177	干 铺 珍 珠 岩			1719.60	488.70	1230.90		3.62	
7-178	CS 屋 面 保 温 板			13015.77	1593.00	11404.88	17.89	11.80	
7-179	干 铺 聚 苯 乙 烯 板	50mm厚	100m²	2307.89	329.40	1978.49		2.44	5.10
7-180	粘 贴 聚 苯 乙 烯 板	40mm厚		2653.29	688.50	1964.79		5.10	4.08

256

材						料				机 械
水 泥	炉 渣	珍 珠 岩	CS-XWBJ 板 聚苯芯 90mm厚	金属加强网片	镀锌钢丝 $D0.7$	钢 筋 $D10$以内	界面处理剂 混凝土面	聚 合 物 粘 接 砂 浆	水	电 焊 机 （综合）
kg	m³	m³	m²	m²	kg	t	kg	kg	m³	台班
0.39	108.30	98.63	105.57	16.44	7.42	3970.73	2.06	0.75	7.62	89.46
2101.00	10.61									
	12.18									
		12.48								
			99.60	29.00	10.22	0.085				0.20
							16.00	460.00	0.53	

工作内容：1.清理基层。2.拍实、平整保温层。3.铺砌保温层。

编号	项 目		单位	预 算 基 价			人 工	材				料	
				总 价	人工费	材料费	综合工	岩棉板 30mm厚	岩棉板 50mm厚	岩棉板 60mm厚	岩棉板 80mm厚	岩棉板 100mm厚	岩棉板 120mm厚
				元	元	元	工日	m³	m³	m³	m³	m³	m³
							135.00	607.33	624.00	640.67	657.33	674.00	707.33
7-181	干 铺 岩 棉 板	厚 度 （mm以内）	30	**2129.78**	271.35	1858.43	2.01	3.06					
7-182			50	**3503.70**	321.30	3182.40	2.38		5.10				
7-183			60	**4305.65**	384.75	3920.90	2.85			6.12			
7-184			100m²										
7-184			80	**5825.51**	461.70	5363.81	3.42				8.16		
7-185			100	**7483.65**	608.85	6874.80	4.51					10.20	
7-186			120	**9388.07**	730.35	8657.72	5.41						12.24

258

工作内容：1.清理基层。2.拍实、平整保温层。3.铺砌保温层。

编号	项目		单位	预算基价			人工	材料						料
				总价	人工费	材料费	综合工	岩棉板30mm厚	岩棉板50mm厚	岩棉板60mm厚	岩棉板80mm厚	岩棉板100mm厚	岩棉板120mm厚	聚合物粘接砂浆
				元	元	元	工日	m³	m³	m³	m³	m³	m³	kg
							135.00	607.33	624.00	640.67	657.33	674.00	707.33	0.75
7-187	粘贴岩棉板	厚度（mm以内）	100m²	30	2619.23	415.80	2203.43	3.08	3.06						460.00
7-188				50	4170.00	642.60	3527.40	4.76		5.10					460.00
7-189				60	5021.90	756.00	4265.90	5.60			6.12				460.00
7-190				80	6691.61	982.80	5708.81	7.28				8.16			460.00
7-191				100	8429.40	1209.60	7219.80	8.96					10.20		460.00
7-192				120	10439.12	1436.40	9002.72	10.64						12.24	460.00

259

工作内容：1.清理基层。2.拍实、平整保温层。3.铺砌保温层。

编号	项 目			单位	预 算 基 价			人 工	材			料
					总 价	人 工 费	材 料 费	综 合 工	泡沫玻璃	聚 合 物 粘 接 砂 浆	水	零星材料费
					元	元	元	工日	m³	kg	m³	元
								135.00	887.06	0.75	7.62	
7-193	泡 沫 玻 璃	厚 度 (mm)	30	100m²	**4082.69**	1001.70	3080.99	7.42	3.06	460.00	2.55	2.16
7-194			每增减10		**1170.96**	265.95	905.01	1.97	1.02			0.21

工作内容:1.清理基层。2.拍实、平整保温层。3.铺砌保温层。

编号	项 目			单位	预 算 基 价				人 工	材 料				机械
					总 价	人工费	材料费	机械费	综合工	膨胀玻化微珠保温浆料	胶粉聚苯颗粒保温浆料	水	零 星 材料费	灰 浆 搅拌机 200L
					元	元	元	元	工日	m³	m³	m³	元	台班
									135.00	360.00	370.00	7.62		208.76
7-195	无 机 轻 集 料 保 温 砂 浆	厚 度 （mm）	30	100m²	3242.30	1934.55	1220.07	87.68	14.33	3.366		0.93	1.22	0.42
7-196			每增减5		473.27	256.50	202.16	14.61	1.90	0.561			0.20	0.07
7-197	聚 苯 颗 粒 保 温 砂 浆		30		3373.69	2027.70	1254.14	91.85	15.02		3.366	0.93	1.63	0.44
7-198			每增减5		491.10	268.65	207.84	14.61	1.99		0.561		0.27	0.07

261

工作内容：保温层排气管、排气孔制作与安装。

编号	项目	单位	预算基价				人工	材						料		机械
			总价	人工费	材料费	机械费	综合工	塑料排水管 DN50	塑料排水三通 DN50	塑料排水弯头 DN50	塑料排水外接 DN50	聚氯乙烯热熔密封胶	镀锌钢管 DN40	预拌混凝土 AC20	零星材料费	液压弯管机 60mm
			元	元	元	元	工日	m	个	个	个	kg	m	m³	元	台班
							135.00	11.17	23.55	19.18	23.67	25.00	22.98	450.56		48.95
7-199	保温排气管安装	100m	2773.76	715.50	2058.26		5.30	101.50	20.00	10.00	10.00	1.00				
7-200	保温层排气孔安装 PVC 管	10个	571.41	128.25	443.16		0.95	4.20		20.00		0.05		0.006	8.69	
7-201	钢 管		240.30	128.25	110.58	1.47	0.95						4.60	0.006	2.17	0.03

（2）保温隔热天棚

工作内容： 1.清理基层。2.固定木龙骨。3.铺贴保温层。

编号	项目	单位	预算基价			人工	材									料
			总价	人工费	材料费	综合工	聚苯乙烯泡沫塑料板	板枋材	聚合物粘接砂浆	铁件	防腐油	石棉粉	乙醇	界面处理剂混凝土面	塑料膨胀螺栓D8	零星材料费
			元	元	元	工日	m³	m³	kg	kg	kg	kg	kg	kg	套	元
						135.00	387.94	2001.17	0.75	9.49	0.52	2.14	9.69	2.06	0.10	
7-202	混凝土板下粘贴聚苯乙烯板 带龙骨 50mm厚	100m²	8532.00	3169.80	5362.20	23.48	4.784	0.375	421.818	22.725	5.670	22.583	221.453			26.68
7-203	混凝土板下粘贴聚苯乙烯板 不带龙骨 50mm厚	100m²	4158.15	1725.30	2432.85	12.78	5.100		460.000					8.000	600.00	32.88
7-204	天棚板面上铺放聚苯乙烯板 50mm厚	100m²	2387.96	369.90	2018.06	2.74	5.100									39.57

263

工作内容：清理基层,喷发保温层。

编号	项 目			单位	预 算 基 价			人 工	材		料
					总 价	人 工 费	材 料 费	综合工	硬 泡 聚氨酯 组合料	聚 氨 酯 防潮底漆	零星材料费
					元	元	元	工日	kg	kg	元
								135.00	20.92	20.34	
7-205	硬泡聚氨酯现场喷发	厚 度 (mm)	50	100m²	8719.79	1849.50	6870.29	13.70	312.60	11.30	100.86
7-206			每增减5		730.75	67.50	663.25	0.50	31.26		9.29

工作内容：清理基层,刷粘接剂,粘贴保温层。

编号	项　目			单位	预　算　基　价			人　工	材						料	零　星材料费
					总　价	人工费	材料费	综合工	无机纤维棉	岩棉板50mm厚	胶粘剂	聚合物粘接砂浆	无机纤维罩面剂	界面砂浆DB		
					元	元	元	工日	kg	m³	kg	kg	kg	m³		元
								135.00	3.50	624.00	3.12	0.75	17.50	1159.00		
7-207	超细无机纤维	厚度(mm)	50		7888.95	2038.50	5850.45	15.10	1250.00		125.00		49.80	0.11		86.46
7-208			每增减10	100m²	1115.80	148.50	967.30	1.10	250.00		25.00					14.30
7-209	粘贴岩棉板		50		5592.36	2038.50	3553.86	15.10		5.10		460.00				26.46

工作内容: 清理基层,修补天棚,砂浆调制、运输、找坡抹灰。

编号	项 目			单位	预 算 基 价				人 工	材 料				机 械
					总 价	人工费	材料费	机械费	综合工	膨胀玻化微珠保温浆 料	胶粉聚苯颗粒保温浆 料	水	零 星 材料费	灰 浆 搅 拌 机 200L
					元	元	元	元	工日	m³	m³	m³	元	台班
									135.00	360.00	370.00	7.62		208.76
7-210	无 机 轻 集 料 保 温 砂 浆		20	100m²	3237.34	2332.80	846.09	58.45	17.28	2.332		0.64	1.69	0.280
7-211		厚 度 (mm)	每增减 5		725.76	500.85	210.30	14.61	3.71	0.583			0.42	0.070
7-212	聚苯颗粒保温砂浆		20		3322.02	2389.50	869.89	62.63	17.70		2.332	0.64	2.17	0.300
7-213			每增减 5		747.61	515.70	216.25	15.66	3.82		0.583		0.54	0.075

（3）保温隔热墙、柱

工作内容： 清理基层,修补墙面,砂浆调制、运输、抹平。

编号	项 目			单位	预 算 基 价				人 工	材	料			机 械
					总 价	人工费	材料费	机械费	综合工	膨胀玻化微珠保温浆料	胶粉聚苯颗粒保温浆料	水	零星材料费	灰 浆搅拌机200L
					元	元	元	元	工日	m³	m³	m³	元	台班
									135.00	360.00	370.00	7.62		208.76
7-214	无机轻集料保温砂浆	厚 度（mm）	25	100m²	3324.46	2174.85	1066.11	83.50	16.11	2.888		3.30	1.28	0.400
7-215			每增减5		582.95	357.75	208.50	16.70	2.65	0.578			0.42	0.080
7-216	聚苯颗粒保温砂浆		25		3421.77	2232.90	1095.35	93.52	16.54		2.888	3.30	1.64	0.448
7-217			每增减5		605.78	372.60	214.39	18.79	2.76		0.578		0.53	0.090

267

工作内容：清理基层,喷发保温层。

编号	项 目			单位	预 算 基 价			人 工	材			料
					总 价	人工费	材料费	综 合 工	硬 泡聚 氨 酯组 合 料	聚 氨 酯防潮底漆	界面砂浆DB	零星材料费
					元	元	元	工日	kg	kg	m³	元
								135.00	20.92	20.34	1159.00	
7-218	硬 泡 聚 氨 酯现 场 喷 发	厚 度（mm）	50	100m²	**8323.37**	1323.00	7000.37	9.80	312.60	11.30	0.11	103.45
7-219			每 增 减 5		**798.25**	135.00	663.25	1.00	31.26			9.29

工作内容： 清理基层,粘贴保温层。

编号	项目			单位	预算基价			人工	材					料	
					总价	人工费	材料费	综合工	沥青珍珠岩板 1000×500×50	水泥珍珠岩板	CS-BBJ板 聚苯芯40mm厚	聚合物粘接砂浆	塑料膨胀螺栓 D8	金属加强网片	钢筋 D10以内
					元	元	元	工日	m³	m³	m²	kg	套	m²	t
								135.00	318.43	496.00	48.46	0.75	0.10	16.44	3970.73
7-220	附墙粘贴沥青珍珠岩板	厚度（mm）	50	100m²	4247.84	2187.00	2060.84	16.20	5.20				460.00	600.00	
7-221			每增减10		725.37	394.20	331.17	2.92	1.04						
7-222	附墙粘贴水泥珍珠岩板		50		5171.20	2187.00	2984.20	16.20		5.20			460.00	600.00	
7-223			每增减10		910.04	394.20	515.84	2.92		1.04					
7-224	外墙外挂CS保温板				6661.83	999.00	5662.83	7.40			101.00			25.00	0.09

工作内容：清理基层,粘贴保温层。

编号	项 目		单位	预 算 基 价			人 工	材		料
				总 价	人 工 费	材 料 费	综合工	沥青玻璃棉	沥青矿渣棉	塑料薄膜
				元	元	元	工日	m³	m³	m²
							135.00	66.78	39.09	1.90
7-225	沥青玻璃棉	100	100m²	**2546.97**	1734.75	812.22	12.85	10.40		61.953
7-226		每增减10		**226.05**	156.60	69.45	1.16	1.04		
7-227	沥青矿渣棉	100		**2259.00**	1734.75	524.25	12.85		10.40	61.953
7-228		每增减10		**197.25**	156.60	40.65	1.16		1.04	

(厚度(mm) 跨 7-225 ~ 7-228 项目列)

工作内容：清理基层,刷界面剂,固定托架,钻孔锚钉,粘贴(铺设)保温层,挂钢丝网片,膨胀螺栓固定。

编号	项 目		单位	预 算 基 价			人 工	材				料				
				总 价	人工费	材料费	综合工	聚苯乙烯泡沫塑料板	单面钢丝聚苯乙烯板 15kg/m³	岩棉板 50mm厚	泡沫玻璃	界 面处理剂混凝土面	聚合物粘 接砂 浆	塑料膨胀螺 栓 D8	锡纸	零 星材料费
				元	元	元	工日	m³	m²	m³	m³	kg	kg	套	m²	元
							135.00	387.94	40.00	624.00	887.06	2.06	0.75	0.10	3.03	
7-229	聚苯乙烯板			**4746.00**	2181.60	2564.40	16.16	5.10				80.00	460.00	600.00		16.11
7-230	单 面 钢 丝聚 苯 乙 烯板	50mm厚		**7919.90**	3226.50	4693.40	23.90		102.00			25.80	667.00	600.00		
7-231	干挂岩棉板		100m²	**7522.18**	3766.50	3755.68	27.90			5.10		10.00		800.00	156.00	
7-232	泡 沫 玻 璃	30mm厚		**4621.15**	1491.75	3129.40	11.05				3.06		460.00	700.00		
7-233		每增减 10mm		**1401.60**	496.80	904.80	3.68				1.02					

工作内容：裁剪，铺设网格布，锚固钢丝网，砂浆调制、运输、抹平。

编号	项 目		单位	预 算 基 价			人 工	材			料	
				总 价	人工费	材料费	综合工	抗裂砂浆	耐碱玻纤网 格 布（标准）	镀 锌 钢丝网	水	塑料膨胀 螺 栓 D8
				元	元	元	工日	kg	m²	m²	m³	套
							135.00	1.52	6.78	11.40	7.62	0.10
7-234	抗裂保护层	耐碱网格布 抗裂砂浆	4mm厚	**2904.44**	1244.70	1659.74	9.22	550.00	117.00		4.00	
7-235		增加一层网格布 抗裂砂浆	2mm厚	**1707.71**	525.15	1182.56	3.89	275.00	112.70		0.06	
7-236		热锌镀钢丝网 抗裂砂浆	8mm厚	**5653.52**	2575.80	3077.72	19.08	1101.60		115.00	4.08	612.00

单位 (for data rows): 100m²

工作内容： 1.现场运输,放样切割。2.清理基层,苯板切割,裁剪网格布,砂浆调制,刮胶泥,贴苯板,打胀钉,贴网格布,刮胶泥罩面。

编号	项 目	单位	预 算 基 价			人 工	材					料	
			总 价	人工费	材料费	综合工	苯板线条（成品）	聚苯乙烯泡沫板40（硬质）	耐碱玻纤网格布（标准）	耐碱玻纤网格布（加强）	干粉式苯板胶	水	零星材料费
			元	元	元	工日	m	m³	m²	m²	kg	m³	元
						135.00	34.33	335.89	6.78	9.23	2.50	7.62	
7-237	保 温 线 条 成 品 加 工	100m	3745.07	139.05	3606.02	1.03	104.00						35.70
7-238	现 场 加 工		816.36	276.75	539.61	2.05		1.575					10.58
7-239	粘 贴	100m²	10272.02	9224.55	1047.47	68.33					418.00	0.090	1.78
7-240	表面刮胶贴网		9277.05	6718.95	2558.10	49.77			123.42	47.78	510.00	0.126	4.34

（4）FTC自调温相变蓄能材料保温层

工作内容： 基层处理，分层涂抹FTC自调温材料，固定钢丝网，挂玻纤网格布，刮腻子，喷憎水剂、涂抹抗裂砂浆，砌块淋水（不包括贴瓷砖或刷涂料）。

编号	项目		单位	预算基价			人工	材料							零星材料费
				总价	人工费	材料费	综合工	界面砂浆	FTC自调温相变蓄能材料	抗裂砂浆	镀锌钢丝网	水	耐碱玻纤网格布（标准）	腻子膏	
				元	元	元	工日	kg	m³	kg	m²	m³	m²	kg	元
							135.00	0.87	960.05	1.52	11.40	7.62	6.78	1.33	
7-241	外墙FTC自调温相变蓄能材料保温层（30mm厚）	用于砌块基层、外贴瓷砖	100m²	10303.57	3465.45	6838.12	25.67	140.00	4.183	890.40	110.00	0.50			89.21
7-242		用于混凝土基层、外贴瓷砖		10299.76	3465.45	6834.31	25.67	140.00	4.183	890.40	110.00				89.21
7-243		用于砌块基层、外刷涂料		10412.46	4032.45	6380.01	29.87	140.00	4.183		110.00	0.50	135.00		69.21
7-244		用于混凝土基层、外刷涂料		10408.65	4032.45	6376.20	29.87	140.00	4.183		110.00		135.00		69.21
7-245	内墙FTC自调温相变蓄能材料保温层（25mm厚）	用于砌块基层、外贴瓷砖		9105.07	3937.95	5167.12	29.17	140.00	3.633			0.50	135.00	473.04	9.21
7-246		用于混凝土基层、外刷涂料		9101.26	3937.95	5163.31	29.17	140.00	3.633				135.00	473.04	9.21
7-247	地面FTC自调温相变蓄能材料保温层（25mm厚）			5341.47	1722.60	3618.87	12.76	140.00	3.633						9.21
7-248	天棚FTC自调温相变蓄能材料保温层（30mm厚）			9414.84	3304.80	6110.04	24.48	140.00	4.183		110.00			473.04	89.21
7-249	屋面FTC自调温相变蓄能材料保温层（30mm厚）			7644.95	2164.05	5480.90	16.03	140.00	4.183		110.00				89.21
7-250	厚度每增减1mm			147.85	43.20	104.65	0.32		0.109						

(5) 隔热楼地面

工作内容： 清理基层,铺保温板。

编号	项目		单位	预 算 基 价			人 工	材 料	
				总 价	人 工 费	材 料 费	综 合 工	聚苯乙烯泡沫塑料板	聚 合 物粘 接 砂 浆
				元	元	元	工日	m³	kg
							135.00	387.94	0.75
7-251	粘贴聚苯乙烯板	50mm厚	100m²	**2990.94**	596.70	2394.24	4.42	5.10	554.325
7-252	干铺聚苯乙烯板			**2295.74**	317.25	1978.49	2.35	5.10	

(6)防火隔离带

工作内容:清理基层,切割保温板,砂浆调制,粘贴防火带。

编号	项 目			单位	预 算 基 价			人工	材						料		
					总价	人工费	材料费	综合工	热固性改性聚苯乙烯泡沫板	泡沫玻璃	岩棉板50mm厚	聚合物粘接砂浆	塑料膨胀螺栓D8	耐碱玻纤网格布(标准)	界面砂浆DB	水	零星材料费
					元	元	元	工日	m³	m³	m³	kg	套	m²	m³	m³	元
								135.00	442.80	887.06	624.00	0.75	0.10	6.78	1159.00	7.62	
7-253	聚苯乙烯板		300		6857.87	3780.00	3077.87	28.00	5.90			460.00	600.00				60.35
7-254			450		6584.55	3551.85	3032.70	26.31	5.80			460.00	600.00				59.46
7-255			500		6311.24	3323.70	2987.54	24.62	5.70			460.00	600.00				58.58
7-256			600		6037.92	3095.55	2942.37	22.93	5.60			460.00	600.00				57.69
7-257	泡沫玻璃	宽度(mm)	300	100m²	7734.95	2398.95	5336.00	17.77		5.60		460.00				2.80	2.13
7-258			450		7530.17	2284.20	5245.97	16.92		5.50		460.00				2.70	1.57
7-259			500		7370.30	2169.45	5200.85	16.07		5.45		460.00				2.60	1.56
7-260			600		7169.69	2056.05	5113.64	15.23		5.35		460.00				2.80	1.53
7-261	岩棉板		300		7896.57	2214.00	5682.57	16.40			5.500	460.00	330.00	245.000	0.110		83.98
7-262			450		7680.13	2103.30	5576.83	15.58			5.390	460.00	330.00	240.100	0.108		82.42
7-263			500		7494.70	1992.60	5502.10	14.76			5.313	460.00	330.00	236.670	0.106		81.31
7-264			600		7294.08	1881.90	5412.18	13.94			5.220	460.00	330.00	232.505	0.104		79.98

天津市人防工程预算基价

DBD 29-601-2020

下　册

天津市住房和城乡建设委员会
天津市建筑市场服务中心　主编

中国计划出版社

下 册 目 录

第八章　加固改造及零星工程

说　明

一、本章包括加固,拆除屋面、顶盖、门窗、天棚,预制混凝土拆除,现浇混凝土拆除,砖石结构拆除,铲除粉刷层,人工凿沟槽、砖墙面层凿除、人工凿防密门门框墙槽,拆、开门窗洞口,拆除排水管、地面、散水及其他,面层凿毛、墙体锚固,钢筋混凝土墙人工打洞,钢筋混凝土结构机械钻孔、爆破开洞,防水堵漏14节,共184条基价子目。

二、加固改造及零星工程系指已建工程因局部不符合战术技术或使用要求而进行的加固、改造及零星土建工程项目。凡符合下列条件之一者,按本章项目或本说明相关规定执行:

1. 工程扩建面积(建筑面积)不超过20m²。

2. 砖石砌体单项工程量不超过15m³。

3. 混凝土单项工程量不超过20m³。

4. 混凝土、砖石砌体总工程量不超过30m³。

5. 采用喷射混凝土加固,喷射混凝土工程量不超过15m³。

三、工程加固、改造、拆除项目中已综合考虑了作业面及场内运输因素,不论运距长短,使用时可不调整。但遇有以下情况可对基价做相应调整。

1. 拆除现浇钢筋混凝土构件包括面层、粉刷层在内,如需敲击钢筋回收时,人工工日乘以系数1.75。拆除结构厚度小于25cm时人工工日乘以系数0.80。

2. 混凝土、钢筋混凝土墙、顶板面层凿除按相应墙、顶板项目人工工日乘以系数0.70。

3. 钢筋混凝土墙人工打洞,墙厚在20cm以内,按30cm以内项目人工工日乘以系数0.60。如孔洞边缘距顶板小于50cm,人工工日乘以系数1.25;距底板小于30cm,人工工日乘以系数1.10。

4. 砖墙打洞按钢筋混凝土墙打洞项目,人工工日乘以系数0.20,扣除零星材料费。

5. 混凝土墙打洞按钢筋混凝土墙打洞项目,人工工日乘以系数0.70,扣除零星材料费。

6. 钢筋混凝土墙开洞面积在1m²以内时,按开圆形洞相应面积项目执行。

7. 钢筋混凝土结构机械钻孔、爆破开洞,墙厚超过45cm时,按墙厚35cm以内与墙厚45cm以内子目基价之差,以墙厚每增加10cm递增。

8. 铲除粉刷层工程,如铲除水磨石、水刷石面层按相应铲除水泥砂浆面层项目执行。

四、揭开覆土层加固工程顶盖按叠合板上混凝土项目执行,包括表面清洗,人工工日乘以系数1.10。在外部加固工程围护墙,按原墙加固项目执行。

五、堵漏项目基价中材料配合比如与设计配合比不同,材料可以换算,如无说明,浆液或胶泥总用量不变。

六、引流管埋设项目按引流管全埋式编制(包括水头处理),如为半埋式(指管表面与结构面平齐),人工工日乘以系数0.60;如为明敷,除引流管材外,人工工日、其余材料消耗量均乘以系数0.30;引流管项目按半硬塑料管编制,若设计要求材质不同,价格可以换算,数量不变。

七、水泥水玻璃注浆,基价中混凝土结构每眼按10L、砖结构每眼按15L计算编制的。如遇特殊情况,注浆总量超出基价数量,其超出部分执行增加注浆液基价子目。

八、防渗抹面项目仅适用于局部渗漏处理。

九、砌石砌体加固改造及零星工程执行相应新建项目时,人工工日乘以系数1.05。

十、混凝土、钢筋混凝土加固改造及零星工程执行相应新建项目时,人工工日乘以系数1.10,混凝土机械台班乘以系数1.05。

十一、本章未加说明和规定的项目,执行新建项目,使用时不得调整。

十二、混凝土表面凿毛项目,基价中天棚、墙面凿毛按露出60%以上新基面考虑;地面按露出80%以上新基面考虑。砖表面凿毛按混凝土表面凿毛相应子目乘以系数0.70计算,砖表面按全部剥离考虑。

十三、墙体锚固项目,基价中锚固筋(规格为$D8$)截长按砖墙40cm、混凝土墙30cm计算;锚固深度按砖墙30cm,混凝土墙20cm计算;设计要求与此不同时应予以换算。

工程量计算规则

一、原墙、拱钢筋混凝土和喷射混凝土砂浆加固按设计图示尺寸以加固体积计算。喷射混凝土加固,如设计有钢筋网,钢筋网制作、绑扎按设计图示尺寸以挂网展开面积计算。

二、屋面、衬套顶盖、天棚拆除以实际拆除面积计算,门窗拆除按数量计算。

三、现浇混凝土构件、预制混凝土构件拆除,均按包括粉刷层在内的实拆体积计算。

四、石墙、拱,砖拱、柱砌体的拆除均按包括粉刷层在内的实拆体积计算。

五、砖墙拆除及各类粉刷层铲除以实际拆(铲)除面积计算。

六、地面、墙面人工凿槽按实际剔凿的长度计算,墙面层凿除以实际凿除面积计算。

七、防密门门框墙、顶(拱)板凿槽以开凿面积计算。

八、拆、开门窗洞口按数量计算。

九、地面、散水、预制混凝土地面砖拆除按实际拆除面积计算。

十、混凝土排水管、砖砌大小便槽、混凝土明沟的拆除按实际拆除长度计算。

十一、混凝土顶、墙、地面及其他地面层凿毛以实际凿毛面积计算。

十二、墙体锚固筋锚固按锚固点的数量计算。

十三、混凝土墙凿洞、开洞,机械钻孔、爆破开洞均区分不同的孔径或面积按数量计算。

十四、水泥水玻璃注浆堵漏按注浆孔眼的数量计算,其他各种化学注浆堵漏、引流管埋设、嵌缝堵漏均按实际长度计算。

十五、局部渗水抹防水砂浆面层、环氧煤焦油涂料防水层按实际涂抹面积计算。

1.加　　固

（1）原墙、拱钢筋混凝土加固

工作内容： 清理基面,模板安拆,混凝土浇筑、振捣、养护、场内运输。

编号	项目			单位	预　算　基　价				人工	材料		机械
					总价	人工费	材料费	机械费	综合工	预拌混凝土 AC30	水	小型机具
					元	元	元	元	工日	m³	m³	元
									135.00	472.89	7.62	
8-1	原墙加固	现浇混凝土	加固厚度（cm）15 以内	10m³	**7378.43**	2479.95	4890.08	8.40	18.37	10.200	8.74	8.40
8-2			15 以外		**7112.07**	2215.35	4888.32	8.40	16.41	10.200	8.51	8.40
8-3	原拱加固		15 以内		**7680.16**	2790.45	4881.31	8.40	20.67	10.200	7.59	8.40
8-4			15 以外		**7357.34**	2469.15	4879.79	8.40	18.29	10.200	7.39	8.40

工作内容： 清理基面，混凝土（砂浆）、喷射、养护、场内运输。

编号	项目			单位	预 算 基 价				人 工		水 泥
					总 价	人 工 费	材 料 费	机 械 费	综 合 工		水 泥
					元	元	元	元	工日		kg
									135.00		0.39
8-5	原 墙 加 固	喷射混凝土	无 钢 筋 网	10m³	7385.52	1872.45	4426.15	1086.92	13.87		4787.94
8-6	原 拱 加 固				8365.46	2120.85	5015.75	1228.86	15.71		5425.53
8-7	原 墙 加 固		有 钢 筋 网		8598.31	2180.25	5153.00	1265.06	16.15		5573.90
8-8	原 拱 加 固				8598.31	2180.25	5153.00	1265.06	16.15		5573.90
8-9	原 墙 加 固		喷 射 砂 浆		6596.33	1830.60	3509.99	1255.74	13.56		5063.04
8-10	原 拱 加 固				7358.22	2039.85	3917.32	1401.05	15.11		5650.56

土（砂浆）加固

材					料		机			械
砂　子	水	碴　石 13~19	促凝剂	零星材料费	喷射混凝土 1:2.5:2	喷射砂浆 1:2.5	混凝土搅拌机 400L	混凝土喷射机 5m³/h	电动空气压缩机 10m³	灰浆搅拌机 200L
t	m³	t	kg	元	m³	m³	台班	台班	台班	台班
87.03	7.62	85.85	3.33				248.56	405.21	375.37	208.76
12.059	6.21	9.67	167.16	75.23	(11.94)		0.73	1.16	1.16	
13.665	7.04	10.96	189.42	85.20	(13.53)		0.83	1.31	1.31	
14.039	7.23	11.26	194.60	87.58	(13.90)		0.85	1.35	1.35	
14.039	7.23	11.26	194.60	87.58	(13.90)		0.85	1.35	1.35	
16.408	6.09			61.01		(11.72)		1.13	1.13	1.79
18.312	6.80			68.09		(13.08)		1.26	1.26	2.00

(3) 钢筋网制作、绑扎

工作内容： 钢筋制作，钻孔、塞浆、插筋、绑扎、场内运输。

编号	项 目			单位	预 算 基 价				人 工	材		料			机 械
					总 价	人工费	材料费	机械费	综合工	钢 筋 D10以内	钢 筋 D10以外	镀锌钢丝 D2.2	玻璃胶 310g	零 星 材料费	综合机械
					元	元	元	元	工日	t	t	kg	支	元	元
									135.00	3970.73	3799.94	7.09	23.15		
8-11			6		187.92	83.70	101.86	2.36	0.62	0.025		0.16		1.46	2.36
8-12	钢 筋 网		8		288.72	108.00	178.40	2.32	0.80	0.044		0.16		2.55	2.32
8-13	（网距200mm×200mm）		10		422.68	137.70	282.62	2.36	1.02	0.069			0.20	4.01	2.36
8-14		钢筋直径	12	10m²	555.78	162.00	391.08	2.70	1.20		0.101	0.20		5.87	2.70
8-15		（mm）	6		150.66	67.50	81.28	1.88	0.50	0.020		0.10		1.16	1.88
8-16	钢 筋 网		8		229.95	86.40	141.71	1.84	0.64	0.035		0.10		2.03	1.84
8-17	（网距250mm×250mm）		10		337.75	109.35	226.52	1.88	0.81	0.056		0.13		3.24	1.88
8-18			12		445.21	129.60	313.43	2.18	0.96		0.081	0.13		4.71	2.18

工作内容： 钢筋制作，钻孔、塞浆、插筋、绑扎、场内运输。

编号	项目			单位	预算基价				人工	材料						机械
					总价	人工费	材料费	机械费	综合工	钢筋 D10以内	镀锌钢丝 D2.2	水泥	砂子	零星材料费	水泥砂浆 1:2	综合机械
					元	元	元	元	工日	t	kg	kg	t	元	m³	元
									135.00	3970.73	7.09	0.39	87.03			
8-19	钢 筋 网 (网距300mm×300mm)	钢筋直径 (mm)	6	10m²	123.26	56.70	64.96	1.60	0.42	0.016	0.07			0.93		1.60
8-20			8		191.77	72.90	117.33	1.54	0.54	0.029	0.07			1.68		1.54
8-21			10		279.29	91.80	185.95	1.54	0.68	0.046	0.09			2.66		1.54
8-22			12		384.36	108.00	274.58	1.78	0.80	0.068	0.09			3.93		1.78
8-23	钢 筋 网 锚 固			100个	721.08	675.00	32.54	13.54	5.00	0.008		0.56	0.001	0.47	(0.001)	13.54

285

2.拆除屋面、顶盖、门窗、天棚
（1）屋面及衬套顶盖拆除

工作内容：拆除、清理,拆卸材料场内运输、分类堆放。

编号	项　　目		单位	预　算　基　价		人　工
				总　　价	人　工　费	综　合　工
				元	元	工日
						113.00
8-24	刚　　性　　平　　屋　　面			226.00	226.00	2.00
8-25	屋　面　拆　除	水　泥　砂　浆		226.00	226.00	2.00
8-26		石　棉　瓦、玻　璃　钢　瓦	10m²	45.20	45.20	0.40
8-27	顶　盖　拆　除	石　棉　瓦、玻　璃　钢		80.23	80.23	0.71
8-28		钢　丝　网　水　泥　板　衬　套		134.47	134.47	1.19
8-29	屋　面　拆　除	平　　　　　　瓦		50.85	50.85	0.45

(2)门 窗 拆 除

工作内容：拆除、清理,拆卸材料场内运输、分类堆放、垃圾场内清运。

编号	项 目		单位	预 算 基 价		人 工
				总 价	人 工 费	综 合 工
				元	元	工日
						113.00
8-30	门 拆 除	木 制	10樘	**169.50**	169.50	1.50
8-31	窗 拆 除			**113.00**	113.00	1.00
8-32	门 拆 除	金 属		**282.50**	282.50	2.50
8-33	窗 拆 除			**192.10**	192.10	1.70

(3)天 棚 拆 除

工作内容：拆除、清理，拆卸材料场内运输、分类堆放、垃圾场内清运。

编号	项　　目		单位	预 算 基 价		人 工
				总　价	人 工 费	综 合 工
				元	元	工日
						113.00
8-34	天　棚　拆　除	木　龙　骨	10m²	**6.78**	6.78	0.06
8-35		金　属　龙　骨		**9.04**	9.04	0.08

288

3.预制混凝土拆除

(1)预制混凝土梁拆除

工作内容：拆除、清理,拆卸材料场内运输、分类堆放、垃圾场内清运。

编号	项　　　　目	单位	预　算　基　价		人　工
			总　　价	人　工　费	综　合　工
			元	元	工日
					113.00
8-36	预　制　混　凝　土　梁　拆　除	m³	**762.75**	762.75	6.75
8-37	预　制　混　凝　土　过　梁　拆　除		**610.20**	610.20	5.40

（2）预制混凝土檩条拆除

工作内容：拆除、清理,拆卸材料场内运输、分类堆放、垃圾场内清运。

编号	项目	单位	预 算 基 价		人 工
			总　价	人 工 费	综 合 工
			元	元	工日
					113.00
8-38	预 制 混 凝 土 檩 条 拆 除	m³	**687.04**	687.04	6.08

290

(3) 混凝土小型预制构件拆除

工作内容：拆除、清理,拆卸材料场内运输、分类堆放、垃圾场内清运。

编号	项目	单位	预算基价		人工
			总价	人工费	综合工
			元	元	工日
					113.00
8-39	混凝土小型预制构件拆除	m³	**915.30**	915.30	8.10

注：1. 小型构件包括地沟盖板、浴厕隔断及其他体积在0.05m³以内的构件。
　　2. 拆除预制构件包括找平层、粉刷层在内。

（4）预制混凝土平板拆除

工作内容：拆除、清理，拆卸材料场内运输、分类堆放、垃圾场内清运。

编号	项　目	单位	预　算　基　价		人　工
			总　价	人　工　费	综　合　工
			元	元	工日
					113.00
8-40	预　制　混　凝　土　平　板　拆　除	m³	**305.10**	305.10	2.70

4.现浇混凝土拆除

（1）现浇混凝土柱拆除

工作内容： 拆除、破碎、垃圾场内清运。

编号	项　　　目	单位	预　算　基　价		人　工
			总　价	人　工　费	综　合　工
			元	元	工日
					113.00
8-41	现　浇　混　凝　土　柱　拆　除	m³	**1037.34**	1037.34	9.18

293

（2）现浇混凝土梁拆除

工作内容： 拆除、破碎、垃圾场内清运。

编号	项　　目	单位	预　算　基　价		人　工
			总　价	人　工　费	综　合　工
			元	元	工日
					113.00
8-42	现浇混凝土梁拆除	m³	**1205.71**	1205.71	10.67
8-43	现浇混凝土圈梁拆除		**915.30**	915.30	8.10

（3）现浇混凝土平板拆除

工作内容：拆除、破碎、垃圾场内清运。

编号	项 目	单位	预 算 基 价		人 工
			总 价	人 工 费	综 合 工
			元	元	工日
					113.00
8-44	现 浇 混 凝 土 平 板 拆 除	m³	**839.59**	839.59	7.43

（4）现浇混凝土墙拆除

工作内容：拆除、破碎、垃圾场内清运。

编号	项 目		单位	预 算 基 价			人 工	机 械
				总 价	人 工 费	机 械 费	综 合 工	综 合 机 械
				元	元	元	工日	元
							113.00	
8-45	现 浇 混 凝 土 墙 拆 除	混 凝 土	m³	**960.50**	960.50		8.50	
8-46		钢 筋 混 凝 土		**1591.65**	1582.00	9.65	14.00	9.65

（5）现浇钢筋混凝土顶板拆除

工作内容： 拆除、破碎、垃圾场内清运。

编号	项　　目	单位	预　算　基　价			人　工	机　械
			总　　价	人　工　费	机　械　费	综　合　工	综合机械
			元	元	元	工日	元
						113.00	
8-47	现浇钢筋混凝土顶板拆除	m³	**1365.65**	1356.00	9.65	12.00	9.65

297

（6）现浇混凝土坑地道拱板拆除

工作内容： 拆除、破碎、垃圾场内清运。

编号	项目		单位	预 算 基 价			人 工	机 械
				总 价	人 工 费	机 械 费	综 合 工	综 合 机 械
				元	元	元	工日	元
							113.00	
8-48	坑 地 道 拱 板 拆 除	混 凝 土	m³	**1469.00**	1469.00		13.00	
8-49		钢 筋 混 凝 土		**2382.65**	2373.00	9.65	21.00	9.65

（7）现浇混凝土底板拆除

工作内容：拆除、破碎、垃圾场内清运。

编号	项 目		单位	预 算 基 价			人 工	机 械
				总 价	人 工 费	机 械 费	综 合 工	综 合 机 械
				元	元	元	工日	元
							113.00	
8-50	现浇混凝土底板拆除	混凝土	m³	**847.50**	847.50		7.50	
8-51		钢筋混凝土		**1478.65**	1469.00	9.65	13.00	9.65

(8) 整体混凝土拆除

工作内容： 拆除、破碎、垃圾场内清运。

编号	项目	单位	预算基价				人工	材		料			机		械
			总价	人工费	材料费	机械费	综合工	硝铵炸药2#	电雷管	六角空心钢	合金钢钻头	零星材料费	风动凿岩机（手持式）	液压锻钎机11.25kW	内燃空气压缩机12m³
			元	元	元	元	工日	kg	个	t	个	元	台班	台班	台班
							113.00	4.50	2.10	4.03	25.96		12.25	88.99	557.89
8-52	整体混凝土拆除	m³	**449.69**	276.85	88.45	84.39	2.45	1.02	34.3	0.00029	0.292	4.25	0.287	0.006	0.144

5.砖石结构拆除
（1）砖砌体拆除

工作内容：拆除及材料堆放,垃圾场内运输。

编号	项 目		单位	预 算 基 价		人 工
				总 价	人 工 费	综 合 工
				元	元	工日
						113.00
8-53	砖 墙 拆 除	一 砖 以 内	10m²	107.35	107.35	0.95
8-54		一 砖 以 外		192.10	192.10	1.70
8-55	砖 拱 拆 除		m³	339.00	339.00	3.00
8-56	砖 柱 拆 除			158.20	158.20	1.40

（2）石砌体拆除

工作内容： 拆除及材料堆放，垃圾场内运输。

编号	项目	单位	预算基价 总价 元	人工费 元	人工 综合工 工日 113.00
8-57	方整石、料石墙拆除		223.74	223.74	1.98
8-58	方整石、料石拱拆除	m³	280.24	280.24	2.48
8-59	毛（块）石墙拆除		180.80	180.80	1.60

6.铲除粉刷层
（1）天棚面层铲除

工作内容：铲除底层、面层,垃圾场内清运。

编号	项		目	单位	预 算 基 价 总 价 元	人 工 费 元	人 工 综 合 工 工日 113.00
8-60	天 棚 面 层 铲 除	混 凝 土 面 层	水 泥 砂 浆	10m²	226.00	226.00	2.00
8-61			混 合 砂 浆		135.60	135.60	1.20
8-62			白 灰 浆		62.15	62.15	0.55
8-63		砖 面 层	水 泥 砂 浆		203.40	203.40	1.80
8-64			混 合 砂 浆		122.04	122.04	1.08
8-65			白 灰 浆		56.50	56.50	0.50

（2）墙、柱面层铲除

工作内容：铲除底层、面层，垃圾场内清运。

编号	项 目			单位	预　算　基　价		人　工
					总　价	人 工 费	综 合 工
					元	元	工日
							113.00
8-66	墙、柱面层铲除	混凝土面层	水泥砂浆	10m²	169.50	169.50	1.50
8-67			混合砂浆		122.04	122.04	1.08
8-68			白灰浆		53.11	53.11	0.47
8-69		砖面层	水泥砂浆		135.60	135.60	1.20
8-70			混合砂浆		81.36	81.36	0.72
8-71			白灰浆		47.46	47.46	0.42

7.人工凿沟槽、砖墙面层凿除

（1）地 面 凿 槽

工作内容： 测位、画线、凿沟槽，凿除、垃圾场内清运。

编号	项 目	单位	预 算 基 价		人 工
			总 价	人 工 费	综 合 工
			元	元	工日
					113.00
8-72	混 凝 土 地 面 凿 槽 （沟深 mm） 150 以 内	10m	602.29	602.29	5.33
8-73	150 以 外		901.74	901.74	7.98

(2) 墙 凿 槽

工作内容:测位、画线、凿沟槽,凿除、垃圾场内清运。

编号	项					单位	预 算 基 价		人 工
					目		总 价	人 工 费	综 合 工
							元	元	工日
									113.00
8-74	混 凝 土 墙 凿 槽	槽 深 (mm)	50 以 内	槽 宽 (mm)	30 以 内	10m	350.30	350.30	3.10
8-75					50 以 内		474.60	474.60	4.20
8-76					50 以 外		734.50	734.50	6.50
8-77			50 以 外		30 以 内		525.45	525.45	4.65
8-78					50 以 内		711.90	711.90	6.30
8-79					50 以 外		1101.75	1101.75	9.75
8-80	砖 墙 凿 槽		60 以 内		60 以 内		169.50	169.50	1.50
8-81					60 以 外		226.00	226.00	2.00
8-82			60 以 外		60 以 内		254.25	254.25	2.25
8-83					60 以 外		339.00	339.00	3.00

（3）墙面层凿除

工作内容：测位、画线、凿沟槽，凿除、垃圾场内清运。

编号	项　　目		单位	预　算　基　价		人　工
				总　价	人　工　费	综　合　工
				元	元	工日
						113.00
8-84	砖　墙　表　面　凿　除 （凿除厚度 mm）	100 以 内	10m²	**1243.00**	1243.00	11.00
8-85		100 以 外		**1356.00**	1356.00	12.00

307

8.人工凿防密门门框墙槽
(1)墙 槽 凿 槽

工作内容：测位、画线、凿沟槽,凿除、垃圾场内清运。

编号	项 目			单位	预 算 基 价			人 工	材 料
					总 价	人 工 费	材 料 费	综 合 工	零星材料费
					元	元	元	工日	元
								113.00	
8-86	墙 凿 槽 (槽深 mm)	150 以内	砖 墙	m²	336.22	335.61	0.61	2.97	0.61
8-87			混 凝 土 墙		597.25	596.64	0.61	5.28	0.61
8-88			钢筋混凝土墙		746.56	745.80	0.76	6.60	0.76
8-89		150 以外	砖 墙		504.59	503.98	0.61	4.46	0.61
8-90			混 凝 土 墙		895.57	894.96	0.61	7.92	0.61
8-91			钢筋混凝土墙		1119.46	1118.70	0.76	9.90	0.76

(2)顶(拱)板凿槽

工作内容: 测位、画线、凿沟槽,凿除、垃圾场内清运。

编号	项 目			单位	预 算 基 价			人 工	材 料
					总 价	人 工 费	材 料 费	综 合 工	零星材料费
					元	元	元	工日	元
								113.00	
8-92	顶(拱)板槽 (槽深 mm)	150 以内	砖 拱	m²	504.59	503.98	0.61	4.46	0.61
8-93			混 凝 土 结 构		895.57	894.96	0.61	7.92	0.61
8-94			钢 筋 混 凝 土 结 构		1119.46	1118.70	0.76	9.90	0.76
8-95		150 以外	砖 拱		755.45	754.84	0.61	6.68	0.61
8-96			混 凝 土 结 构		1343.05	1342.44	0.61	11.88	0.61
8-97			钢 筋 混 凝 土 结 构		1678.81	1678.05	0.76	14.85	0.76

9.拆、开门窗洞口

工作内容：1.定位、打点、拆除、垃圾场内清运。2.门窗立边、找平,砌窗台、砌砖、内粉刷、搭拆脚手架。

编号	项		目	单位	预 算 基 价			人工	材					料		
					总价	人工费	材料费	综合工	预制钢筋混凝土过梁	水泥	砂子	水	零星材料费	水泥砂浆M7.5	水泥砂浆1:2.5	水泥砂浆1:3
					元	元	元	工日	m³	kg	t	m³	元	m³	m³	m³
								113.00		0.39	87.03	7.62				
8-98	拆、开门窗洞口	一砖墙	门窗洞口面积(m²以内)	樘	250.24	226.00	24.24	2.00	(0.016)	30.40	0.134	0.02	0.57	(0.050)	(0.023)	(0.014)
8-99					305.04	276.85	28.19	2.45	(0.022)	35.41	0.156	0.03	0.57	(0.060)	(0.027)	(0.015)
8-100		一砖半墙			336.22	305.10	31.12	2.70	(0.024)	38.44	0.176	0.03	0.58	(0.075)	(0.026)	(0.014)
8-101					429.03	395.50	33.53	3.50	(0.033)	41.20	0.190	0.03	0.70	(0.082)	(0.027)	(0.015)

(8-98、8-100行前标有"1.5"；8-99、8-101行前标有"2.5")

10.拆除排水管、地面、散水及其他

（1）排水管及其他拆除

工作内容：1.拆除、垃圾清理、归堆。2.挖土、拆除排水管、清理管内淤泥、回填土并夯实、拆卸材料场内运输、分类归放。

编号	项 目		单位	预 算 基 价		人 工
				总 价	人 工 费	综 合 工
				元	元	工日
						113.00
8-102	砖 砌 小 便 槽 拆 除			81.36	81.36	0.72
8-103	砖 砌 大 便 槽 拆 除			162.72	162.72	1.44
8-104	混 凝 土 排 水 管 拆 除 （管径 cm）	20 以 内	10m	282.50	282.50	2.50
8-105		20 以 外		339.00	339.00	3.00
8-106	混 凝 土 明 沟 拆 除			45.20	45.20	0.40

（2）地面、散水拆除

工作内容： 1.拆除、垃圾清理、归堆。2.挖土、拆除排水管、清理管内淤泥、回填土并夯实、拆卸材料场内运输、分类归放。

编号	项　　　目	单位	预　算　基　价		人　工
			总　价	人　工　费	综　合　工
			元	元	工日
					113.00
8-107	混　凝　土　散　水　拆　除		169.50	169.50	1.50
8-108	混　凝　土　地　面　拆　除 （厚度10cm以内）	10m²	195.49	195.49	1.73
8-109	预　制　混　凝　土　地　面　砖　拆　除		45.20	45.20	0.40

11.面层凿毛、墙体锚固
（1）顶、墙、地及其他面层凿毛

工作内容： 1.表面凿毛、清理现场、垃圾场内运输。2.钻孔、锚固筋制作，砂浆拌和、填塞，插筋固定。

编号	项 目		单位	预 算 基 价		人 工
				总 价	人 工 费	综 合 工
				元	元	工日
						113.00
8-110	混 凝 土 表 面 凿 毛	天 棚 面	10m²	**248.60**	248.60	2.20
8-111		墙面及其他面		**192.10**	192.10	1.70
8-112		地 面		**169.50**	169.50	1.50

313

(2) 墙 体 锚 固

工作内容：1.表面凿毛、清理现场、垃圾场内运输。2.钻孔、锚固筋制作,砂浆拌和、填塞,插筋固定。

编号	项 目		单位	预 算 基 价				人工	材			料		机 械
				总 价	人工费	材料费	机械费	综合工	钢 筋 D10以内	水 泥	砂 子	水	水泥砂浆 M7.5	综合机械
				元	元	元	元	工日	t	kg	t	m³	m³	元
								113.00	3970.73	0.39	87.03	7.62		
8-113	墙 体 锚 固	砖 墙	100个	**766.43**	678.00	73.02	15.41	6.00	0.016	10.52	0.061	0.01	(0.040)	15.41
8-114		混凝土墙		**980.57**	904.00	58.08	18.49	8.00	0.012	11.57	0.068		(0.044)	18.49

314

12.钢筋混凝土墙人工打洞
（1）钢筋混凝土墙凿洞

工作内容：定位、打点、凿洞、清理、垃圾场内运输。

编号	项			目	单位	预 算 基 价			人 工	材 料
						总 价	人 工 费	材 料 费	综 合 工	零星材料费
						元	元	元	工 日	元
									113.00	
8-115				30		**456.56**	452.00	4.56	4.00	4.56
8-116				40		**513.06**	508.50	4.56	4.50	4.56
8-117			35	50		**570.06**	565.00	5.06	5.00	5.06
8-118	钢筋混凝土墙凿洞	孔洞直径 （cm以内）		60	个	**626.56**	621.50	5.06	5.50	5.06
8-119				30		**570.06**	565.00	5.06	5.00	5.06
8-120				40		**626.56**	621.50	5.06	5.50	5.06
8-121			50	50		**684.07**	678.00	6.07	6.00	6.07
8-122				60		**740.57**	734.50	6.07	6.50	6.07

（墙厚 cm以内）

315

工作内容:定位、打点、凿洞、清理、垃圾场内运输。

编号	项 目			单位	预 算 基 价			人 工	材 料
					总 价	人工费	材料费	综合工	零星材料费
					元	元	元	工日	元
								113.00	
8-123	钢筋混凝土墙凿洞	孔洞直径 (cm以内)	墙 厚 (cm以内) 80	个 30	**684.07**	678.00	6.07	6.00	6.07
8-124			40		**740.57**	734.50	6.07	6.50	6.07
8-125			50		**854.59**	847.50	7.09	7.50	7.09
8-126			60		**911.09**	904.00	7.09	8.00	7.09
8-127			100 30		**854.59**	847.50	7.09	7.50	7.09
8-128			40		**911.09**	904.00	7.09	8.00	7.09
8-129			50		**968.59**	960.50	8.09	8.50	8.09
8-130			60		**1025.09**	1017.00	8.09	9.00	8.09

（2）钢筋混凝土墙开洞

工作内容： 定位、打点、凿洞、清理、垃圾场内运输。

编号	项 目			单位	预算基价			人工	材料
					总价	人工费	材料费	综合工	零星材料费
					元	元	元	工日	元
								113.00	
8-131	钢筋混凝土墙开洞	开洞面积 （m²）	1~1.5	墙 厚 （cm以内）	30	**1025.09**	1017.00	8.09	9.00	8.09
8-132					40	**1138.09**	1130.00	8.09	10.00	8.09
8-133					50	**1308.60**	1299.50	9.10	11.50	9.10
8-134					60	**1478.10**	1469.00	9.10	13.00	9.10
8-135			<2.5		30	**1252.10**	1243.00	9.10	11.00	9.10
8-136					40	**1365.10**	1356.00	9.10	12.00	9.10
8-137					50	**1535.61**	1525.50	10.11	13.50	10.11
8-138					60	**1705.11**	1695.00	10.11	15.00	10.11

13．钢筋混凝土结构机械钻孔、爆破开洞
（1）钢筋混凝土墙机械钻孔

工作内容： 定位、画线、打眼、放炮、清理、垃圾场内运输。

编号	项		目		单位	预 算 基 价				人工 综合工	材 硝铵炸药2#	料 电雷管	六角空心钢	料 合金钢钻头	零星材料费	机 风动凿岩机(手持式)11.25kW	械 液压锻钎机	内燃空气压缩机12m³
						总价	人工费	材料费	机械费									
						元	元	元	元	工日	kg	个	t	个	元	台班	台班	台班
										113.00	4.50	2.10	4.03	25.96		12.25	88.99	557.89
8-139	钢筋混凝土墙机械钻孔	孔洞直径(cm以内)	40	35	个	292.14	226.00	28.02	38.12	2.00	0.030	10.20	0.00013	0.132	3.04	0.130	0.003	0.065
8-140				45		307.53	226.00	29.34	52.19	2.00	0.040	10.20	0.00018	0.181	3.04	0.178	0.004	0.089
8-141			70	35		379.80	282.50	39.29	58.01	2.50	0.090	14.30	0.00020	0.201	3.64	0.198	0.004	0.099
8-142			墙厚(cm以内)	45		402.95	282.50	41.29	79.16	2.50	0.113	14.30	0.00028	0.274	3.64	0.270	0.006	0.135
8-143			100	35		508.40	339.00	72.11	97.29	3.00	0.240	27.50	0.00034	0.336	4.56	0.331	0.007	0.166
8-144				45		547.75	339.00	75.67	133.08	3.00	0.320	27.50	0.00046	0.459	4.56	0.453	0.010	0.227

（2）钢筋混凝土墙爆破开洞

工作内容： 定位、画线、打眼、放炮、清理、垃圾场内运输。

编号	项目			单位	预算基价				人工	材料					机械		
					总价	人工费	材料费	机械费	综合工	硝铵炸药2#	电雷管	六角空心钢	合金钢钻头	零星材料费	风动凿岩机（手持式）	液压锻钎机11.25kW	内燃空气压缩机12m³
					元	元	元	元	工日	kg	个	t	个	元	台班	台班	台班
									113.00	4.50	2.10	4.03	25.96		12.25	88.99	557.89
8-145	钢筋混凝土墙爆破开洞	开洞面积（m²以内）	墙厚（cm以内） 35	个	543.14	339.00	80.45	123.69	3.00	0.38	29.6	0.00043	0.428	5.47	0.422	0.009	0.211
8-146		1.5	45		592.89	339.00	85.02	168.87	3.00	0.50	29.6	0.00059	0.583	5.47	0.575	0.013	0.288
8-147		2.5	35		742.06	452.00	120.60	169.46	4.00	0.65	45.9	0.00059	0.586	6.07	0.577	0.013	0.289
8-148			45		810.07	452.00	127.10	230.97	4.00	0.86	45.9	0.00080	0.800	6.07	0.788	0.017	0.394
8-149	工程整体拆除				450.87	276.85	89.63	84.39	2.45	1.02	34.3	0.29300	0.292	4.25	0.287	0.006	0.144

14. 防 水 堵 漏

(1) 水溶性聚氨酯注浆

工作内容：1.确定渗漏水部位、类型。2.凿缝、埋设注浆管、封缝。3.试压、配浆、注浆、封孔。4.粉刷、清理工作面、垃圾场内清运。

编号	项　目	单位	预算基价				人工	材						料		机械
			总价	人工费	材料费	机械费	综合工	水溶性聚氨酯	柠檬酸	水泥	砂子	水泥快燥精	水	零星材料费	注浆量	综合机械
			元	元	元	元	工日	kg	kg	kg	t	kg	m³	元	L	元
							135.00	38.68	10.50	0.39	87.03	2.25	7.62			
8-150	水溶性聚氨酯注浆 混凝土结构	10m	**3308.00**	2910.60	392.57	4.83	21.56	8.41	0.42	26.8	0.06	12.76	0.10	17.72	(80.00)	4.83
8-151	砖　结　构		**2612.24**	2173.50	433.91	4.83	16.10	9.46	0.47	26.8	0.06	12.76	0.10	17.92	(90.00)	4.83

(2)丙 凝 注 浆

工作内容：1.确定渗漏水部位、类型。2.凿缝、埋设注浆管、封缝。3.试压、配浆、注浆、封孔。4.粉刷、清理工作面、垃圾场内清运。

编号	项目	单位	预算基价				人工	材									料		机械
			总价	人工费	材料费	机械费	综合工	丙烯酰胺	亚甲基双丙烯酰胺	三乙醇胺	过硫酸铵	水泥	砂子	水泥快燥精	水	零星材料费	注浆量	综合机械
			元	元	元	元	工日	kg	kg	kg	kg	kg	t	kg	m³	元	L	元
							135.00	20.36	103.56	17.11	14.79	0.39	87.03	2.25	7.62			
8-152	丙凝注浆 混凝土结构	10m	3180.60	2910.60	265.17	4.83	21.56	7.68	0.41	0.41	0.41	26.8	0.06	12.76	0.10	8.12	(80.00)	4.83
8-153	砖结构		2468.57	2173.50	290.24	4.83	16.10	8.58	0.46	0.46	0.46	26.8	0.06	12.76	0.10	8.09	(90.00)	4.83

(3) 氰凝注浆

工作内容： 1.确定渗漏水部位、类型。2.凿缝、埋设注浆管、封缝。3.试压、配浆、注浆、封孔。4.粉刷、清理工作面、垃圾场内清运。

编号	项目		单位	预算基价				人工	材			料
				总价	人工费	材料费	机械费	综合工	甲苯二异氰酸酯	聚醚	硅油	吐温
				元	元	元	元	工日	kg	kg	kg	kg
								135.00	37.21	23.32	32.35	22.96
8-154	氰凝注浆	混凝土结构	10m	**3788.31**	2910.60	872.88	4.83	21.56	12.36	12.36	0.25	0.25
8-155		砖结构		**3186.97**	2173.50	1008.64	4.83	16.10	14.42	14.42	0.29	0.29

续前

编号	项目		单位	材					料			机械
				邻苯二甲酸二丁酯	丙酮	三乙胺	水泥	砂子	水泥快燥精	水	零星材料费	注浆量	综合机械
				kg	kg	kg	kg	t	kg	m³	元	L	元
				14.62	9.89	12.39	0.39	87.03	2.25	7.62			
8-154	氰凝注浆	混凝土结构	10m	1.24	3.09	0.46	26.80	0.06	12.76	0.10	11.37	(30.00)	4.83
8-155		砖结构		1.44	3.60	0.53	26.80	0.06	12.76	0.10	11.39	(35.00)	4.83

（4）水泥水玻璃注浆

工作内容：1.确定渗漏水部位、类型。2.凿缝、埋设注浆管、封缝。3.试压、配浆、注浆、封孔。4.粉刷、清理工作面、垃圾场内清运。

编号	项目		单位	预算基价				人工	材料					注浆量	机械
				总价	人工费	材料费	机械费	综合工	水玻璃	水泥	砂子	水	零星材料费	注浆量	综合机械
				元	元	元	元	工日	kg	kg	t	m³	元	L	元
								135.00	2.38	0.39	87.03	7.62			
8-156		混凝土结构	10眼	1910.42	1844.10	56.67	9.65	13.66	2.30	89.90	0.03	0.10	12.76	(100.00)	9.65
8-157	水泥水玻璃注浆	砖结构		1575.80	1491.75	74.40	9.65	11.05	3.45	128.15	0.03	0.11	12.76	(150.00)	9.65
8-158		增加注浆液	10L	31.57	27.00	3.61	0.96	0.20	0.23	7.65		0.01		(10.00)	0.96

323

（5）引流管埋设

工作内容：1.确定渗漏水部位、类型。2.凿缝、埋设注浆管、封缝。3.试压、配浆、注浆、封孔。4.粉刷、清理工作面、垃圾场内清运。

编号	项目	单位	预算基价				人工	材				料		机械
			总价	人工费	材料费	机械费	综合工	水泥	砂子	水泥快燥精	水	塑料管 D20	零星材料费	综合机械
			元	元	元	元	工日	kg	t	kg	m³	m	元	元
							135.00	0.39	87.03	2.25	7.62	2.33		
8-159	引流管埋设 混凝土结构	10m	**818.58**	742.50	75.23	0.85	5.50	26.80	0.06	12.76	0.10	11.00	4.45	0.85
8-160	砖 结 构		**481.05**	405.00	75.23	0.82	3.00	26.80	0.06	12.76	0.10	11.00	4.45	0.82

（6）水泥水玻璃嵌缝堵漏

工作内容：1.确定渗漏水部位、类型。2.凿缝、埋设注浆管、封缝。3.试压、配浆、注浆、封孔。4.粉刷、清理工作面、垃圾场内清运。

编号	项　目	单位	预 算 基 价			人 工	材　　　　料				
			总　价	人工费	材料费	综合工	水 玻 璃	水　泥	砂　子	水	零 星 材 料 费
			元	元	元	工日	kg	kg	t	m³	元
						135.00	2.38	0.39	87.03	7.62	
8-161	水泥水玻璃嵌缝堵漏	10m	**1030.21**	904.50	125.71	6.70	39.10	51.30	0.072	0.10	5.62
8-162			**665.71**	540.00	125.71	4.00	39.10	51.30	0.072	0.10	5.62

混凝土结构

砖　结　构

（7）水泥防水浆嵌缝堵漏

工作内容： 1.确定渗漏水部位、类型。2.凿缝、埋设注浆管、封缝。3.试压、配浆、注浆、封孔。4.粉刷、清理工作面、垃圾场内清运。

编号	项目	单位	预 算 基 价			人 工	材			料	零星材料费
			总 价	人工费	材料费	综合工	防水浆	水 泥	砂 子	水	
			元	元	元	工日	kg	kg	t	m³	元
						135.00	9.29	0.39	87.03	7.62	
8-163	水泥防水浆嵌缝堵漏	10m	混凝土结构 996.54	904.50	92.04	6.70	3.20	127.72	0.072	0.10	5.47
8-164			砖 结 构 632.04	540.00	92.04	4.00	3.20	127.72	0.072	0.10	5.47

（8）水泥快燥精嵌缝堵漏

工作内容： 1.确定渗漏水部位、类型。 2.凿缝、埋设注浆管、封缝。 3.试压、配浆、注浆、封孔。 4.粉刷、清理工作面、垃圾场内清运。

编号	项　目	单位	预　算　基　价			人　工	材				料
			总　价	人工费	材料费	综合工	水泥快燥精	水　泥	砂　子	水	零星材料费
			元	元	元	工日	kg	kg	t	m³	元
						135.00	2.25	0.39	87.03	7.62	
8-165	水泥快燥精嵌缝堵漏	10m	混凝土结构 **985.04**	904.50	80.54	6.70	17.04	76.16	0.072	0.10	5.47
8-166			砖　结　构 **620.54**	540.00	80.54	4.00	17.04	76.16	0.072	0.10	5.47

(9) 水泥石膏嵌缝堵漏

工作内容： 1.确定渗漏水部位、类型。2.凿缝、埋设注浆管、封缝。3.试压、配浆、注浆、封孔。4.粉刷、清理工作面、垃圾场内清运。

编号	项 目	单位	预 算 基 价			人 工	材			料	
			总 价	人工费	材料费	综合工	石膏粉	水 泥	砂 子	水	零星材料费
			元	元	元	工日	kg	kg	t	m³	元
						135.00	0.94	0.39	87.03	7.62	
8-167	水泥石膏嵌缝堵漏	10m	958.70	904.50	54.20	6.70	21.22	55.79	0.072	0.10	5.47
		混 凝 土 结 构									
8-168		砖 结 构	594.20	540.00	54.20	4.00	21.22	55.79	0.072	0.10	5.47

（10）膨胀水泥嵌缝堵漏

工作内容： 1.确定渗漏水部位、类型。2.凿缝、埋设注浆管、封缝。3.试压、配浆、注浆、封孔。4.粉刷、清理工作面、垃圾场内清运。

编号	项目	单位	预算基价 总价 元	人工费 元	材料费 元	人工 综合工 工日	膨胀水泥 kg	水泥 kg	砂子 t	水 m³	零星材料费 元
						135.00	1.00	0.39	87.03	7.62	
8-169			979.27	904.50	74.77	6.70	51.55	27.50	0.072	0.10	5.47
8-170	膨胀水泥嵌缝堵漏　　混凝土结构　　砖结构	10m	614.77	540.00	74.77	4.00	51.55	27.50	0.072	0.10	5.47

（11）801堵漏剂嵌缝堵漏

工作内容： 1.确定渗漏水部位、类型。2.凿缝、埋设注浆管、封缝。3.试压、配浆、注浆、封孔。4.粉刷、清理工作面、垃圾场内清运。

编号	项目		单位	预算基价			人工	材				料	零星材料费
				总价	人工费	材料费	综合工	801堵漏剂	水泥	水泥42.5级	砂子	水	
				元	元	元	工日	kg	kg	kg	t	m³	元
							135.00	13.15	0.39	0.41	87.03	7.62	
8-171	801堵漏剂嵌缝堵漏	混凝土结构	10m	1018.89	904.50	114.39	6.70	6.12	27.50	16.74	0.116	0.10	5.47
8-172		砖 结 构		654.39	540.00	114.39	4.00	6.12	27.50	16.74	0.116	0.10	5.47

（12）M131快速止水剂嵌缝堵漏

工作内容：1.确定渗漏水部位、类型。2.凿缝、埋设注浆管、封缝。3.试压、配浆、注浆、封孔。4.粉刷、清理工作面、垃圾场内清运。

编号	项 目	单位	预 算 基 价			人 工	材			料		
			总 价	人工费	材料费	综合工	M131快速止水剂	水 泥	水 泥 42.5级	砂 子	水	零星材料费
			元	元	元	工日	kg	kg	kg	t	m³	元
						135.00	13.76	0.39	0.41	87.03	7.62	
8-173	M131快速止水剂嵌缝堵漏	10m	1102.89	904.50	198.39	6.70	12.38	27.50	6.70	0.072	0.10	7.54
8-174			738.39	540.00	198.39	4.00	12.38	27.50	6.70	0.072	0.10	7.54

（混凝土结构：8-173；砖结构：8-174）

331

（13）沥青石油、环氧胶泥嵌缝堵漏

工作内容：1.确定渗漏水部位、类型。2.凿缝、埋设注浆管、封缝。3.试压、配浆、注浆、封孔。4.粉刷、清理工作面、垃圾场内清运。

编号	项目	单位	预算基价			人工	材							料					零星材料费
			总价	人工费	材料费	综合工	水泥	砂子	水	环氧树脂6101	苯二甲酸二丁酯	乙二胺	石油沥青60#	废机油	熟桐油	松香	滑石粉	
			元	元	元	工日	kg	t	m³	kg	kg	kg	kg	kg	kg	kg	kg	元
						135.00	0.39	87.03	7.62	28.33	7.50	21.96	3.53	4.44	14.96	8.48	0.59	
8-175	沥青油膏、环氧胶泥嵌缝堵漏 混凝土结构	10m	**1186.35**	904.50	281.85	6.70	28.16	0.072	0.10	5.01	0.46	0.24	7.92	5.94	1.98	1.98	1.98	11.28
8-176	砖结构		**821.85**	540.00	281.85	4.00	28.16	0.072	0.10	5.01	0.46	0.24	7.92	5.94	1.98	1.98	1.98	11.28

（14）JSP水膨胀橡胶止水带嵌缝堵漏

工作内容： 1.确定渗漏水部位、类型。2.凿缝、埋设注浆管、封缝。3.试压、配浆、注浆、封孔。4.粉刷、清理工作面、垃圾场内清运。

编号	项目		单位	预算基价			人工	材			料	
				总价	人工费	材料费	综合工	水泥	砂子	水	JSP水膨胀橡胶止水带	零星材料费
				元	元	元	工日	kg	t	m³	m	元
							135.00	0.39	87.03	7.62	49.08	
8-177	JSP水膨胀橡胶止水带嵌缝堵漏	混凝土结构	10m	**1416.64**	904.50	512.14	6.70	12.00	0.030	0.04	10.10	8.84
8-178		砖结构		**1052.14**	540.00	512.14	4.00	12.00	0.030	0.04	10.10	8.84

（15）抹水泥防水砂浆面层

工作内容： 1.确定渗漏水部位、类型。2.凿缝、埋设注浆管、封缝。3.试压、配浆、注浆、封孔。4.粉刷、清理工作面、垃圾场内清运。

编号	项　目	单位	预算基价				人工	材料					机械
			总价	人工费	材料费	机械费	综合工	水泥	砂子	水	水泥砂浆1:2	素水泥浆	灰浆搅拌机200L
			元	元	元	元	工日	kg	t	m³	m³	m³	台班
							135.00	0.39	87.03	7.62			208.76
8-179	抹水泥防水砂浆面层　混凝土结构	10m²	**1009.44**	909.90	95.36	4.18	6.74	184.45	0.228	0.47	(0.164)	(0.061)	0.02
8-180	砖结构		**856.89**	757.35	95.36	4.18	5.61	184.45	0.228	0.47	(0.164)	(0.061)	0.02

（16）抹氯化铁防水砂浆面层

工作内容： 1.确定渗漏水部位、类型。2.凿缝、埋设注浆管、封缝。3.试压、配浆、注浆、封孔。4.粉刷、清理工作面、垃圾场内清运。

编号	项目		单位	预算基价				人工	材料					机械
				总价	人工费	材料费	机械费	综合工	氯化铁防水剂	水泥	砂子	水	零星材料费	灰浆搅拌机200L
				元	元	元	元	工日	kg	kg	t	m³	元	台班
								135.00	2.77	0.39	87.03	7.62		208.76
8-181	抹氯化铁防水砂浆面层	混凝土结构	10m²	1047.00	909.90	135.01	2.09	6.74	11.74	168.56	0.387	0.10	2.31	0.01
8-182		砖结构		894.45	757.35	135.01	2.09	5.61	11.74	168.56	0.387	0.10	2.31	0.01

（17）环氧煤焦油涂料防水层

工作内容： 1.确定渗漏水部位、类型。2.凿缝、埋设注浆管、封缝。3.试压、配浆、注浆、封孔。4.粉刷、清理工作面、垃圾场内清运。

编号	项目		单位	预算基价				人工	材							料				机械
				总价	人工费	材料费	机械费	综合工	环氧树脂6101	煤焦油	乙二胺	甲苯	苯二甲酸二丁酯	水泥	砂子	水	零星材料费	水泥砂浆1:2	灰浆搅拌机200L
				元	元	元	元	工日	kg	kg	kg	kg	kg	kg	t	m³	元	m³	台班
								135.00	28.33	1.15	21.96	10.17	7.50	0.39	87.03	7.62			208.76
8-183	环氧煤焦油涂料防水层	混凝土结构	10m²	**960.42**	877.50	80.83	2.09	6.50	1.71	1.14	0.21	0.57	0.09	28.30	0.07	0.12	1.95	(0.05)	0.01
8-184		砖结构		**898.98**	810.00	86.89	2.09	6.00	1.88	1.25	0.23	0.63	0.10	28.30	0.07	0.12	1.94	(0.05)	0.01

第九章　防护密闭工程

说　　明

一、本章包括钢筋混凝土防密门门扇安装、钢结构防密门门扇安装、电控防密门门扇安装、防爆波活门安装、核电磁脉冲防护设施5节,共37条基价子目。

二、本章不包括防密门、防爆波活门、挡板等防护设备加工制作,计价时均按实际购入价格计价。

三、钢筋混凝土防密门当抗力等级在0.3MPa以外时,人工工日乘以系数1.20。

四、降落式防密门门扇安装按相应钢结构防密门门扇安装项目执行,人工工日乘以系数1.30。

五、钢筋混凝土活门安装,如型号规格与基价不符,可按相近结构、规格项目执行。

六、胶管活门安装按相应规格的悬摆式活门项目执行。

七、防密盖板、密闭观察窗安装按HK400～402活门安装项目执行。密闭挡板按钢结构防密门门扇安装门洞宽度在70cm以内项目执行。

八、防核磁脉冲Ⅱ级简易屏蔽室不包括簧片压接简易屏蔽门、通风波导窗、电源滤波器安装。成品屏蔽门(包括配件)安装按钢门安装项目执行,基价中人工工日乘以系数2.00。通风波导窗、电源滤波器按相应安装工程项目计算。

九、Ⅱ级简易屏蔽室基价以四侧墙面及顶板内包厚0.70mm镀锌薄钢板、地面铺钉厚3mm薄钢板编制。天棚、墙、地面屏蔽层表面装饰按设计要求另行计算。

十、蜂窝状滤波器制作基价按钢插片(厚3mm)加工、组装焊接后整体镀锌编制,插片厚度不同时,基价中钢板数量可调整。预埋钢框,包括进、排风口内外框、加强钢板、内壁复衬钢板及接地扁钢制作、安装。

十一、钢筋网滤波器基价包括边框、钢筋网的制作、镀锌、安装及接地。

十二、防护穿墙套管按安装工程相应项目计算,其管口加强板另按铁件计算。

十三、平战转换防密设施工程依据设计要求按相应项目计算。

工程量计算规则

一、钢筋混凝土防密门门扇安装区分不同门洞宽度按设计图示数量计算。

二、钢结构防密门门扇安装区分不同门洞宽度按设计图示数量计算。

三、电控防密门门扇安装区分不同门洞宽度按设计图示数量计算。

四、防爆波活门安装区分不同规格、型号按设计图示数量计算。

五、Ⅱ级简易屏蔽室墙面安装按设计图示尺寸以展开面积计算,顶板、底板安装按设计图示尺寸以实铺面积计算。

六、蜂窝状滤波器钢插片蜂窝安装按设计图示尺寸以框内包面积计算,预埋钢框(包括加强板、内衬板、接地)按设计图示尺寸以质量计算。

七、钢筋网滤波器包括预埋角钢框、加强板、接地扁钢,区分不同网距按设计图示尺寸以质量计算。

八、屏蔽钢筋网组焊按设计要求以组网焊接点的数量计算。

1.钢筋混凝土防密门门扇安装

工作内容：1.场内运输、安装、调整。2.门扇（门框）铁件刷防锈漆、调和漆各二遍，门扇混凝土面刷底漆一遍、调和漆各二遍。

编号	项　　目	单位	预　算　基　价				人工	材				料		机　械	
			总价	人工费	材料费	机械费	综合工	防锈漆	调和漆	无光调和漆	清油	油漆溶剂油	零星材料费	汽车式起重机8t	综合机械
			元	元	元	元	工日	kg	kg	kg	kg	kg	元	台班	元
							135.00	15.51	14.11	16.79	15.06	6.90		767.15	
9-1		樘	1774.42	1317.60	68.38	388.44	9.76	1.34	1.22	0.31	0.13	0.48	19.91	0.50	4.86
9-2			2148.36	1598.40	82.05	467.91	11.84	1.41	1.45	0.49	0.20	0.65	24.00	0.60	7.62
9-3			2445.98	1880.55	96.17	469.26	13.93	1.68	1.71	0.57	0.23	0.76	27.71	0.60	8.97
9-4	钢筋混凝土防密门门扇安装（门洞宽度 cm以内）		2819.69	2162.70	109.67	547.32	16.02	1.94	1.97	0.66	0.27	0.88	30.56	0.70	10.31
9-5			3281.45	2570.40	161.98	549.07	19.04	3.72	3.51	0.98	0.39	1.44	22.49	0.70	12.06
9-6			4042.28	3213.00	201.37	627.91	23.80	4.65	4.38	1.22	0.49	1.80	27.16	0.80	14.19
9-7			4908.09	3948.75	319.48	639.86	29.25	7.44	7.06	2.00	0.81	2.92	38.54	0.80	26.14
9-8			7311.00	6116.85	382.18	811.97	45.31	8.59	8.41	2.57	1.03	3.58	46.92	1.00	44.82

项目栏数值：90、110、130、150、200、250、300、340

2.钢结构防密门门扇安装

工作内容：1.场内运输、安装、调整。2.门扇（连框）刷防锈漆、调和漆各二遍。

编号	项 目	单位	预 算 基 价				人工	材 料				机 械	
			总 价	人工费	材料费	机械费	综合工	防锈漆	调和漆	油漆溶剂油	零星材料费	汽车式起重机 8t	综合机械
			元	元	元	元	工日	kg	kg	kg	元	台班	元
							135.00	15.51	14.11	6.90		767.15	
9-9	钢结构防密门 门扇安装 （门洞宽度 cm以内）	樘	1170.73	772.20	11.77	386.76	5.72	0.44	0.30	0.08	0.16	0.50	3.18
9-10			1332.97	927.45	17.08	388.44	6.87	0.64	0.44	0.11	0.19	0.50	4.86
9-11			1780.80	1291.95	20.94	467.91	9.57	0.79	0.53	0.14	0.24	0.60	7.62
9-12			1815.63	1318.95	27.42	469.26	9.77	1.03	0.70	0.18	0.33	0.60	8.97
9-13			1915.48	1336.50	31.66	547.32	9.90	1.19	0.81	0.21	0.32	0.70	10.31
9-14			2647.41	2056.05	42.29	549.07	15.23	1.59	1.08	0.28	0.46	0.70	12.06
9-15			2844.28	2150.55	65.82	627.91	15.93	2.48	1.68	0.44	0.61	0.80	14.19
9-16			4196.31	3477.60	78.85	639.86	25.76	2.97	2.02	0.52	0.70	0.80	26.14
9-17			5807.02	4889.70	105.35	811.97	36.22	3.96	2.70	0.70	1.00	1.00	44.82
9-18			6837.26	5884.65	131.67	820.94	43.59	4.96	3.37	0.87	1.19	1.00	53.79
9-19			8599.41	7604.55	157.78	837.08	56.33	5.95	4.04	1.05	1.25	1.00	69.93

本表中项目列的数字 70、90、110、130、150、200、250、300、400、500、600 依次对应各编号。

3. 电控防密门门扇安装

工作内容： 1.场内运输、安装、调整。2.门扇（连框）刷防锈漆、调和漆各二遍。

编号	项目	单位	预 算 基 价				人工	材 料				机 械	
			总价	人工费	材料费	机械费	综合工	防锈漆	调和漆	油漆溶剂油	零星材料费	汽车式起重机8t	综合机械
			元	元	元	元	工日	kg	kg	kg	元	台班	元
							135.00	15.51	14.11	6.90		767.15	
9-20	电控防密门门扇安装（门洞宽度 cm以内）	90	**2939.11**	2511.00	17.55	410.56	18.60	0.64	0.44	0.11	0.66	0.50	26.98
9-21		130	**3732.68**	3207.60	28.17	496.91	23.76	1.03	0.70	0.18	1.08	0.60	36.62
9-22		150	**4491.44**	3879.90	32.62	578.92	28.74	1.19	0.81	0.21	1.28	0.70	41.91

4.防爆波活门安装

工作内容：1.场内运输、安装、调试。2.门扇（连框）刷防锈漆、调和漆各二遍。

编号	项 目			单 位	预 算 基 价				人 工	材 料				机 械	
					总 价	人工费	材料费	机械费	综合工	防锈漆	调和漆	油 漆 溶剂油	零 星 材料费	汽车式 起重机 8t	综 合 机 械
					元	元	元	元	工日	kg	kg	kg	元	台班	元
									135.00	15.51	14.11	6.90		767.15	
9-23	防 爆 波 活 门 安 装	悬 摆 式 活 门	H150～152	樘	84.37	83.70	0.67		0.62	0.02	0.02	0.01	0.01		
9-24			H200～204		138.98	137.70	1.28		1.02	0.05	0.03	0.01	0.01		
9-25			H300～302		244.50	241.65	2.85		1.79	0.11	0.07	0.02	0.02		
9-26			HK400～402		454.21	361.80	12.51	79.90	2.68	0.47	0.32	0.08	0.15	0.10	3.18
9-27			HK400R～401R		464.94	372.60	12.44	79.90	2.76	0.47	0.32	0.08	0.08	0.10	3.18
9-28			HK600～605		667.36	573.75	13.71	79.90	4.25	0.52	0.35	0.09	0.09	0.10	3.18
9-29			HK800～805		962.54	788.40	17.53	156.61	5.84	0.66	0.45	0.12	0.12	0.20	3.18
9-30			HK1000～1004		1178.21	997.65	22.27	158.29	7.39	0.84	0.57	0.15	0.16	0.20	4.86

5.核电磁脉冲防护设施
(1)Ⅱ级屏蔽室安装

工作内容： 画线、下料、就位、焊接，场内搬运，加工制作、安装、固定。

编号	项目	单位	预算基价				人工	材料			
			总价	人工费	材料费	机械费	综合工	镀锌薄钢板 0.70	射钉 RD62S8×M8×62	膨胀螺栓 M8×80	钢板 δ≤4
			元	元	元	元	工日	m²	个	套	t
							135.00	25.82	0.75	1.16	3720.77
9-31	Ⅱ级屏蔽室安装 — 墙顶面	m²	60.58	20.25	40.30	0.03	0.15	1.17	13.00	0.29	
9-32	Ⅱ级屏蔽室安装 — 底板	m²	139.82	21.60	113.82	4.40	0.16			1.46	0.02496

编号	项目	单位	材料							机械	
			镀锌角钢 50×3	氧气 6m³	乙炔气 5.5~6.5kg	电焊条	防锈漆	汽油 90#	零星材料费	交流弧焊机 32kV·A	小型机具
			t	m³	m³	kg	kg	kg	元	台班	元
			4593.04	2.88	16.13	7.59	15.51	7.16		87.97	
9-31	Ⅱ级屏蔽室安装 — 墙顶面	m²									0.03
9-32	Ⅱ级屏蔽室安装 — 底板	m²	0.00206	0.05	0.02	0.32	0.40	0.02	0.55	0.05	

(2) 蜂窝状滤波器安装

工作内容： 画线、下料、就位、焊接,场内搬运,加工制作、安装、固定。

编号	项目	单位	预算基价				人工	材料		
			总价	人工费	材料费	机械费	综合工	钢板 δ≤4	钢板 δ>4	氧气 6m³
			元	元	元	元	工日	t	t	m³
							135.00	3720.77	3710.44	2.88
9-33	蜂窝状滤波器安装 钢插片蜂窝	m²	**1940.98**	989.55	774.61	176.82	7.33	0.07400	0.01992	6.67
9-34	预埋钢框	100kg	**1175.86**	599.40	494.51	81.95	4.44		0.08328	1.04

续前

编号	项目	单位	材料						机械	
			乙炔气 5.5~6.5kg	电焊条	镀锌扁钢 40×4	等边角钢 45×4	钢筋 D10以内	零星材料费	交流弧焊机 32kV·A	综合机械
			m³	kg	t	t	t	元	台班	元
			16.13	7.59	4511.48	3751.83	3970.73		87.97	
9-33	蜂窝状滤波器安装 钢插片蜂窝	m²	2.90	14.07				252.58	2.01	
9-34	预埋钢框	100kg	0.45	8.59	0.00165	0.021	0.006		0.93	0.14

345

(3) 钢筋网滤波器安装

工作内容：画线、下料、就位、焊接，场内搬运，加工制作、安装、固定。

编号	项 目	单位	预 算 基 价				人工	材					料	机	械
			总 价	人工费	材料费	机械费	综合工	等边角钢45×4	钢筋D10以内	氧气6m³	乙炔气5.5~6.5kg	电焊条	零星材料费	交流弧焊机32kV·A	综合机械
			元	元	元	元	工日	t	t	m³	m³	kg	元	台班	元
							135.00	3751.83	3970.73	2.88	16.13	7.59		87.97	
9-35	钢筋网滤波器安装（网距 mm）	100kg	**1445.05**	702.00	651.47	91.58	5.20	0.066	0.045	0.21	0.09	11.34	137.04	1.03	0.97
	50×50														
9-36	100×100		**1231.22**	612.90	554.59	63.73	4.54	0.082	0.029	0.26	0.11	6.78	77.81	0.72	0.39

346

（4）屏蔽钢筋组焊

工作内容： 画线、下料、就位、焊接,场内搬运,加工制作、安装、固定。

编号	项 目	单位	预 算 基 价				人 工	材 料	机 械
			总 价	人 工 费	材 料 费	机 械 费	综 合 工	电 焊 条	交流弧焊机 32kV·A
			元	元	元	元	工日	kg	台班
							135.00	7.59	87.97
9-37	屏 蔽 钢 筋 组 焊	100点	**282.83**	168.75	21.71	92.37	1.25	2.86	1.05

第十章 施工排水、降水措施费

说　　明

一、本章包括排水井、抽水机抽水2节,共7条基价子目。

二、施工排水、降水措施费是指为保证工程正常施工而采取的一般排水、降水措施所发生的各种费用。

三、排水井:

1.集水井基价项目包括了做井时除去挖土之外的全部人工、材料和机械消耗量,井深在4m以内者,按本基价计算。

2.抽水结束时回填大口井的人工和材料未包括在预算基价中,可另行计算。

四、抽水机抽水项目中,施工方案使用抽水机型号规格与基价不同时可以换算,人工费不变。

工程量计算规则

一、集水井按设计图示数量以"座"计算,大口井按累计井深以长度计算。

二、抽水机抽水以"天"计算,每24小时计算1天。

工作内容：1.挖、钻、打成孔。2.制作、安装井壁材料并固定。3.填充井壁外滤水材料及还土。4.做井圈、洗井。

编号	项　　目		单位	预　算　基　价				人工	材					
				总　价	人工费	材料费	机械费	综合工	砂子	页岩标砖 240×115×53	红白松锯材二类	碴石 19～25	铁钉	钢筋 D10以内
				元	元	元	元	工日	t	千块	m³	t	kg	t
								113.00	87.03	513.60	3266.74	87.81	6.68	3970.73
10-1	集　水　井 （井深在4m以内）	干砖砌排水井	座	**2865.74**	1594.43	1190.45	80.86	14.11	0.386	1.16	0.131	1.501	0.20	
10-2		钢筋笼排水井		**2586.81**	1204.58	1327.39	54.84	10.66	2.302			8.823		0.024
10-3	大　口　井	直径 50cm以内	m	**368.52**	129.95	165.45	73.12	1.15	0.086		0.002	0.280		
10-4		直径 60cm以内		**435.33**	160.46	186.77	88.10	1.42	0.100		0.002	0.330		

水 井

料										机					械		
钢筋 D10以外	镀锌 钢丝 D0.7	镀锌 钢丝 D2.8	镀锌 钢丝 D4	苇席	水	无砂管 D500	石油 沥青 10#	无砂管 D600	零星 材料费	电动 夯实机 250N·m	钢筋 弯曲机 D40	钢筋 切断机 D40	钢筋 调直机 D14	履带式 起重机 15t	转盘 钻孔机 D800	泥浆泵 DN100	小型 机具
t	kg	kg	kg	m²	m³	m	kg	m	元	台班	台班	台班	台班	台班	台班	台班	元
3799.94	7.42	6.91	7.08	9.24	7.62	85.16	4.04	93.68		27.11	26.22	42.81	37.25	759.77	676.74	204.13	
										2.97							0.34
0.051	0.53	0.30		6.19						1.87	0.02	0.02	0.02				2.02
		0.25	0.50		1.82	1.02	0.22		19.96					0.029	0.058	0.058	
		0.30	0.50		2.37		0.22	1.02	22.44					0.029	0.075	0.075	

2.抽水机抽水

工作内容： 1.安装抽水机械,接通电源。2.抽水。3.拆除抽水设备并回收入库。

编号	项目		单位	预 算 基 价			人 工	机		械
				总 价	人工费	机械费	综合工	潜水泵 DN100	电动单级离心清水泵 DN100	泥浆泵 DN100
				元	元	元	工日	台班	台班	台班
							113.00	29.10	34.80	204.13
10-5	抽水机抽水	DN100 潜水泵	天	68.53	33.90	34.63	0.30	1.190		
10-6		DN100 电动单级离心清水泵		74.93	33.90	41.03	0.30		1.179	
10-7		DN100 泥浆泵		267.02	33.90	233.12	0.30			1.142

第十一章　脚手架措施费

说　　明

一、本章包括综合脚手架、单项脚手架2节,共24条基价子目。

二、脚手架措施项目是指施工需要的脚手架搭、拆、运输及脚手架摊销的人工、材料消耗。

1.凡新建、续建的掘开式工程施工所搭拆的脚手架,按掘开式工程综合脚手架项目执行。室内净高超过4.6m时,其超过部分面积执行基价时应乘以系数1.20。

2.工程出入口口部伪装(附属)建筑施工所搭设的脚手架,不论层高,均按口部建筑综合脚手架项目执行。

3.综合脚手架项目中已综合了内外墙砌筑、混凝土浇捣、外防水铺贴、3.6m以上墙面粉饰、底板和顶板施工用脚手架及斜道、上料台、架空运输道。

4.凡计取综合脚手架费用的工程,除天棚装饰面距室内地坪高度超过3.6m的天棚装饰项目,可另行计算满堂脚手架外,不再计算其他脚手架费用。

5.外脚手架项目已综合了上料平台、护身栏杆等搭设的人工、材料。

6.斜道项目是按依附斜道编制的,如为独立斜道,按依附斜道项目乘以系数1.80计算。

7.架空运输道项目以架宽2.0m为准,如架宽超过2.0m按相应项目乘以系数1.20计算,超过3.0m按相应项目乘以系数1.50计算。

8.各脚手架措施项目的基价是按钢管脚手架编制,实际使用的脚手架材料不同时,不予换算。

9.执行综合脚手架基价,有下列情况者,另按单项脚手架基价计算。

(1)临街建筑物的水平防护架和垂直防护架。

(2)电梯安装用脚手架。

10.加固改造工程,构筑物及坑地道逆作工程,掘进、支护(被覆)后的内部工程等项目的施工脚手架按单项脚手架执行。

工程量计算规则

一、综合脚手架:

1.掘开式工程综合脚手架按设计图示尺寸以建筑面积计算。下沉式广场、出入口斜通道敞开部分按设计图示尺寸以其围护结构外边缘水平投影面积的40%计算建筑面积。

2.口部伪装(附属)建筑综合脚手架按建筑面积计算。

二、单项脚手架:

1.一般规则:

(1)凡高度超过1.5m的砌筑工程、钢筋混凝土工程,均需计算脚手架。

(2)同一建筑物高度不同时,应按不同高度分别计算。

(3)内外墙砌筑、抹灰脚手架按墙面(单面)垂直投影面积计算,不扣除门窗洞口、空圈、车辆通道、沉降缝等所占面积。

2.砌筑脚手架:

(1)外脚手架按设计图示尺寸以外墙外边线长度乘以外墙砌筑高度以面积计算,里脚手架按设计图示尺寸以内墙净长乘以内墙净高以面积计算。

（2）砖砌外墙墙高在3.6m以内（以设计室外地坪为准），按单排外脚手架计算；墙高超过3.6m，按双排外脚手架计算。

（3）砖砌内墙砌筑高度在3.6m以内，按里脚手架计算；砌筑高度超过3.6m，按单排外脚手架计算。

（4）石砌墙体，凡砌筑高度超过1m、在3.6m以内（以设计室外地坪为准）按单排外脚手架计算；砌筑高度超过3.6m，按双排外脚手架计算。砌石墙到顶的脚手架，工程量按砌墙相应脚手架计算规定计算后乘以系数1.15。

（5）山墙、拱形墙墙高分别计算到山尖部位的1/2、矢高的2/3处。

（6）独立砖石柱，按单排外脚手架基价执行，工程量按设计图示尺寸以柱截面的周长另加3.3m，乘以砌筑高度以面积计算。

（7）围墙脚手架，自室外自然地坪至围墙顶面的砌筑高度在3.6m以内时，按里脚手架计算；超过3.6m时，按单排外脚手架计算。长度按设计图示围墙中心线计算，不扣除大门面积，也不增加独立门柱的脚手架面积。

3.现浇钢筋混凝土脚手架：

（1）现浇钢筋混凝土满堂基础、底宽超过3m的带形基础的脚手架，按设计图示尺寸以基础水平投影面积计算，执行满堂脚手架基本层项目乘以系数0.50计算。

（2）现浇钢筋混凝土柱的脚手架按设计图示尺寸以柱外围周长另加3.6m，乘以柱高以面积计算，执行单排外脚手架项目。

（3）现浇钢筋混凝土墙、梁的脚手架按设计图示尺寸以墙、梁净长乘以室内地坪或楼（底）板上表面至楼（顶）板底之间的高度以面积计算，执行单排外脚手架项目。

4.装饰工程脚手架：

（1）室内天棚装饰面距室内地坪的高度在3.6m以上时，应计算满堂脚手架，计算满堂脚手架后，墙面装饰工程则不再计算单项脚手架。

（2）满堂脚手架按室内净面积计算，其高度在3.6~5.2m之间时计算基本层，5.2m以外，每增加1.2m计算一个增加层，不足0.6m按一个增加层乘以系数0.50计算。计算公式如下：

$$满堂脚手架增加层 ＝（室内净高－5.2）/1.2$$

（3）高度超过3.6m的墙面装饰不能利用原砌筑脚手架时，可计算抹灰脚手架。其工程量按设计图示尺寸以墙面长度乘以抹灰高度以面积计算。

5.其他单项脚手架：

（1）现浇钢筋混凝土、贮水（油）池等构筑物高度超过3.6m时，脚手架按设计图示尺寸以其外围周长乘以高度以面积计算，执行单排外脚手架项目。

（2）水平防护架按设计图示尺寸以建筑物临街长度另加10m，乘以搭设宽度以面积计算。

（3）垂直防护架按设计图示尺寸以建筑物临街长度乘以建筑物檐高以面积计算。

（4）电梯安装脚手架按设计图示数量以"座"计算。

（5）依附斜道按实际搭设数量以"座"计算。

（6）架空运输道按实际搭设长度计算。

（7）挑出式安全网按挑出的水平投影面积计算。

（8）悬空脚手架和活动脚手架按设计图示尺寸以室内地面净面积计算，不扣除垛、柱、间壁墙所占面积。

（9）挑脚手架按实际搭设长度乘以层数，以总长度计算。

1.综合脚手架

工作内容：平土、安底座,搭拆脚手架、上料台、安全挡板、护身栏杆,上下翻脚手板,拆除材料整理堆放,材料场内外运输。

编号	项 目		单位	预 算 基 价				人 工	材 料			机 械
				总 价	人工费	材料费	机械费	综合工	镀锌钢丝 D4	零 星 材料费	脚手架 周转费	载货汽车 6t
				元	元	元	元	工日	kg	元	元	台班
								135.00	7.08			461.82
11-1	综 合 脚 手 架	掘开式工程	100m²	**1981.60**	1525.50	400.68	55.42	11.30	5.80	55.31	304.31	0.12
11-2		口 部 建 筑		**1650.61**	1165.05	393.20	92.36	8.63	1.79	96.09	284.44	0.20

2．单项脚手架

工作内容：平土、安底座，搭拆脚手架、上料台、安全挡板、护身栏杆，上下翻脚手板，拆除材料整理堆放，材料场内外运输。

编号	项目		单位	预算基价				人工	材料				机械
				总价	人工费	材料费	机械费	综合工	镀锌钢丝 D4	安全网 3m×6m	零星材料费	脚手架周转费	载货汽车 6t
				元	元	元	元	工日	kg	m²	元	元	台班
								135.00	7.08	10.64			461.82
11-3	满堂脚手架	基本层 (室内净高3.6～5.2m)	100m²	1513.33	1263.60	226.64	23.09	9.36	3.30		28.07	175.21	0.05
11-4		每增加1.2m		508.87	480.60	23.65	4.62	3.56			4.99	18.66	0.01
11-5	外脚手架	单排		1169.54	824.85	293.89	50.80	6.11	4.13		68.23	196.42	0.11
11-6		双排		1461.21	970.65	412.05	78.51	7.19	4.75		100.75	277.67	0.17
11-7	里脚手架 (3.6m以内)			192.20	155.25	32.33	4.62	1.15				32.33	0.01
11-8	抹灰脚手架 (3.6m以外)			333.05	202.50	84.37	46.18	1.50	1.00		3.95	73.34	0.10
11-9	依附斜道 (7m)		座	1680.20	761.40	821.82	96.98	5.64	28.33		138.15	483.09	0.21
11-10	钢管架空运输道		10m	504.48	310.50	147.80	46.18	2.30			15.87	131.93	0.10
11-11	钢管挑出式安全网		100m²	555.43	228.15	308.81	18.47	1.69	22.95	9.3	18.97	28.40	0.04

工作内容： 平土、安底座,搭拆脚手架、上料台、安全挡板、护身栏杆,上下翻脚手板,拆除材料整理堆放,材料场内外运输。

编号	项　　目	单位	预　算　基　价				人工	材					料	机械
			总价	人工费	材料费	机械费	综合工	镀锌钢丝 D4	防锈漆	油漆溶剂油	砂纸	尼龙布	脚手架周转费	载货汽车 6t
			元	元	元	元	工日	kg	kg	kg	张	m²	元	台班
							135.00	7.08	15.51	6.90	0.87	4.41		461.82
11-12	活 动 脚 手 架	100m²	1044.29	823.50	193.08	27.71	6.10	9.00	0.44	0.04	0.01		122.25	0.06
11-13	悬 空 脚 手 架		793.62	629.10	132.19	32.33	4.66	2.06	0.18	0.02	0.01		114.67	0.07
11-14	挑 脚 手 架	100m	3474.12	3002.40	370.12	101.60	22.24	5.28	1.21	0.14	0.03		312.98	0.22
11-15	水 平 防 护 架	100m²	3159.50	781.65	2331.67	46.18	5.79		5.72	0.57	0.16		2238.88	0.10
11-16	垂 直 防 护 架		691.75	338.85	339.05	13.85	2.51		3.54	0.35	0.10	10.00	237.54	0.03

工作内容：平土、安底座,搭拆脚手架、上料台、安全挡板、护身栏杆,上下翻脚手板,拆除材料整理堆放,材料场内外运输。

编号	项	目	单位	预 算 基 价				人工	材		料		机 械
				总 价	人工费	材料费	机械费	综合工	防锈漆	油 漆溶剂油	砂 纸	脚手架周转费	载货汽车6t
				元	元	元	元	工日	kg	kg	张	元	台班
								135.00	15.51	6.90	0.87		461.82
11-17		20		2140.08	1647.00	456.13	36.95	12.20	3.00	0.16	0.14	408.37	0.08
11-18		30		3276.40	2508.30	726.54	41.56	18.58	6.75	0.35	0.19	619.27	0.09
11-19		40		5173.49	3711.15	1411.54	50.80	27.49	13.18	0.71	0.38	1201.89	0.11
11-20	电梯安装脚手架	搭 设 高 度（m 以内）50	座	7408.28	5501.25	1842.38	64.65	40.75	17.44	0.90	0.49	1565.25	0.14
11-21		60		10970.44	7468.20	3419.11	83.13	55.32	32.11	1.67	0.90	2908.78	0.18
11-22		80		16786.38	12160.80	4514.74	110.84	90.08	43.17	2.25	1.21	3828.60	0.24
11-23		100		28318.09	20104.20	8066.11	147.78	148.92	76.00	3.96	2.12	6858.18	0.32
11-24		每增加 10m		5814.30	4006.80	1789.03	18.47	29.68	16.56	0.86		1526.25	0.04

第十二章　混凝土、钢筋混凝土模板及支架措施费

说　明

一、本章包括现浇混凝土模板措施费、预制混凝土模板措施费、构筑物混凝土模板措施费、层高超过3.6m模板增价4节,共208条基价子目。

二、混凝土、钢筋混凝土模板及支架措施费是指混凝土施工过程中需要的各种木胶合板模板、钢模板、铝模板、木模板以及支架等的支、拆、运输、摊销费用。

三、有梁式带形基础,梁高(指基础扩大顶面至梁顶面的高)1.2m以内时合并计算,1.2m以外时基础底板模板按无梁式带形基础项目计算,扩大顶面以上部分模板按混凝土墙项目计算。

四、混凝土梁、板应分别计算执行相应项目,混凝土板适用于截面厚度250mm以内;板中暗梁并入板内计算。

五、现浇混凝土弧形墙模板按直形墙相应墙厚项目模板的人工、支撑钢管及扣件、零星卡具分别乘以系数1.10,木模板乘以系数3.00计算。

六、墙体模板基价中铁件已综合考虑了对拉(止水)螺栓配模工艺,不论实际配模是否采用对拉螺栓,均不再调整。

七、基价中的对拉螺栓按周转材料考虑,施工中必须埋入混凝土内不能拔出的,应扣除基价项目中对拉螺栓消耗量,另按施工组织设计规定计算一次性螺栓使用量,执行第四章中螺栓项目,其项目基价乘以系数1.05。若施工组织设计无规定,一次性螺栓使用量可按基价中对拉螺栓消耗量乘以系数12.00。

八、柱、梁面对拉螺栓堵眼增加费执行墙面螺栓堵眼增加费项目,柱面螺栓堵眼人工、机械乘以系数0.30,梁面螺栓堵眼人工、机械乘以系数0.35。

九、薄壳板模板不分筒式、球形、双曲形等均执行同一项目。

十、楼梯是按建筑物一个自然层双跑楼梯考虑(包括两个梯段一个休息平台),如单坡直形楼梯(即一个自然层、无休息平台)按相应项目乘以系数1.20,三跑楼梯(即一个自然层、两个休息平台)按相应项目乘以系数0.90,四跑楼梯(即一个自然层、三个休息平台)按相应项目乘以系数0.75。剪刀楼梯执行单坡直形楼梯相应系数。

十一、挑檐、天沟反挑檐高度在400mm以内时,按外挑部分尺寸投影面积执行挑檐、天沟项目;挑檐、天沟壁高度在400mm以外时,拆分成底板和侧壁分别套用悬挑板、栏板项目。

十二、外形尺寸体积在1m³以内的独立池槽执行小型池槽项目,1m³以外的独立池槽及与建筑物相连的梁、板、墙结构式水池,分别执行梁、板、墙相应项目。

十三、零星构件是指单件体积0.1m³以内且本章未列项目的小型构件。

十四、散水模板执行垫层相应项目。

十五、凸出混凝土柱、梁、墙面的线条,宽度300mm以内的并入相应构件内计算,另按凸出的线条道数执行装饰线条增加费项目,但单独窗台板、栏板扶手、墙上压顶不另计算装饰线条增加费;凸出宽度300mm以外的执行悬挑板项目。

十六、当设计要求为清水混凝土模板时,执行相应模板项目并做如下调整:胶合板模板材料换算为镜面胶合板,机械不变,其人工按下表增加工日。

项　目	柱			梁			墙		板
	矩形柱	圆形柱	异型柱	矩形梁	异型梁	弧形、拱形梁	直形墙、弧形墙、电梯井壁墙	短肢剪力墙	有梁板、无梁板、平板
工日	4	5.2	6.2	5	5.2	5.8	3	2.4	4

十七、预制构件的模板中已包括预制构件地模的摊销。

十八、现浇混凝土柱、梁、墙、板的模板措施费是按层高3.6m以内编制的,层高超过3.6m按相应项目增价。

工程量计算规则

一、现浇混凝土构件模板：

现浇混凝土构件模板除另有规定者外,均按模板与混凝土的接触面积(扣除后浇带所占面积)计算。

1.独立基础的高度从垫层上表面计算到柱基上表面。

2.块体设备基础按不同体积,分别计算模板工程量。

3.构造柱按图示外露部分计算模板面积。带马牙槎构造柱的宽度按马牙槎处的宽度计算。

4.叠合梁后浇混凝土按设计图示构件尺寸以混凝土体积计算。

5.现浇混凝土墙、板模板不扣除单个面积在0.3m²以内的孔洞所占的面积,洞侧壁模板亦不增加；单个面积在0.3m²以外时扣除相应面积,洞侧壁模板面积并入墙、板模板工程量内计算。

6.对拉螺栓堵眼增加费按墙面、柱面、梁面面积分别计算。

7.斜板或拱形结构按板顶平均高度确定支模高度,电梯井壁按建筑物自然层层高确定支模高度。

8.现浇混凝土框架分别按柱、梁、板有关规定计算,附墙柱凸出墙面部分按柱工程量计算,暗梁、暗柱并入墙内工程量计算。

9.柱、梁、墙、板、栏板相互连接的重叠部分,不扣除模板面积。

10.后浇带按模板与后浇带的接触面积计算。

11.现浇混凝土楼梯(包括休息平台、平台梁、斜梁和楼层板的连接梁)按水平投影面积计算。不扣除宽度小于500mm楼梯井所占面积,楼梯的踏步、踏步板、平台梁等侧面模板不另行计算,伸入墙内部分亦不增加。当整体楼梯与现浇楼梯无梯梁连接时,以楼梯的最后一个踏步边缘加300mm为界。

12.现浇混凝土出入口阶梯模板按水平投影面积计算。

13.现浇混凝土悬挑板按图示外挑部分尺寸的水平投影面积计算。挑出墙外的悬臂梁及板边不另计算。

14.挑檐、天沟与板(包括屋面板、楼板)连接时,以外墙外边线为分界线；与梁(包括圈梁等)连接时,以梁或圈梁外边线为分界线。外墙外边线以外或梁外边线以外为挑檐、天沟。

15.混凝土台阶不包括梯带,按图示台阶尺寸的水平投影面积计算,台阶端头两侧不另计算模板面积;架空式混凝土台阶按现浇楼梯计算。

16.现浇混凝土坡道、框架现浇节点按设计图示构件尺寸以混凝土体积计算。

17.凸出混凝土柱、梁、墙面的装饰线条增加费以突出棱线的道数按长度计算,圆弧形线条乘以系数1.20。

18.现浇混凝土底板结构梁模板、钢筋混凝土底板模板、遮弹层模板、混凝土墙模板、平板模板、平顶板模板、拱顶板模板、幕式顶板、叠合结构顶板、原墙、拱加固模板、逆作工程柱帽土模按设计图示构件尺寸以混凝土体积计算。

19.增加防密门框模板按设计图示数量计算。

20.逆作现浇混凝土平板土模、围护墙外模、墙体及内接柱支模按面积计算。

21.逆作现浇混凝土墙、梁槽砖(土)模按槽的长度计算。

22.现浇混凝土防爆波井池模板按设计图示数量计算。

二、预制混凝土模板、构筑物混凝土模板均按设计图示构件尺寸以混凝土体积计算。

三、层高超过3.6m模板增价按超高构件的模板与混凝土的接触面积(含3.6m以下)计算,层高超过3.6m时,每超高1m计算一次增价(不足1m按1m计),分别执行相应基价项目。

工作内容：模板制作、清理、场内运输、安装、刷隔离剂、模板维护、拆除、集中堆放、场外运输。

编号	项　　　目			单位	预　　算　　基　　价				人　工
					总　　价	人工费	材料费	机械费	综合工
					元	元	元	元	工日
									135.00
12-1	垫　　　　　　　　　层			100m²	6527.88	3029.40	3329.38	169.10	22.44
12-2	带 形 基 础	钢 筋 混 凝 土	有 梁 式		6855.08	2709.45	3802.74	342.89	20.07
12-3			无 梁 式		5411.90	2706.75	2589.82	115.33	20.05
12-4	独 立 基 础	钢 筋 混 凝 土			7468.42	3075.30	4167.83	225.29	22.78
12-5	桩 承 台 基 础	带　　　　形			5207.70	2492.10	2589.82	125.78	18.46
12-6		独　　　　立			8216.32	3823.20	4167.83	225.29	28.32
12-7	集　　　水　　　坑				9985.67	5233.95	4486.77	264.95	38.77

模板措施费
础

材				料				机		械
零星卡具	铁 钉	铁 件	对拉螺栓	零星材料费	钢模板周转费	胶合板模板周转费	木模板周转费	木工圆锯机 D500	载货汽车 6t	汽车式起重机 8t
kg	kg	kg	kg	元	元	元	元	台班	台班	台班
7.57	6.68	9.49	6.05					26.53	461.82	767.15
	1.837	86.518		392.94		1230.05	873.06	0.037	0.173	0.115
	5.284	14.869	6.477	388.95	362.03	1230.05	1606.12	0.037	0.345	0.238
	24.310			59.61		1230.05	1137.77	0.055	0.117	0.078
18.674	12.720			59.61	363.57	1230.05	2288.27	0.064	0.230	0.153
	24.310			59.61		1230.05	1137.77	0.055	0.128	0.085
18.674	12.720			59.61	363.57	1230.05	2288.27	0.064	0.230	0.153
	1.837			47.49		1230.05	3196.96	0.018	0.272	0.181

工作内容： 模板制作、清理、场内运输、安装、刷隔离剂、模板维护、拆除、集中堆放、场外运输。

编号	项 目			单位	预 算 基 价				人 工	铁 件
					总 价	人工费	材料费	机械费	综合工	
					元	元	元	元	工日	kg
									135.00	9.49
12-8	底 板 结 构 梁 模 板	$\frac{1}{2}$ 砖 模		10m³	3004.58	1242.00	1712.48	50.10	9.20	
12-9		1 砖 模			5617.27	2155.95	3365.29	96.03	15.97	
12-10	钢 筋 混 凝 土 底 板 模 板	板 宽 (m)	6 以内		386.16	257.85	115.75	12.56	1.91	
12-11			6 以外		137.88	86.40	38.92	12.56	0.64	
12-12	设 备 基 础	块 体 (m³以内)	5	100m²	6978.59	4341.60	2421.18	215.81	32.16	
12-13			20		6564.41	3505.95	2805.15	253.31	25.97	9.490

材					料		机			械
铁　钉	镀锌钢丝 D4	页岩标砖 240×115×53	零星材料费	钢模板周转费	胶合板模板周转费	木模板周转费	木工圆锯机 D500	载货汽车 6t	汽车式起重机 8t	灰浆搅拌机 200L
kg	kg	千块	元	元	元	元	台班	台班	台班	台班
6.68	7.08	513.60					26.53	461.82	767.15	208.76
		2.61	371.98							0.24
		5.20	694.57							0.46
1.150	2.11		3.34	48.15		41.64	0.010	0.010	0.010	
0.380	0.71		1.31	16.16		13.88	0.010	0.010	0.010	
0.647			54.12	208.73	1230.05	923.96	0.037	0.221	0.147	
0.647			54.12	230.29	1230.05	1196.31	0.037	0.259	0.173	

(2)遮 弹 层

工作内容： 模板制作、清理、场内运输、安装、刷隔离剂、模板维护、拆除、集中堆放、场外运输。

编号	项目		单位	预 算 基 价				人 工	材 料
				总 价	人 工 费	材 料 费	机 械 费	综 合 工	镀锌钢丝 D4
				元	元	元	元	工日	kg
								135.00	7.08
12-14	遮 弹 层 模 板	毛 石 混 凝 土	10m³	**119.93**	75.60	31.77	12.56	0.56	0.62
12-15		混 凝 土		**119.93**	75.60	31.77	12.56	0.56	0.62

续前

编号	项目		单位	材 料				机 械		
				铁 钉	零星材料费	钢模板 周转费	木模板 周转费	载货汽车 6t	汽车式 起重机 8t	木工圆锯机 D500
				kg	元	元	元	台班	台班	台班
				6.68				461.82	767.15	26.53
12-14	遮 弹 层 模 板	毛 石 混 凝 土	10m³	0.34	1.00	14.20	9.91	0.01	0.01	0.01
12-15		混 凝 土		0.34	1.00	14.20	9.91	0.01	0.01	0.01

(3) 柱

工作内容： 模板制作、清理、场内运输、安装、刷隔离剂、模板维护、拆除、集中堆放、场外运输。

编号	项目	单位	预算基价				人工	材料			
			总价	人工费	材料费	机械费	综合工	镀锌槽钢 10#	铁钉	对拉螺栓	拉箍连接器
			元	元	元	元	工日	kg	kg	kg	个
							135.00	3.90	6.68	6.05	9.49
12-16	矩 形 柱	100m²	**7032.63**	3399.30	3309.01	324.32	25.18	29.035	0.982	21.638	
12-17	构 造 柱		**5767.54**	2371.95	3071.27	324.32	17.57		0.983		
12-18	异 型 柱 (L形、T形、十字形)		**9971.38**	5975.10	3649.06	347.22	44.26		1.220	31.040	
12-19	圆 形、多 角 形 柱		**11538.63**	7061.85	4129.56	347.22	52.31		1.220		29.699

编号	项　目	单位	定型柱复合模板15mm	扁钢（综合）	零星材料费	钢模板周转费	胶合板模板周转费	木模板周转费	木工圆锯机 D500	载货汽车 6t	汽车式起重机 8t
			m²	kg	元	元	元	元	台班	台班	台班
			118.00	3.67					26.53	461.82	767.15
12-16	矩　形　柱				865.78	91.96	1230.05	870.51	0.055	0.332	0.221
12-17	构　造　柱	100m²			49.58	339.31	1230.05	1445.76	0.055	0.332	0.221
12-18	异　型　柱 （L形、T形、十字形）				775.01	191.65	1526.86	959.60	0.055	0.355	0.237
12-19	圆形、多角形柱		29.753	60.166	42.00	65.90			0.055	0.355	0.237

(4) 梁

工作内容: 模板制作、清理、场内运输、安装、刷隔离剂、模板维护、拆除、集中堆放、场外运输。

编号	项目	单位	预 算 基 价				人工	材 料		
			总价	人工费	材料费	机械费	综合工	钢背楞 60×40×2.5	镀锌钢丝 D4	铁钉
			元	元	元	元	工日	kg	kg	kg
							135.00	6.15	7.08	6.68
12-20	基础梁、地圈梁、基础加筋带	100m²	5727.44	2566.35	2872.28	288.81	19.01			1.224
12-21	矩形梁 (单梁、连续梁)		6729.32	3088.80	3216.17	424.35	22.88			1.224
12-22	异型梁 (T形、工字形、十字形)		10404.30	5632.20	4217.28	554.82	41.72			29.570
12-23	弧形梁		11314.00	6527.25	4415.14	371.61	48.35	29.381	33.21	41.769
12-24	拱形梁		10938.05	7207.65	3378.32	352.08	53.39			1.224
12-25	圈梁 直形		6099.99	2995.65	2926.00	178.34	22.19			1.582
12-26	圈梁 弧形		10138.74	5773.95	3861.96	502.83	42.77			24.160
12-27	过梁		8214.31	4703.40	3201.38	309.53	34.84			1.528
12-28	叠合梁后浇混凝土	10m³	8857.93	5293.35	3457.04	107.54	39.21		69.99	0.830

编号	项　　　目	单位	材				料	机		械
			对拉螺栓	零星材料费	钢模板周转费	胶合板模板周转费	木模板周转费	木工圆锯机 D500	载货汽车 6t	汽车式起重机 8t
			kg	元	元	元	元	台班	台班	台班
			6.05					26.53	461.82	767.15
12-20	基础梁、地圈梁、基础加筋带	100m²	4.627	387.17	81.12	1230.05	1137.77	0.037	0.296	0.197
12-21	矩　　形　　梁（单梁、连续梁）		10.750	148.55	771.67	1230.05	992.69	0.037	0.435	0.290
12-22	异　　型　　梁（T形、工字形、十字形）		15.276	977.38	770.48	1230.05	949.42	0.819	0.548	0.365
12-23	弧　　　形　　　梁		6.854	214.76	1088.62	1230.05	1145.41	1.067	0.353	0.235
12-24	拱　　　形　　　梁		6.602	209.02	847.54	1230.05	1043.59	0.331	0.353	0.235
12-25	圈　　　梁　直形			57.99	44.18	1230.05	1583.21	0.009	0.183	0.122
12-26	弧形			57.99	44.18	2015.19	1583.21	1.408	0.478	0.319
12-27	过　　　　　　　梁			61.12	370.24	1230.05	1529.76	0.175	0.313	0.209
12-28	叠　合　梁　后　浇　混　凝　土	10m³		49.07			2906.90	0.920	0.180	

(5) 墙

工作内容：模板制作、清理、场内运输、安装、刷隔离剂、模板维护、拆除、集中堆放、场外运输。

编号	项目		单位	预算基价				人工	材料					机械		
				总价	人工费	材料费	机械费	综合工	铁件	铁钉	零星材料费	钢模板周转费	木模板周转费	载货汽车6t	汽车式起重机8t	木工圆锯机D500
				元	元	元	元	工日	kg	kg	元	元	元	台班	台班	台班
								135.00	9.49	6.68				461.82	767.15	26.53
12-29	混凝土墙模板 (墙厚 cm)	20 以内	10m³	**5800.90**	3928.50	1633.94	238.46	29.10	3.54	0.55	100.36	1405.10	91.21	0.25	0.16	0.01
12-30		25 以内		**4677.06**	3175.20	1309.50	192.36	23.52	2.84	0.44	80.34	1125.90	73.37	0.20	0.13	0.01
12-31		30 以内		**3930.53**	2674.35	1093.02	163.16	19.81	2.36	0.37	66.97	939.71	61.47	0.17	0.11	0.01
12-32		40 以内		**2999.60**	2046.60	823.65	129.35	15.16	1.77	0.28	50.24	707.15	47.59	0.13	0.09	0.01
12-33		50 以内		**2365.42**	1603.80	656.85	104.77	11.88	1.42	0.22	40.19	564.04	37.67	0.11	0.07	0.01
12-34		65 以内		**1808.69**	1220.40	505.05	83.24	9.04	1.09	0.17	30.89	432.94	29.74	0.08	0.06	0.01
12-35		80 以内		**1484.59**	1003.05	410.59	70.95	7.43	0.89	0.14	25.10	352.32	23.79	0.07	0.05	0.01
12-36		80 以外		**1204.07**	815.40	330.01	58.66	6.04	0.71	0.11	20.09	282.62	19.83	0.06	0.04	0.01

(6)顶 板 与 板

工作内容: 模板制作、清理、场内运输、安装、刷隔离剂、模板维护、拆除、集中堆放、场外运输。

编号	项目		单位	预 算 基 价				人工	材		料		机		械
				总价	人工费	材料费	机械费	综合工	铁钉	零星材料费	钢模板周转费	木模板周转费	载货汽车 6t	汽车式起重机 8t	木工圆锯机 D500
				元	元	元	元	工日	kg	元	元	元	台班	台班	台班
								135.00	6.68				461.82	767.15	26.53
12-37	平板模板 (板厚 cm)	8 以内	10m³	8062.50	5490.45	2215.90	356.15	40.67	1.93	60.58	1539.63	602.80	0.40	0.22	0.10
12-38		12 以内		5450.96	3731.40	1485.88	233.68	27.64	1.28	40.33	1036.46	400.54	0.27	0.14	0.06
12-39		16 以内		4011.44	2740.50	1092.86	178.08	20.30	0.94	29.71	761.42	295.45	0.20	0.11	0.05
12-40		20 以内		3243.24	2227.50	879.42	136.32	16.50	0.76	23.72	614.66	235.96	0.16	0.08	0.04
12-41		20 以外		2634.90	1813.05	707.32	114.53	13.43	0.60	18.97	495.97	188.37	0.13	0.07	0.03

工作内容：模板制作、清理、场内运输、安装、刷隔离剂、模板维护、拆除、集中堆放、场外运输。

编号	项 目		单位	预 算 基 价				人 工	材	料			机		械
				总 价	人工费	材料费	机械费	综合工	铁 钉	零 星 材料费	钢模板 周转费	木模板 周转费	载 货 汽 车 6t	汽车式 起重机 8t	木 工 圆锯机 D500
				元	元	元	元	工日	kg	元	元	元	台班	台班	台班
								135.00	6.68				461.82	767.15	26.53
12-42	平 顶 板 模 板 （板厚 cm）	25 以 内	10m³	**2969.37**	2041.20	827.39	100.78	15.12	3.21	37.34	429.54	339.07	0.13	0.05	0.09
12-43		30 以 内		**2496.82**	1707.75	702.41	86.66	12.65	2.74	32.05	362.56	289.50	0.10	0.05	0.08
12-44		35 以 内		**2194.47**	1503.90	616.46	74.11	11.14	2.40	28.03	318.59	253.81	0.09	0.04	0.07
12-45		40 以 内		**1964.19**	1347.30	547.67	69.22	9.98	2.13	24.89	284.48	224.07	0.08	0.04	0.06
12-46		50 以 内		**1662.16**	1138.05	467.44	56.67	8.43	1.82	21.47	241.47	192.34	0.07	0.03	0.05
12-47		70 以 内		**1331.42**	911.25	376.06	44.11	6.75	1.47	17.31	194.27	154.66	0.06	0.02	0.04
12-48		110 以 内		**934.01**	639.90	259.50	34.61	4.74	1.00	11.93	135.80	105.09	0.04	0.02	0.03
12-49		110 以 外		**599.09**	413.10	163.93	22.06	3.06	0.61	7.36	87.06	65.44	0.03	0.01	0.02

工作内容：模板制作、清理、场内运输、安装、刷隔离剂、模板维护、拆除、集中堆放、场外运输。

编号	项目	单位	预算基价				人工	材料				机械		
			总价	人工费	材料费	机械费	综合工	铁钉	零星材料费	钢模板周转费	木模板周转费	载货汽车 6t	汽车式起重机 8t	木工圆锯机 D500
			元	元	元	元	工日	kg	元	元	元	台班	台班	台班
							135.00	6.68				461.82	767.15	26.53
12-50	拱顶板模板（板厚 cm）	25 以内	**3402.18**	2435.40	880.39	86.39	18.04	4.69	34.28	110.86	703.92	0.12	0.03	0.30
12-51		30 以内	**2752.35**	1969.65	719.16	63.54	14.59	3.85	28.20	86.24	579.00	0.09	0.02	0.25
12-52		35 以内	**2347.42**	1680.75	608.81	57.86	12.45	3.26	23.89	75.35	487.79	0.08	0.02	0.21
12-53		40 以内	**2047.52**	1466.10	528.97	52.45	10.86	2.81	20.64	67.21	422.35	0.07	0.02	0.18
12-54		45 以内	**1774.57**	1266.30	460.97	47.30	9.38	2.47	18.17	55.50	370.80	0.06	0.02	0.16
12-55		50 以内	**1582.04**	1132.65	410.30	39.09	8.39	2.19	16.08	50.43	329.16	0.06	0.01	0.14
12-56		50 以外	**1300.27**	932.85	333.74	33.68	6.91	1.78	13.24	42.90	265.71	0.05	0.01	0.11

工作内容：模板制作、清理、场内运输、安装、刷隔离剂、模板维护、拆除、集中堆放、场外运输。

编号	项 目	单位	预 算 基 价				人 工	材				料		机		械
			总 价	人工费	材料费	机械费	综合工	铁 钉	镀锌钢丝 D4	零星材料费	钢模板周转费	胶合板模板周转费	木模板周转费	木工圆锯机 D500	载货汽车 6t	汽车式起重机 8t
			元	元	元	元	工日	kg	kg	元	元	元	元	台班	台班	台班
							135.00	6.68	7.08					26.53	461.82	767.15
12-57	无 梁 板	100m²	6637.64	2853.90	3473.98	309.76	21.14	1.149		55.27	259.24	1230.05	1921.74	0.230	0.312	0.208
12-58	幕 式 顶 板	10m³	3079.57	2398.95	577.85	102.77	17.77	0.790		20.48	443.03		109.06	0.050	0.120	0.060
12-59	叠 合 结 构 顶 板		185.92	121.50	51.86	12.56	0.90	0.540	0.99		21.41		19.83	0.010	0.010	0.010
12-60	薄 壳 板	100m²	11080.76	5759.10	4883.18	438.48	42.66	1.961		64.05	358.15	1897.44	2550.44	0.083	0.448	0.299

(7) 其 他

工作内容：模板制作、清理、场内运输、安装、刷隔离剂、模板维护、拆除、集中堆放、场外运输。

编号	项 目		单位	预 算 基 价				人 工	材 料				机 械		
				总 价	人工费	材料费	机械费	综合工	零星材料费	钢模板周转费	胶合板模板周转费	木模板周转费	木工圆锯机D500	载货汽车6t	汽车式起重机8t
				元	元	元	元	工日	元	元	元	元	台班	台班	台班
								135.00					26.53	461.82	767.15
12-61	楼 梯	直 形		**16286.04**	10396.35	5643.10	246.59	77.01	119.57	487.59	2628.04	2407.90	0.050	0.252	0.168
12-62		弧 形		**17711.41**	11423.70	6040.86	246.85	84.62	122.60	519.51	2990.85	2407.90	0.060	0.252	0.168
12-63		螺 旋 形	100m²	**18904.29**	12162.15	6495.29	246.85	90.09	121.60	534.36	2960.54	2878.79	0.060	0.252	0.168
12-64	悬 挑 板	直 形		**9918.34**	4298.40	5481.74	138.20	31.84	97.19	2015.62	1834.08	1534.85	0.083	0.140	0.093
12-65		圆 弧 形		**10346.65**	4716.90	5483.25	146.50	34.94	98.70	2015.62	1834.08	1534.85	0.083	0.148	0.099

工作内容： 模板制作、清理、场内运输、安装、刷隔离剂、模板维护、拆除、集中堆放、场外运输。

编号	项目	单位	预算基价				人工	材料				机械		
			总价	人工费	材料费	机械费	综合工	铁钉	零星材料费	钢模板周转费	木模板周转费	木工圆锯机 D500	载货汽车 6t	汽车式起重机 8t
			元	元	元	元	工日	kg	元	元	元	台班	台班	台班
							135.00	6.68				26.53	461.82	767.15
12-66	出入口阶梯	10m²	**663.44**	507.60	148.30	7.54	3.76	1.730	5.87		130.87	0.110	0.010	
12-67	临空墙式楼梯		**1859.84**	1449.90	376.74	33.20	10.74	2.350	14.74	25.07	321.23	0.440	0.030	0.010

383

工作内容： 模板制作、清理、场内运输、安装、刷隔离剂、模板维护、拆除、集中堆放、场外运输。

编号	项目	单位	预算基价				人工	
			总价	人工费	材料费	机械费	综合工	铁件
			元	元	元	元	工日	kg
							135.00	9.49
12-68	栏板	100m²	6556.00	3904.20	2488.30	163.50	28.92	
12-69	门框		8529.01	3850.20	4569.32	109.49	28.52	
12-70	暖气、电缆沟		9982.48	2579.85	7282.68	119.95	19.11	
12-71	挑檐、天沟		8820.21	5144.85	3540.05	135.31	38.11	
12-72	小型池槽		12334.15	4919.40	7294.80	119.95	36.44	
12-73	扶手压顶		5971.96	3951.45	1935.60	84.91	29.27	
12-74	零星构件		8706.36	4475.25	4087.47	143.64	33.15	7.970
12-75	台阶		8401.68	2435.40	5774.53	191.75	18.04	
12-76	坡道	10m³	798.93	580.50	195.45	22.98	4.30	
12-77	框架现浇节点		6015.74	2266.65	3682.26	66.83	16.79	
12-78	装饰线条增加费 三道以内或展开宽度100mm以内	100m	1085.25	237.60	837.89	9.76	1.76	
12-79	三道以外或展开宽度100mm以外		1383.49	400.95	967.90	14.64	2.97	
12-80	对拉螺栓堵眼增加费	100m²	543.50	513.00	30.50		3.80	

384

材						料				机	械	
膨 胀 剂 UEA	水 泥	砂 子	水	镀锌钢丝 D0.7	镀锌钢丝 D4	零星材料费	钢模板 周 转 费	胶合板模板周转费	木模板 周 转 费	木工圆锯机 D500	载货汽车 6t	汽车式起重机 8t
kg	kg	t	m³	kg	kg	元	元	元	元	台班	台班	台班
2.60	0.39	87.03	7.62	7.42	7.08					26.53	461.82	767.15
						355.09	90.65	1528.40	514.16	0.156	0.164	0.109
						60.69	558.60	1526.86	2423.17	0.055	0.111	0.074
				25.225		857.76	373.99	2015.19	3848.57	0.009	0.123	0.082
						253.08	785.24	1526.86	974.87	0.588	0.123	0.082
				25.225		869.88	373.99	2015.19	3848.57	0.009	0.123	0.082
						25.66		563.45	1346.49	0.009	0.087	0.058
						61.80		1526.86	2423.17	0.902	0.123	0.082
						67.91		2247.49	3459.13	0.184	0.192	0.128
						13.03			182.42	0.170	0.040	
					81.18	351.31			2756.20	0.430	0.120	
						21.96	172.55	335.39	307.99	0.368		
						23.83	172.55	402.44	369.08	0.552		
3.536	35.02	0.086	0.022									

（8）铝合金模板

工作内容： 模板制作、清理、场内运输、安装、刷隔离剂、模板维护、拆除、集中堆放、场外运输。

编号	项目	单位	预算基价 总价	人工费	材料费	机械费	人工 综合工	材料 铝模板	钢背楞 60×40×2.5	斜支撑杆件 D48×3.5	立支撑杆件 D48×3.5	对拉螺栓	零星卡具	销钉销片	拉片	脱模剂	零星材料费	机械 载货汽车6t
			元	元	元	元	工日	kg	kg	套	套	kg	kg	套	kg	kg	元	台班
							135.00	33.62	6.15	155.75	129.79	6.05	7.57	2.16	6.79	5.26		461.82
12-81	矩形柱	100m²	4829.19	3096.90	1506.00	226.29	22.94	28.987	6.824	0.408		19.304	7.344	80.400		9.576	29.53	0.490
12-82	异型柱		5860.34	3955.50	1678.55	226.29	29.30	32.757	7.712	0.423		22.713	7.712	84.422		10.055	32.91	0.490
12-83	矩形梁		4328.76	2643.30	1519.20	166.26	19.58	29.111	1.418		0.969		0.918	80.520	21.318	9.618	29.79	0.360
12-84	异型梁		5119.88	3248.10	1687.05	184.73	24.06	32.890	1.601		1.013		1.037	84.546	24.084	10.055	33.08	0.400
12-85	直形墙		4415.47	2600.10	1589.08	226.29	19.26	28.987	6.824	0.449			8.976	80.400	26.436	9.576	31.16	0.490
12-86	板		3682.20	2276.10	1253.70	152.40	16.86	27.071			0.857			74.400		8.946	24.58	0.330
12-87	整体楼梯	10m²	1873.82	1165.05	648.73	60.04	8.63	9.391	34.215	0.238				26.141		3.104	12.72	0.130

(9)原墙、拱加固

工作内容：模板制作、清理、场内运输、安装、刷隔离剂、模板维护、拆除、集中堆放、场外运输。

编号	项目		单位	预算基价				人工	材料				机械		
				总价	人工费	材料费	机械费	综合工	铁钉	零星材料费	钢模板周转费	木模板周转费	载货汽车6t	汽车式起重机8t	木工圆锯机D500
				元	元	元	元	工日	kg	元	元	元	台班	台班	台班
								135.00	6.68				461.82	767.15	26.53
12-88	原墙加固（加固厚度 cm）	15 以内	10m³	**4817.23**	3360.15	1264.72	192.36	24.89	0.45	43.66	1144.68	73.37	0.20	0.13	0.01
12-89		15 以外		**2850.43**	1985.85	747.52	117.06	14.71	0.26	25.77	676.39	43.62	0.12	0.08	0.01

工作内容：模板制作、清理、场内运输、安装、刷隔离剂、模板维护、拆除、集中堆放、场外运输。

编号	项 目		单位	预 算 基 价				人工	材		料		机		械
				总 价	人工费	材料费	机械费	综合工	铁 钉	零 星 材料费	钢模板 周转费	木模板 周转费	载货 汽车 6t	汽车式 起重机 8t	木 工 圆锯机 D500
				元	元	元	元	工日	kg	元	元	元	台班	台班	台班
								135.00	6.68				461.82	767.15	26.53
12-90	原 拱 加 固 （加固厚度 cm）	15 以内	10m³	7909.92	5845.50	1873.40	191.02	43.30	10.23	74.82	193.51	1536.73	0.26	0.07	0.65
12-91		15 以外		4609.93	3407.40	1092.49	110.04	25.24	5.97	43.55	112.80	896.26	0.15	0.04	0.38

（10）防密门（封堵门）门框模板工程增加

工作内容： 1.模板制作、安装、拆除、运输。2.门框铁件场内运输、就位、安装、校正、浇筑看护、刷防锈漆。

编号	项目			单位	预算基价				人工	材料			机械		
					总价	人工费	材料费	机械费	综合工	铁钉	零星材料费	木模板周转费	载货汽车4t	汽车式起重机8t	木工圆锯机D500
					元	元	元	元	工日	kg	元	元	台班	台班	台班
									135.00	6.68			417.41	767.15	26.53
12-92	增加防密门门框模板	抗力0.3MPa以内	门洞宽度（cm以内）	樘											
			70		693.91	513.00	168.00	12.91	3.80	0.16	22.18	144.75	0.01	0.01	0.04
12-93			90		763.72	550.80	187.90	25.02	4.08	0.21	8.04	178.46	0.02	0.02	0.05
12-94			110		913.46	680.40	207.78	25.28	5.04	0.24	7.89	198.29	0.02	0.02	0.06
12-95			130		973.69	711.45	236.69	25.55	5.27	0.28	8.77	226.05	0.02	0.02	0.07
12-96			150		1006.17	727.65	252.71	25.81	5.39	0.30	8.80	241.91	0.02	0.02	0.08
12-97			200		1248.90	901.80	309.18	37.92	6.68	0.37	11.26	295.45	0.03	0.03	0.09
12-98			250		1360.61	958.50	363.65	38.46	7.10	0.44	11.72	348.99	0.03	0.03	0.11
12-99			300		1728.83	1220.40	457.07	51.36	9.04	0.58	13.00	440.20	0.04	0.04	0.15
12-100			340		2021.89	1432.35	525.80	63.74	10.61	0.66	13.77	507.62	0.05	0.05	0.17
12-101			400		2050.77	1445.85	541.18	63.74	10.71	0.68	15.14	521.50	0.05	0.05	0.17
12-102			450		2165.53	1501.20	600.06	64.27	11.12	0.75	16.05	579.00	0.05	0.05	0.19
12-103			500		2390.78	1686.15	628.25	76.38	12.49	0.79	16.21	606.76	0.06	0.06	0.20
12-104			600		2517.37	1741.50	698.96	76.91	12.90	0.86	17.06	676.16	0.06	0.06	0.22

工作内容：1.模板制作、安装、拆除、运输。2.门框铁件场内运输、就位、安装、校正、浇筑看护、刷防锈漆。

编号	项		目		单位	预 算 基 价				人工	材		料	机		械
						总 价	人工费	材料费	机械费	综合工	铁 钉	零 星 材料费	木模板 周转费	载 货 汽 车 4t	汽车式 起重机 8t	木 工 圆锯机 D500
						元	元	元	元	工日	kg	元	元	台班	台班	台班
										135.00	6.68			417.41	767.15	26.53
12-105				70		834.99	630.45	178.73	25.81	4.67	0.26	8.45	168.54	0.02	0.02	0.08
12-106				90		997.27	741.15	229.78	26.34	5.49	0.32	9.52	218.12	0.02	0.02	0.10
12-107				110		1102.69	805.95	270.13	26.61	5.97	0.36	9.96	257.77	0.02	0.02	0.11
12-108	增加防密门 门框模板	抗 力 0.3MPa 以 外	门洞宽度 （cm以内）	130	樘	1276.34	926.10	311.25	38.99	6.86	0.43	10.95	297.43	0.03	0.03	0.13
12-109				150		1434.04	1044.90	349.89	39.25	7.74	0.50	11.44	335.11	0.03	0.03	0.14
12-110				250		2503.53	1809.00	640.10	54.43	13.40	0.83	17.88	616.68	0.06	0.03	0.24
12-111				300		3221.50	2365.20	794.78	61.52	17.52	1.16	19.66	767.37	0.07	0.03	0.35
12-112				340		3493.08	2465.10	957.58	70.40	18.26	1.22	21.44	927.99	0.09	0.03	0.37

工作内容：1.模板制作、安装、拆除、运输。2.门框铁件场内运输、就位、安装、校正、浇筑看护、刷防锈漆。

编号	项 目		单位	预 算 基 价				人 工	材 料			机 械		
				总 价	人工费	材料费	机械费	综合工	铁 钉	零 星材料费	木模板周转费	载货汽车4t	汽车式起重机8t	木 工圆锯机D500
				元	元	元	元	工日	kg	元	元	台班	台班	台班
								135.00	6.68			417.41	767.15	26.53
12-113		300		794.59	549.45	180.82	64.32	4.07	0.23	2.80	176.48	0.04	0.06	0.06
12-114		350		919.68	643.95	207.24	68.49	4.77	0.26	3.25	202.25	0.05	0.06	0.06
12-115	增加出入口封堵框模板	门洞宽度（cm）400		932.68	650.70	213.49	68.49	4.82	0.27	3.49	208.20	0.05	0.06	0.06
12-116		450		987.83	675.00	236.40	76.43	5.00	0.30	2.40	232.00	0.05	0.07	0.07
12-117		500	樘	1085.85	758.70	246.55	80.60	5.62	0.32	2.50	241.91	0.06	0.07	0.07
12-118		600		1139.74	784.35	274.79	80.60	5.81	0.34	2.85	269.67	0.06	0.07	0.07
12-119		300		883.40	610.20	200.95	72.25	4.52	0.26	0.92	198.29	0.04	0.07	0.07
12-120	增加连通口封堵板门框模板	门洞宽度（cm）400		1037.05	723.60	237.02	76.43	5.36	0.31	0.97	233.98	0.05	0.07	0.07
12-121		500		1209.26	843.75	276.97	88.54	6.25	0.36	0.93	273.64	0.06	0.08	0.08
12-122		600		1266.23	870.75	306.94	88.54	6.45	0.39	0.95	303.38	0.06	0.08	0.08

工作内容: 1.模板制作、安装、拆除、运输。 2.门框铁件场内运输、就位、安装、校正、浇筑看护、刷防锈漆。

编号	项 目			单位	预 算 基 价				人 工	材 料			机 械		
					总价	人工费	材料费	机械费	综合工	铁钉	零星材料费	木模板周转费	载货汽车 4t	汽车式起重机 8t	木工圆锯机 D500
					元	元	元	元	工日	kg	元	元	台班	台班	台班
									135.00	6.68			417.41	767.15	26.53
12-123	增加风口封堵板门框模板	门洞宽度（cm以内）	70	樘	**211.23**	153.90	45.22	12.11	1.14	0.05	1.27	43.62	0.01	0.01	0.01
12-124			90		**232.41**	164.70	55.33	12.38	1.22	0.06	1.39	53.54	0.01	0.01	0.02
12-125			110		**277.56**	203.85	61.33	12.38	1.51	0.07	1.37	59.49	0.01	0.01	0.02
12-126			130		**306.89**	213.30	69.37	24.22	1.58	0.08	1.42	67.42	0.02	0.02	0.02
12-127			150		**318.31**	218.70	75.39	24.22	1.62	0.09	1.42	73.37	0.02	0.02	0.02
12-128			200		**397.98**	270.00	91.65	36.33	2.00	0.11	1.69	89.23	0.03	0.03	0.03
12-129			250		**431.60**	287.55	107.72	36.33	2.13	0.13	1.76	105.09	0.03	0.03	0.03
12-130			300		**538.33**	365.85	135.88	36.60	2.71	0.17	1.89	132.85	0.03	0.03	0.04

（11）后 浇 带

工作内容： 模板制作、清理、场内运输、安装、刷隔离剂、模板维护、拆除、集中堆放、场外运输。

编号	项目	单位	预 算 基 价				人工	材			料				机		械
			总价	人工费	材料费	机械费	综合工	铁钉	铁件	镀锌钢丝D4	零星材料费	钢模板周转费	胶合板模板周转费	木模板周转费	木工圆锯机D500	载货汽车6t	汽车式起重机8t
			元	元	元	元	工日	kg	kg	kg	元	元	元	元	台班	台班	台班
							135.00	6.68	9.49	7.08					26.53	461.82	767.15
12-131	满 堂 基 础		6289.34	2641.95	3533.04	114.35	19.57	1.980	80.246	22.54	47.49	2245.77		305.44	0.018	0.117	0.078
12-132	墙	100m²	7143.81	2119.50	4777.12	247.19	15.70	4.215	7.010		42.00	363.10	1897.44	2379.90	0.009	0.254	0.169
12-133	梁		9018.54	3181.95	5412.24	424.35	23.57	2.277			47.49	1026.38	1897.44	2425.72	0.037	0.435	0.290
12-134	板		8982.71	3237.30	5402.52	342.89	23.98	1.609			45.77	857.39	1897.44	2591.17	0.037	0.345	0.238

393

（12）逆作现浇混凝土模板措施费

工作内容： 1.基面修整,材料拌和、铺设、找平、夯实、压光。 2.灰土拌制、换填、分层夯实,柱帽土模开挖成型,运砌砖模、找平或压光,弃土运出50m。

编号	项	目	单位	预 算 基 价				人 工	材	料		机 械	
				总 价	人工费	材料费	机械费	综合工	页岩标砖 240×115×53	零 星 材料费	白灰膏	电 动 夯实机 20～62N·m	灰 浆 搅拌机 200L
				元	元	元	元	工日	千块	元	m³	台班	台班
								135.00	513.60			27.11	208.76
12-135	逆作工程 平板土模	2:8 灰 土 面 层 （厚5cm）	100m²	1458.95	683.10	767.17	8.68	5.06		767.17	(1.167)	0.32	
12-136		碎石灌浆加浆找平		2538.44	959.85	1486.76	91.83	7.11		1486.76		0.23	0.41
12-137		水 泥 砂 浆 面 层 （厚3cm）		1967.05	872.10	983.68	111.27	6.46		983.68		0.10	0.52
12-138		2:8 灰 土 换 填		3624.49	2079.00	1533.56	11.93	15.40		1533.56	(2.333)	0.44	
12-139	逆作工程 柱帽土模	开挖成型	直 接 成 型	10m³	1503.90	1503.90			11.14				
12-140			水泥砂浆面层		2011.45	1745.55	242.94	22.96	12.93		242.94			0.11
12-141			$\frac{1}{4}$ 砖面层		3112.69	2227.50	864.31	20.88	16.50	1.29	201.77			0.10

注：1.平板土模开挖成型执行12-135子目,灰土费用不扣,隔离材料也不增加。
　　2.柱帽土模按灰土换填后开挖成型,直接在原土中开挖成型时,基价不做调整。

工作内容：墙、梁土槽开挖成型、修整，调运砂浆、运砌砖模、抹面。

编号	项	目		单位	预　算　基　价				人工	材　料		机械
					总　价	人工费	材料费	机械费	综合工	页岩标砖 240×115×53	零星材料费	灰浆搅拌机 200L
					元	元	元	元	工日	千块	元	台班
									135.00	513.60		208.76
12-142	逆作工程墙、梁槽砖(土)模	外墙 ($\frac{1}{2}$砖模)	70	10m	1871.08	1015.20	828.74	27.14	7.52	1.23	197.01	0.13
12-143			每增减10		254.59	130.95	119.46	4.18	0.97	0.18	27.01	0.02
12-144		内墙、梁 ($\frac{1}{2}$砖模)	槽深 (cm)	70	1478.80	845.10	614.91	18.79	6.26	0.91	147.53	0.09
12-145			每增减10		196.14	108.00	86.05	2.09	0.80	0.13	19.28	0.01
12-146		土模成型	70		277.81	264.60	13.21		1.96		13.21	
12-147			每增减10		35.45	33.75	1.70		0.25		1.70	

工作内容：1.土模修整,调运砂浆、运砌砖模、抹面,钢筋加工、插筋挂网,混凝土搅拌、运输、喷射。2.木模制作,模板安装、刷隔离剂,模板拆除、堆放、场

编号	项		目	单位	预　算　基　价				人工	页岩标砖 240×115×53	螺纹钢 D20以外
					总　价	人工费	材料费	机械费	综合工		
					元	元	元	元	工日	千块	t
									135.00	513.60	3725.86
12-148	逆作工程围护墙外模		土　外　模	10m²	67.50	67.50			0.50		
12-149		砖外模	$\frac{1}{2}$ 砖		884.21	427.95	443.73	12.53	3.17	0.680	
12-150			1 砖		1473.81	623.70	827.15	22.96	4.62	1.286	
12-151		锚网喷护壁	插　筋 (D=22、L=2m)	100根	3897.90	1603.80	2287.68	6.42	11.88		0.614
12-152			挂网 D6 (网距200mm×200mm)	10m²	197.71	90.45	106.95	0.31	0.67		
12-153			喷射混凝土 厚 50cm		340.18	76.95	207.62	55.61	0.57		
12-154	逆 作 工 程 墙 体 支 模			100m²	6282.60	4510.35	1543.69	228.56	33.41		
12-155	逆 作 工 程 内 接 柱 支 模				7796.94	5579.55	1965.31	252.08	41.33		

注：设计插筋长度、规格及挂网网距与子目用量不同时,钢筋用量应予调整;当插筋长度小于1.5m时,人工工日乘以系数0.70。设计喷射混凝土厚度与子目不同时,基价可

内外运输、回库维修。

料					机								械
钢筋 D10以内	铁钉	零星材料费	钢模板周转费	木模板周转费	灰浆搅拌机 200L	钢筋切断机 D40	混凝土搅拌机 400L	混凝土喷射机 5m³/h	内燃空气压缩机 12m³	载货汽车 6t	汽车式起重机 8t	木工圆锯机 D500	综合机械
t	kg	元	元	元	台班	台班	台班	台班	台班	台班	台班	台班	元
3970.73	6.68				208.76	42.81	248.56	405.21	557.89	461.82	767.15	26.53	
		94.48			0.06								
		166.66			0.11								
						0.15							
0.026		3.71											0.31
		207.62					0.03	0.05	0.05				
	0.55	56.26	1394.53	89.23						0.24	0.15	0.10	
	1.53	53.56	1469.26	432.27						0.26	0.17	0.06	

按厚度比例调整。

2.预制混凝土模板措施费
(1)桩

工作内容： 1.模板制作、清理、场内运输、安装、刷隔离剂、模板维护、拆除、集中堆放、场外运输。2.混凝土搅拌、场内运输、浇捣、养护。3.成品堆放。

编号	项 目	单位	预 算 基 价				人 工	材			料
			总 价	人工费	材料费	机械费	综合工	混凝土地模	铁 件	铁 钉	电焊条
			元	元	元	元	工日	m²	kg	kg	kg
							135.00	260.09	9.49	6.68	7.59
12-156	方 桩	10m³	**4655.70**	2187.00	2114.35	354.35	16.20	0.61	141.00	6.21	5.03
12-157	桩 尖		**8662.04**	4720.95	3727.88	213.21	34.97		157.00	6.08	5.60

续前

编号	项 目	单位	材			料	机				械
			零星材料费	制作损耗费	钢模板周转费	木模板周转费	载货汽车 6t	汽车式起重机 8t	木工圆锯机 D500	木工压刨床 单面600	电焊机（综合）
			元	元	元	元	台班	台班	台班	台班	台班
							461.82	767.15	26.53	32.70	89.46
12-156	方 桩	10m³	86.80	4.65	327.52	118.97	0.311	0.202	0.02	0.02	0.61
12-157	桩 尖		44.33	8.65		2101.85	0.253		0.60	0.60	0.68

(2)柱

工作内容: 1.模板制作、清理、场内运输、安装、刷隔离剂、模板维护、拆除、集中堆放、场外运输。 2.混凝土搅拌、场内运输、浇捣、养护。 3.成品堆放。

编号	项目		单位	预算基价				人工	材料				料
				总价	人工费	材料费	机械费	综合工	混凝土地模	铁件	砖地模	砖胎模	铁钉
				元	元	元	元	工日	m²	kg	m²	m²	kg
								135.00	260.09	9.49	96.02	118.40	6.68
12-158	矩形柱	每一构件体积 2m³ 以内	10m³	14937.34	3419.55	11298.09	219.70	25.33		178.00	82.88		30.00
12-159		每一构件体积 2m³ 以外		8909.58	2092.50	6639.26	177.82	15.50		318.00	30.63		11.09
12-160	工 字 柱			14938.72	3240.00	11532.56	166.16	24.00		209.00		66.26	41.06
12-161	双 肢 柱			9145.08	2204.55	6786.24	154.29	16.33	0.10	212.00	34.49		41.30
12-162	空 格 柱			9712.53	2092.50	7465.55	154.48	15.50		215.00	41.71		32.98

399

编号	项 目		单位	材				料		机			械	
				电焊条	镀锌钢丝 D4	零 星 材料费	制 作 损耗费	钢模板 周转费	木模板 周转费	载货汽车 6t	汽车式 起重机 8t	木 工 圆锯机 D500	木 工 压刨床 单面600	电焊机 （综合）
				kg	kg	元	元	元	元	台班	台班	台班	台班	台班
				7.59	7.08					461.82	767.15	26.53	32.70	89.46
12-158	矩 形 柱	每一构件体积 2m³ 以内	10m³	6.34	57.58	106.82	29.82	362.19	495.72	0.14	0.11	0.03	0.03	0.77
12-159		每一构件体积 2m³ 以外		11.33	21.28	39.53	17.78	133.84	178.46	0.05	0.04	0.01	0.01	1.38
12-160	工 字 柱			7.45	31.64	89.48	29.82	216.85	812.98	0.08	0.06	0.03	0.03	0.91
12-161	双 肢 柱			7.56	15.84	38.22	18.25	181.25	753.49	0.06	0.05	0.10	0.10	0.92
12-162	空 格 柱			7.66	44.67	47.38	19.39	163.87	594.86	0.07	0.05	0.01	0.01	0.93

(3) 梁

工作内容： 1.模板制作、清理、场内运输、安装、刷隔离剂、模板维护、拆除、集中堆放、场外运输。2.混凝土搅拌、场内运输、浇捣、养护。3.成品堆放。

编号	项 目	单位	预 算 基 价				人 工	材			料
			总 价	人工费	材料费	机械费	综合工	混凝土地 模	铁 件	铁 钉	电焊条
			元	元	元	元	工日	m²	kg	kg	kg
							135.00	260.09	9.49	6.68	7.59
12-163	矩 形 梁	10m³	9517.89	4780.35	4416.34	321.20	35.41		62.00	42.15	2.21
12-164	异 型 梁 (L形、T形、工字形、十字形)		8648.64	2501.55	5959.00	188.09	18.53		56.00	94.94	2.00
12-165	过 梁		5868.20	3665.25	2083.35	119.60	27.15	2.38		10.68	

401

编号	项　　目	单位	材			料		机			械	
			镀锌钢丝 D4	零 星 材料费	制 作 损耗费	钢模板 周转费	木模板 周转费	载货汽车 6t	汽车式 起重机 8t	木 工 圆锯机 D500	木 工 压刨床 单面600	电焊机 （综合）
			kg	元	元	元	元	台班	台班	台班	台班	台班
			7.08					461.82	767.15	26.53	32.70	89.46
12-163	矩　形　梁		42.90	148.82	19.00	539.81	2518.26	0.27	0.21	0.19	0.19	0.27
12-164	异　型　梁 （L形、T形、工字形、十字形）	10m³		41.67	17.26		4719.25	0.33		0.24	0.24	0.24
12-165	过　　　梁			112.24	11.71		1269.04	0.25		0.07	0.07	

（4）板

工作内容：1.模板制作、清理、场内运输、安装、刷隔离剂、模板维护、拆除、集中堆放、场外运输。 2.混凝土搅拌、场内运输、浇捣、养护。 3.成品堆放。

编号	项目	单位	预算基价				人工	材料				机械	
			总价	人工费	材料费	机械费	综合工	混凝土地模	零星材料费	制作损耗费	木模板周转费	木工圆锯机 D500	木工压刨床 单面600
			元	元	元	元	工日	m²	元	元	元	台班	台班
							135.00	260.09				26.53	32.70
12-166	平板	10m³	**1960.23**	1061.10	897.35	1.78	7.86	1.62	115.17	3.91	356.92	0.03	0.03

(5) 其 他

工作内容: 1.模板制作、清理、场内运输、安装、刷隔离剂、模板维护、拆除、集中堆放、场外运输。2.混凝土搅拌、场内运输、浇捣、养护。3.成品堆放。

编号	项目	单位	预算基价				人工	材料							机械			
			总价	人工费	材料费	机械费	综合工	铁件	电焊条	铁钉	混凝土地模	零星材料费	制作损耗费	木模板周转费	载货汽车6t	木工圆锯机D500	木工压刨床单面600	电焊机(综合)
			元	元	元	元	工日	kg	kg	kg	m²	元	元	元	台班	台班	台班	台班
							135.00	9.49	7.59	6.68	260.09				461.82	26.53	32.70	89.46
12-167	地沟盖板		1667.84	926.10	615.27	126.47	6.86			1.81	1.06	62.41	3.33	261.74	0.27	0.03	0.03	
12-168	隔断板、栏板	10m³	4052.29	1382.40	2452.95	216.94	10.24	150.00	5.35	3.18	1.73	111.00	8.09	398.56	0.34	0.03	0.03	0.65
12-169	上人孔板		4819.26	2342.25	2340.47	136.54	17.35			75.35	1.78	75.68	9.62	1288.87	0.27	0.20	0.20	
12-170	镂空花格	10m²	1909.53	1661.85	212.98	34.70	12.31			1.66		17.64	3.81	180.44	0.07	0.04	0.04	
12-171	零星构件 有筋		7595.08	4105.35	3338.94	150.79	30.41	13.00	0.46	2.83	3.09	131.70	15.16	2242.64	0.27	0.35	0.35	0.06
12-172	零星构件 无筋	10m³	5300.06	2905.20	2292.31	102.55	21.52			2.02	2.20	93.87	10.58	1602.17	0.19	0.25	0.25	
12-173	池槽、井圈、梁垫		12883.11	5823.90	6829.48	229.73	43.14			182.54	1.31	119.92	25.71	5123.76	0.45	0.37	0.37	

3.构筑物混凝土模板措施费
(1)水　池

工作内容： 模板制作、清理、场内运输、安装、刷隔离剂、模板维护、拆除、集中堆放、场外运输。

编号	项　　目				单位	预　算　基　价				人 工	材 料
						总　价	人 工 费	材 料 费	机 械 费	综合工	铁 钉
						元	元	元	元	工日	kg
										135.00	6.68
12-174	混凝土贮水(油)池模板	平　池　底				1299.01	654.75	631.53	12.73	4.85	1.40
12-175	钢筋混凝土贮水(油)池模板					827.66	417.15	404.44	6.07	3.09	1.93
12-176	钢筋混凝土池壁模板	圆形池	壁　厚（cm以内）	15	10m³	15768.26	9656.55	5870.93	240.78	71.53	24.70
12-177				20		11132.77	7115.85	3856.90	160.02	52.71	16.10
12-178				30		8035.66	5158.35	2761.17	116.14	38.21	15.60
12-179		矩形池		15		13311.65	6767.55	6243.16	300.94	50.13	26.10
12-180				25		7689.15	3929.85	3589.38	169.92	29.11	17.70
12-181				40		5888.29	3014.55	2742.46	131.28	22.33	13.50
12-182	钢筋混凝土池盖模板	无　梁　盖				6973.27	3581.55	3270.22	121.50	26.53	7.40
12-183		肋　形　盖				6063.41	3646.35	2304.79	112.27	27.01	15.20
12-184	钢筋混凝土无梁盖柱模板					14327.72	7717.95	6409.03	200.74	57.17	16.90
12-185	钢筋混凝土沉淀池模板	水　　槽				25527.33	15190.20	9908.93	428.20	112.52	26.90
12-186		壁　基　梁				7369.24	3990.60	3278.50	100.14	29.56	84.00

405

编号	项		目		单位	材		料		机		械
						镀锌钢丝 D2.8	模板铁件	零星 材料费	木模板 周转费	载货汽车 6t	木 工 圆锯机 D500	木 工 压刨床 单面600
						kg	kg	元	元	台班	台班	台班
						6.91	9.49			461.82	26.53	32.70
12-174	混凝土贮水(油)池模板		平 池 底					17.40	604.78	0.02	0.07	0.05
12-175	钢筋混凝土贮水(油)池模板							8.85	382.70	0.01	0.03	0.02
12-176	钢筋混凝土池壁模板	圆形池	壁 厚 (cm以内)	15	10m³	6.70	8.90	265.03	5310.15	0.35	1.96	0.83
12-177				20		2.90	6.20	178.62	3491.85	0.22	1.45	0.61
12-178				30		3.60	4.70	144.57	2442.91	0.16	1.05	0.44
12-179		矩形池		15		7.20		286.55	5732.51	0.55	0.66	0.90
12-180				25		4.40		167.01	3273.73	0.31	0.38	0.51
12-181				40		3.20		129.76	2500.41	0.24	0.29	0.39
12-182	钢筋混凝土池盖模板	无 梁 盖						145.34	3075.45	0.19	0.73	0.44
12-183		肋 形 盖						127.17	2076.08	0.18	0.63	0.38
12-184	钢 筋 混 凝 土 无 梁 盖 柱 模 板							216.63	6079.51	0.34	0.81	0.68
12-185	钢 筋 混 凝 土 沉 淀 池 模 板	水 槽						360.13	9369.11	0.70	2.55	1.14
12-186		壁 基 梁						80.15	2637.23	0.15	0.88	0.23

(2)沉　井

工作内容： 模板制作、清理、场内运输、安装、刷隔离剂、模板维护、拆除、集中堆放、场外运输。

编号	项	目	单位	预 算 基 价				人工	材		料			机	械	
				总 价	人工费	材料费	机械费	综合工	带帽螺栓	镀锌钢丝 D4	铁钉	零星材料费	木模板周转费	载货汽车 6t	木工圆锯机 D500	木工压刨床单面600
				元	元	元	元	工日	kg	kg	kg	元	元	台班	台班	台班
								135.00	7.96	7.08	6.68			461.82	26.53	32.70
12-187	圆　形	50 以内	10m³	**5453.42**	3065.85	2316.32	71.25	22.71	2.00	2.10	9.50	25.04	2197.03	0.11	0.29	0.39
12-188		50 以外		**4169.00**	2407.05	1709.18	52.77	17.83	1.50	1.60	7.10	18.47	1620.01	0.07	0.29	0.39
12-189	矩　形	50 以内		**4456.28**	2497.50	1878.30	80.48	18.50	9.60	2.40	11.00	27.94	1683.47	0.13	0.29	0.39
12-190		50 以外		**2577.60**	1327.05	1197.78	52.77	9.83	31.60	1.20	5.50	14.66	886.35	0.07	0.29	0.39

壁厚（cm）

407

(3) 地　沟

工作内容：模板制作、清理、场内运输、安装、刷隔离剂、模板维护、拆除、集中堆放、场外运输。

编号	项　　目	单位	预　算　基　价				人 工	材　　料		机　　械		
			总　价	人工费	材料费	机械费	综合工	零星材料费	木模板周转费	载货汽车6t	木工圆锯机D500	木工压刨床单面600
			元	元	元	元	工日	元	元	台班	台班	台班
							135.00			461.82	26.53	32.70
12-191	底		860.12	573.75	278.46	7.91	4.25	42.50	235.96	0.01	0.05	0.06
12-192	壁	10m³	5984.95	2886.30	3028.26	70.39	21.38	230.42	2797.84	0.11	0.27	0.38
12-193	顶		3260.48	1760.40	1465.82	34.26	13.04	133.32	1332.50	0.05	0.15	0.22

408

（4）钢筋混凝土井（池）

工作内容：模板制作、清理、场内运输、安装、刷隔离剂、模板维护、拆除、集中堆放、场外运输。

编号	项　目	单位	预　算　基　价				人　工	材　料		机		械
			总　价	人工费	材料费	机械费	综合工	零星材料费	木模板周转费	载货汽车6t	木工圆锯机D500	木工压刨床单面600
			元	元	元	元	工日	元	元	台班	台班	台班
							135.00			461.82	26.53	32.70
12-194	底	10m³	1772.92	1074.60	682.63	15.69	7.96	67.94	614.69	0.02	0.12	0.10
12-195	壁		13760.61	8951.85	4639.43	169.33	66.31	370.29	4269.14	0.16	2.71	0.72
12-196	顶		3721.51	1925.10	1760.06	36.35	14.26	66.68	1693.38	0.06	0.19	0.11

（5）防爆波井池

工作内容： 模板制作、清理、场内运输、安装、刷隔离剂、模板维护、拆除、集中堆放、场外运输。

编号	项　　目	单位	预　算　基　价				人　工	材　料		机　械
			总　价	人工费	材料费	机械费	综合工	零星材料费	木模板周转费	木工圆锯机 D500
			元	元	元	元	工日	元	元	台班
							135.00			26.53
12-197	防爆波化粪池 （抗力MPa）	0.6	**1997.90**	1237.95	755.44	4.51	9.17	57.47	697.97	0.17
12-198		1.2	**1997.90**	1237.95	755.44	4.51	9.17	57.47	697.97	0.17
12-199	防　爆　波　井	座	**898.92**	626.40	267.74	4.78	4.64	29.79	237.95	0.18
12-200	水　　封　　井		**709.23**	513.00	192.78	3.45	3.80	20.27	172.51	0.13

410

4.层高超过3.6m模板增价

(1)胶合板模板

工作内容：支撑安装、拆除、整理堆放及场内外运输。

编号	项　　　　目		单位	预　算　基　价				人　工	材　料		机　械	
				总　价	人工费	材料费	机械费	综合工	钢模板周转费	木模板周转费	载货汽车6t	汽车式起重机8t
				元	元	元	元	工日	元	元	台班	台班
								135.00			461.82	767.15
12-201	层高超过 3.6m 模板增价（每超高 1m）	柱	100m²	120.84	81.00	16.48	23.36	0.60	5.42	11.06	0.024	0.016
12-202		梁		548.61	387.45	88.63	72.53	2.87	88.63		0.074	0.050
12-203		墙		103.19	81.00	3.44	18.75	0.60	3.00	0.44	0.019	0.013
12-204		板		539.69	395.55	76.99	67.15	2.93	76.99		0.069	0.046

（2）铝合金模板

工作内容： 支撑安装、拆除、整理堆放及场内外运输。

编号	项目	单位	预算基价				人工	材料							机械
			总价	人工费	材料费	机械费	综合工	钢背楞 60×40×2.5	斜支撑 杆件 D48×3.5	立支撑 杆件 D48×3.5	对拉 螺栓	零星 卡具	拉片	零星 材料费	载货 汽车 6t
			元	元	元	元	工日	kg	套	套	kg	kg	kg	元	台班
							135.00	6.15	155.75	129.79	6.05	7.57	6.79		461.82
12-205	柱	100m²	**171.27**	99.90	54.74	16.63	0.74		0.157		3.388	1.152		1.07	0.036
12-206	梁		**688.72**	556.20	103.89	28.63	4.12			0.319			8.903	2.04	0.062
12-207	层高超过3.6m模板增价 （每超高1m） 墙		**150.88**	83.70	50.09	17.09	0.62	0.620	0.133			1.094	2.400	0.98	0.037
12-208	板		**613.88**	548.10	38.53	27.25	4.06			0.291				0.76	0.059

412

第十三章　混凝土蒸汽养护费及泵送费

说　明

一、本章包括混凝土蒸汽养护费、混凝土泵送费2节,共5条基价子目。

二、混凝土蒸汽养护是指设计要求的蒸汽养护,未包括施工单位自行采取的蒸养工艺。

三、混凝土现场泵送费是指施工现场混凝土输送泵(车)就位、混凝土输送及泵管运输、加固、安拆、清洗、整理、堆放等所需的费用。

四、混凝土泵送费按不同泵送高度乘以下表系数分段计算。

混凝土泵送费系数表

泵　送　高　度（m）	30～50	50～70	70～100
系数	1.30	1.50	1.80

注：泵送高度超过100m时,泵送费另行计算。

工程量计算规则

一、混凝土蒸汽养护费根据蒸汽养护部位按设计图示尺寸以混凝土体积计算。

二、混凝土泵送费按各基价项目中规定的混凝土消耗量以体积计算。

1.混凝土蒸汽养护费

工作内容: 燃煤过筛、锅炉供汽、蒸汽养护。

编号	项 目	单位	预 算 基 价				人 工	材		料		机 械
			总 价	人工费	材料费	机械费	综合工	煤	水	电	零 星 材 料 费	设 备 摊 销 费
			元	元	元	元	工日	kg	m³	kW·h	元	元
							135.00	0.53	7.62	0.73		
13-1	加 工 厂 预 制 构 件	10m³	**3639.39**	1844.10	1305.81	489.48	13.66	2224.75	13.19	35.87		489.48
13-2	现 场 浇 制 或 预 制		**4543.58**	2663.55	1247.73	632.30	19.73	1942.00	25.89		21.19	632.30

416

2.混凝土泵送费

工作内容： 1.输送泵(车)就位、混凝土输送。2.泵管运输、加固、安拆、清洗、整理、堆放。

编号	项 目			单位	预 算 基 价				人 工	材			料	
					总 价	人工费	材料费	机械费	综合工	泵 管	卡 箍	密封圈	橡 胶压力管	水
					元	元	元	元	工日	m	个	个	m	m³
									135.00	60.57	76.15	4.33	90.86	7.62
13-3		象 泵			268.46	5.40	31.06	232.00	0.04		0.06	0.27	0.09	0.025
13-4	混凝土泵送费	固 定 泵	±0.00 以下	10m³	193.95	25.65	48.23	120.07	0.19	0.128	0.06	0.27	0.09	0.546
13-5			±0.00 以上		216.16	33.75	62.29	120.12	0.25	0.128	0.06	0.27	0.09	0.550

続前

编号	项 目			单位	材								料	机 械
					预拌混凝土 AC30	铁 件	方 木	钢丝绳 D7.5	热轧槽钢 20#	水 泥	砂 子	零星材料费	水泥砂浆 M10	综合机械
					m³	kg	m³	kg	kg	kg	t	元	m³	元
					472.89	9.49	3266.74	6.66	3.57	0.39	87.03			
13-3	混凝土泵送费	象 泵			0.015					12.12	0.059		(0.04)	232.00
13-4		固定泵	±0.00以下	10m³	0.015					12.12	0.059	5.45	(0.04)	120.07
13-5			±0.00以上		0.018	0.644	0.003	0.051	0.109	12.12	0.059	1.42	(0.04)	120.12

418

第十四章　垂直运输机械提升费

说　　明

一、本章包括自升式塔式起重机提升费、卷扬机提升费2节,共3条基价子目。

二、垂直运输机械提升费是指工程施工中经认定(批准)的施工组织设计规定必须使用垂直运输机械的提升费。

1.檐高3.6m以内的单层地上口部伪装(附属)建筑,不计算垂直运输机械费;檐高超过3.6m时,应计算卷扬机提升费。

2.地下人防工程不计算垂直运输机械费。如经认定(批准)的施工组织设计规定使用自升式塔式起重机施工,基价不做调整,但可以计算增加塔式起重机提升费;采用逆作法施工的工程(包括暗挖土方),可计算增加卷扬机提升费。塔式起重机进退场、组装拆卸及塔基费用,可按实际使用的数量计取。

3.附建式防空地下室人防工程如地上、地下共用塔式起重机,只计算增加塔式起重机提升费,不得计取塔式起重机进退场、组装拆卸及塔基费用。

工程量计算规则

一、垂直运输机械提升费按人防工程建筑面积综合计算。

二、经认可(批准)的施工组织设计规定使用塔式起重机以座计算。

1.自升式塔式起重机提升费

工作内容： 各种材料的垂直运输。

编号	项目	单位	预 算 基 价		机 械
			总 价	机 械 费	综 合 机 械
			元	元	元
14-1	塔 式 起 重 机 提 升 费	100m²	**2232.52**	2232.52	2232.52

2.卷扬机提升费

工作内容：各种材料的垂直运输。

编号	项	目	单位	预　算　基　价		机　械
				总　　价	机　械　费	综　合　机　械
				元	元	元
14-2	卷 扬 机 提 升 费	口 部 伪 装（附属） 建 筑 檐 高 超 过 3.6m	100m²	**1214.60**	1214.60	1214.60
14-3	卷 扬 机 带 塔 提 升 费	逆 作 法		**1943.36**	1943.36	1943.36

第十五章　大型机械进出场费及安拆费

说　　明

一、本章包括塔式起重机及施工电梯基础、大型机械安拆费、大型机械进出场费3节,共45条基价子目。

二、安拆费指施工机械在现场进行安装与拆卸所需的人工、材料、机械和试运转费用以及机械辅助设施的折旧、搭设、拆除等费用,场外运费指施工机械整体或分体自停放地点运至施工现场或由一施工地点运至另一施工地点的运输、装卸、辅助材料等费用。

1.塔式起重机及施工电梯基础:

(1)塔式起重机轨道铺拆以直线形为准,如铺设弧线形时,基价项目乘以系数1.15。

(2)固定式基础适用于混凝土体积在10m³以内的塔式起重机或施工电梯基础,如超出者按实际混凝土体积、模板工程、钢筋工程分别计算工程量,执行第四章和第十三章中相应基价项目。

(3)固定式基础如需打桩时,打桩费用另行计算。

2.大型机械安拆费:

(1)机械安拆费是安装、拆卸的一次性费用。

(2)机械安拆费中包括机械安装完毕后的试运转费用。

(3)轨道式打桩机的安拆费中,已包括轨道的安拆费用。

(4)自升式塔式起重机安拆费是以塔高45m确定的,如塔高超过45m且檐高在200m以内,塔高每增高10m,费用增加10%,尾数不足10m按10m计算。

3.大型机械进出场费:

(1)进出场费中已包括往返一次的费用。

(2)进出场费适用于外环线以内的工程。

(3)进出场费中已包括了臂杆、铲斗及附件、道木、道轨的运费。

(4)10t以内汽车式起重机,不计取场外开行费。10t以外汽车式起重机,每进出场一次的场外开行费按其台班单价的25%计算。

(5)机械运输路途中的台班费,不另计取。

4.大型机械现场的行驶路线需修整铺垫时,其人工修整可另行计算。同一施工现场各建筑物之间的运输,基价按100m以内综合考虑,如转移距离超过100m,在300m以内的,按相应项目乘以系数0.30;在500m以内的,按相应项目乘以系数0.60。使用道木铺垫按15次摊销,使用碎石零星铺垫按一次摊销。

工程量计算规则

一、塔式起重机及施工电梯基础:

1.塔式起重机轨道式基础的碾压、铺垫、轨道安拆费按轨道长度计算。

2.塔式起重机及施工电梯基础以座数计算。

二、大型机械进出场及安拆措施费按施工方案规定的大型机械进出场次数及安装拆卸台次计算。

三、大型机械安拆费：

1.机械安拆费按施工方案规定的次数计算。

2.塔式起重机分两次安装的,按相应项目的安拆费乘以系数1.20。

四、大型机械进出场费：

1.进出场费按施工方案的规定以台次计算。

2.自行式机械的场外运费按场外开行台班数计算。

3.外环线以外的工程或由专业运输单位承运的,场外运费另行计算。

1.塔式起重机及施工电梯基础

工作内容： 1.组合钢模板安装、清理、刷润滑剂、拆除、集装箱装运,木模板制作、安装、拆除。2.钢筋绑扎、制作、安装。3.混凝土搅拌、浇捣、养护等全部操作过程。4.路基碾压、铺碴石。5.枕木、道轨的铺拆。

编号	项 目	单位	预 算 基 价				人 工
			总 价	人 工 费	材 料 费	机 械 费	综 合 工
			元	元	元	元	工日
							135.00
15-1	塔 式 起 重 机 固 定 式 基 础 (带配重)	座	**7995.05**	2095.20	5820.66	79.19	15.52
15-2	塔 式 起 重 机 轨 道 式 基 础	m	**473.53**	202.50	265.75	5.28	1.50
15-3	施 工 电 梯 固 定 式 基 础	座	**7783.99**	1921.05	5772.64	90.30	14.23

2.大型机械安拆费

工作内容： 机械运至现场后的安装、试运转、竣工后的拆除。

编号	项 目		单位	预 算 基 价				人 工
				总 价	人 工 费	材 料 费	机 械 费	综 合 工
				元	元	元	元	工日
								135.00
15-4	自升式塔式起重机安拆费		台次	30031.48	16200.00	370.64	13460.84	120.00
15-5	柴油打桩机安拆费			10398.45	5400.00	48.40	4950.05	40.00
15-6	静力压桩机安拆费（kN以内）	900		6721.15	3240.00	22.42	3458.73	24.00
15-7		1200		9523.69	4860.00	29.94	4633.75	36.00
15-8		1600		12407.23	6480.00	37.58	5889.65	48.00
15-9		4000		14299.10	6750.00	41.08	7508.02	50.00
15-10		5000		14331.09	6750.00	41.23	7539.86	50.00
15-11		6000		14378.78	6750.00	41.38	7587.40	50.00

工作内容：机械运至现场后的安装、试运转、竣工后的拆除。

编号	项 目		单位	预 算 基 价				人 工
				总 价	人 工 费	材 料 费	机 械 费	综 合 工
				元	元	元	元	工 日
								135.00
15-12		75		11878.30	7290.00	62.88	4525.42	54.00
15-13	施 工 电 梯 安 拆 费	100		14907.62	9720.00	62.88	5124.74	72.00
15-14	（m以内）	200		18363.73	12150.00	78.08	6135.65	90.00
15-15		300	台次	19438.02	12150.00	93.28	7194.74	90.00
15-16	潜 水 钻 孔 机 安 拆 费			5929.19	4050.00	5.20	1873.99	30.00
15-17	混 凝 土 搅 拌 站 安 拆 费			17515.17	12150.00		5365.17	90.00
15-18	三 轴 搅 拌 桩 机 安 拆 费			11634.02	5400.00	358.10	5875.92	40.00

3.大型机械进出场费

工作内容：机械整体或分体自停放地点运至施工现场(或由一工地运至另一工地)的运输、装卸及辅助材料的费用。

编号	项 目		单位	预 算 基 价				人 工
				总 价	人 工 费	材 料 费	机 械 费	综 合 工
				元	元	元	元	工日
								135.00
15-19	履带式挖掘机场外包干运费	1m³ 以 内	台次	5003.86	1620.00	333.31	3050.55	12.00
15-20		1m³ 以 外		5475.62	1620.00	379.39	3476.23	12.00
15-21	履带式推土机场外包干运费	90kW 以 内		3898.48	810.00	349.94	2738.54	6.00
15-22		90kW 以 外		4648.43	810.00	349.94	3488.49	6.00
15-23	履带式起重机场外包干运费	30t 以 内		6107.00	1620.00	354.62	4132.38	12.00
15-24		50t 以 内		7423.22	1620.00	354.62	5448.60	12.00
15-25	强 夯 机 械 场 外 包 干 运 费			9651.78	810.00	354.62	8487.16	6.00
15-26	柴油打桩机场外包干运费	5t 以 内		11082.05	1620.00	78.02	9384.03	12.00
15-27		5t 以 外		12543.37	1620.00	78.02	10845.35	12.00
15-28	压 路 机 场 外 包 干 运 费			3400.88	675.00	312.07	2413.81	5.00

432

工作内容：机械整体或分体自停放地点运至施工现场(或由一工地运至另一工地)的运输、装卸及辅助材料的费用。

编号	项目		单位	预算基价				人工
				总价	人工费	材料费	机械费	综合工
				元	元	元	元	工日
								135.00
15-29	静力压桩机场外包干运费(kN以内)	900	台次	**17343.33**	3240.00	78.02	14025.31	24.00
15-30		1200	台次	**19608.70**	3240.00	78.02	16290.68	24.00
15-31		1600	台次	**25603.38**	4860.00	78.02	20665.36	36.00
15-32		4000	台次	**29001.44**	4860.00	78.02	24063.42	36.00
15-33		5000	台次	**31595.44**	4860.00	78.02	26657.42	36.00
15-34		6000	台次	**33860.81**	4860.00	78.02	28922.79	36.00
15-35	自升式塔式起重机场外包干运费		台次	**28535.72**	5400.00	170.44	22965.28	40.00

工作内容：机械整体或分体自停放地点运至施工现场(或由一工地运至另一工地)的运输、装卸及辅助材料的费用。

编号	项　　目		单位	预　算　基　价				人　工
				总　　价	人 工 费	材 料 费	机 械 费	综 合 工
				元	元	元	元	工日
								135.00
15-36		75		10715.46	1350.00	77.28	9288.18	10.00
15-37	施工电梯场外包干运费	100		13149.71	1890.00	99.96	11159.75	14.00
15-38	(m以内)	200		18009.06	2700.00	141.81	15167.25	20.00
15-39		300		21143.75	2970.00	185.09	17988.66	22.00
15-40	混凝土搅拌站场外包干运费		台次	11642.35	3510.00	56.71	8075.64	26.00
15-41	潜水钻孔机场外包干运费			5126.71	675.00	24.81	4426.90	5.00
15-42	工程钻机场外包干运费			4065.79	675.00	24.81	3365.98	5.00
15-43	步履式电动桩机场外包干运费			6672.04	1350.00	301.41	5020.63	10.00
15-44	单头搅拌桩机场外包干运费			3171.43	540.00	24.81	2606.62	4.00
15-45	三轴搅拌桩机场外包干运费			8330.52	1350.00	78.02	6902.50	10.00

434

第十六章　组织措施费

说　明

一、本章包括安全文明施工措施费(含环境保护、文明施工、安全施工、临时设施)、冬雨季施工增加费、夜间施工增加费、非夜间施工照明费、竣工验收存档资料编制费、二次搬运措施费、建筑垃圾运输费7项。

二、安全文明施工措施费(含环境保护、文明施工、安全施工、临时设施)是指现场文明施工、安全施工所需要的各项费用和为达到环保部门要求所需要的环境保护费用以及施工企业为进行建筑安装工程施工所必须搭设的生活和生产用的临时建筑物、构筑物及其他临时设施等费用。

三、冬雨季施工增加费是指在冬期或雨期施工需增加的临时设施、防滑、排除雨雪,人工及施工机械效率降低等费用。

四、夜间施工增加费是指因夜间施工所发生的夜班补助费、夜间施工降效、夜间施工照明设备摊销及照明用电等费用。

五、非夜间施工照明费是指为保证工程施工正常进行,在地下室等特殊施工部位施工时所采用的照明设备的安拆、维护、摊销、照明用电及人工降效等费用。

六、竣工验收存档资料编制费是指按城建档案管理规定,在竣工验收后,应提交的档案资料所发生的编制费用。

七、二次搬运措施费是指因施工场地条件限制而发生的材料、构配件、半成品等一次运输不能到达堆放地点,必须进行二次或多次搬运所发生的费用。

八、建筑垃圾运输费是指根据本市有关规定为实现建筑垃圾无害化、减量化、资源化利用所发生的场外运输费用。

计　算　规　则

一、安全文明施工措施费(含环境保护、文明施工、安全施工、临时设施)按分部分项工程费合计乘以相应费率,采用超额累进计算法计算,其中人工费占16%。安全文明施工措施费费率见下表。

安全文明施工措施费费率表

工 程 类 别	计 算 基 数	≤2000万元		≤3000万元		≤5000万元		≤10000万元		>10000万元	
		一般计税	简易计税	一般计税	简易计税	一般计税	简易计税	一般计税	简易计税	一般计税	简易计税
住宅	分部分项工程费合计	6.35%	6.46%	5.09%	5.18%	4.46%	4.54%	3.37%	3.43%	3.03%	3.08%
公建		4.64%	4.72%	3.84%	3.91%	3.23%	3.29%	2.43%	2.47%	2.18%	2.22%
工业建筑		3.84%	3.91%	3.08%	3.13%	2.65%	2.70%	2.00%	2.03%	1.78%	1.81%
其他		3.77%	3.84%	3.02%	3.07%	2.61%	2.66%	1.96%	1.99%	1.75%	1.78%

二、冬雨季施工增加费、夜间施工增加费、非夜间施工照明费、竣工验收存档资料编制费按分部分项工程费及可计量措施项目费中的人工费、机械费合计乘以相应费率计算。措施项目费率见下表。

措施项目费率表

序　号	项　目　名　称	计　算　基　数	费　率		人工费占比
			一　般　计　税	简　易　计　税	
1	冬雨季施工增加费	人工费＋机械费 （分部分项工程项目＋可计量的措施项目）	2.01%	2.10%	60%
2	夜间施工增加费		0.29%	0.29%	70%
3	非夜间施工照明费		0.14%	0.15%	10%
4	竣工验收存档资料编制费		0.20%	0.22%	

三、二次搬运措施费：

二次搬运措施费按分部分项工程费中的材料费及可以计量的措施项目费中的材料费合计乘以相应费率计算。二次搬运措施费费率见下表。

二次搬运措施费费率表

序　号	计　算　基　数	施工现场总面积／新建工程首层建筑面积	二　次　搬　运　措　施　费　费率	
			一　般　计　税	简　易　计　税
1	材料费 （分部分项工程项目＋可计量的措施项目）	＞4.5		
2		3.5～4.5	1.06%	1.02%
3		2.5～3.5	1.80%	1.73%
4		1.5～2.5	2.54%	2.44%
5		≤1.5	3.28%	3.15%

四、建筑垃圾运输费：

建筑垃圾运输费费率见下表。

建筑垃圾运输费表

一　般　计　税	简　易　计　税
建筑垃圾运输费＝建筑垃圾量(t)×10.57元/t　（10km以内） 建筑垃圾运输里程超过10km时，增加0.79元/(t·km)	建筑垃圾运输费＝建筑垃圾量(t)×11.60元/t　（10km以内） 建筑垃圾运输里程超过10km时，增加0.87元/(t·km)

建筑垃圾量可按下表计量：

新建项目建筑垃圾计量表

项　　　目	计　算　公　式
砖混结构	建筑面积（m²）× 0.05t/m²
钢筋混凝土结构	建筑面积（m²）× 0.03t/m²
钢结构	建筑面积（m²）× 0.02t/m²
工业厂房	建筑面积（m²）× 0.02t/m²
装配式建筑	建筑面积（m²）× 0.003t/m²
环梁拆除等项目	实体体积（m³）× 1.90t/m³

附　　录

附录一　砂浆及特种混凝土配合比

说　明

一、本附录中各项配合比是预算基价子目中砂浆及特种混凝土配合比的基础数据。

二、各项配合比中均未包括制作、运输所需人工和机械。

三、各项配合比中已包括了各种材料在配制过程中的操作和场内运输损耗。

四、砌筑砂浆为综合取定者,使用时不可换算。

五、非砌筑砂浆的主料品种不同时,可按设计要求换算。

六、特种混凝土的配合比或主料品种不同,可按设计要求换算。

1.砌 筑 砂 浆

编　　　号			1	2	3	4	5
材　料　名　称	单位	单价（元）	砖墙砂浆	砌块砂浆	空心砖砂浆	单砖墙砂浆	基础砂浆
水　泥	kg	0.39	225.58	166.49	187.00	243.46	266.56
砂　子	t	87.03	1.419	1.486	1.460	1.420	1.531
白　灰	kg	0.30	61.78	63.70	63.70	53.27	
白 灰 膏	m³		(0.088)	(0.091)	(0.091)	(0.076)	
水	m³	7.62	0.37	0.47	0.40	0.31	0.22
材　料　合　价	元		232.83	216.95	222.15	236.88	238.88

単位：m³

编　　　　　号	单位	单价（元）	6	7	8	9	10	11	12
材　料　名　称			混　合　砂　浆			水　泥　砂　浆			水泥黏土砂浆
			M2.5	M5	M7.5	M5	M7.5	M10	1:1:4
水　泥	kg	0.39	131.00	187.00	253.00	213.00	263.00	303.00	271.00
白　灰	kg	0.30	63.70	63.70	50.40				
白　灰　膏	m³		(0.091)	(0.091)	(0.072)				
砂　子	t	87.03	1.528	1.460	1.413	1.596	1.534	1.486	1.109
黄　土	m³	77.65							0.248
水	m³	7.62	0.60	0.40	0.40	0.22	0.22	0.22	0.60
材　料　合　价	元		207.75	222.15	239.81	223.65	237.75	249.17	226.04

2.抹 灰 砂 浆

编　　　　　　　号			13	14	15	16	17	18	19	20
材 料 名 称	单位	单价（元）	混　　　　合　　　　砂　　　　浆							
			1:0.2:1.5	1:0.2:2	1:0.3:2.5	1:0.3:3	1:0.5:1	1:0.5:2	1:0.5:3	1:0.5:4
水　泥	kg	0.39	603.82	517.09	436.04	388.93	615.97	458.93	365.69	303.94
白　灰	kg	0.30	70.45	60.33	76.31	68.06	179.66	133.85	106.66	88.65
白 灰 膏	m³		(0.101)	(0.086)	(0.109)	(0.097)	(0.257)	(0.191)	(0.152)	(0.127)
砂　子	t	87.03	1.116	1.275	1.344	1.438	0.759	1.131	1.352	1.498
水	m³	7.62	0.83	0.74	0.65	0.61	0.81	0.66	0.57	0.51
材 料 合 价	元		360.07	336.37	314.87	301.90	366.35	322.60	296.63	279.39

编 号			21	22	23	24	25	26	27
材 料 名 称	单位	单价（元）	混 合 砂 浆						
			1:1:2	1:1:3	1:1:4	1:1:6	1:2:1	1:2:6	1:3:9
水 泥	kg	0.39	386.47	318.16	270.37	207.91	351.01	177.72	123.30
白 灰	kg	0.30	225.44	185.59	157.72	121.28	409.51	207.34	215.77
白 灰 膏	m³		(0.322)	(0.265)	(0.225)	(0.173)	(0.585)	(0.296)	(0.308)
砂 子	t	87.03	0.953	1.176	1.333	1.538	0.433	1.314	1.368
水	m³	7.62	0.56	0.50	0.45	0.40	0.46	0.34	0.28
材 料 合 价	元		305.56	285.92	272.20	254.37	300.94	248.46	234.01

447

编　　　　号	单位	单价（元）	28	29	30	31	32	33	34	35	36	37
材　料　名　称			水　　泥　　砂　　浆							水 泥 细 砂 浆		素水泥浆
			1:0.5	1:1	1:1.5	1:2	1:2.5	1:3	1:4	1:1	1:1.5	
水　泥	kg	0.39	1067.04	823.08	669.92	564.81	488.21	429.91	361.08	742.00	595.00	1502.00
砂　子	t	87.03	0.658	1.014	1.239	1.392	1.504	1.590	1.780			
细　砂	t	87.33								0.838	1.018	
水	m³	7.62	0.49	0.43	0.39	0.36	0.34	0.33	0.18	0.50	0.48	0.59
材　料　合　价	元		477.15	412.53	372.07	344.16	323.89	308.56	297.11	366.37	324.61	590.28

编　　　　　号		单位	单价（元）	38	39	40	41	42	43	44	45	46	47
材　料　名　称		单位	单价（元）	水泥白灰浆	白　灰　砂　浆			白灰麻刀浆	白灰麻刀砂浆		水泥白灰麻刀浆	纸筋灰浆	小豆浆
				1:0.5	1:2	1:2.5	1:3		1:2.5	1:3	1:5		1:1.25
水　泥	kg	0.39	927.00							245.00		783.00
白　灰	kg	0.30	273.00	337.00	298.00	267.00	685.00	298.00	267.00	571.00	671.00	
白　灰　膏	m³		(0.390)	(0.481)	(0.425)	(0.381)	(0.978)	(0.425)	(0.381)	(0.815)	(0.958)	
砂　子	t	87.03		1.396	1.543	1.659		1.543	1.659			
豆　粒　石	t	139.19										1.247
麻　刀	kg	3.92					20.00	16.60	16.60	20.00		
纸　筋	kg	3.70									38.00	
水	m³	7.62	0.71	0.68	0.68	0.68	0.50	0.68	0.68	0.50	0.50	0.35
材　料　合　价	元		448.84	227.78	228.87	229.66	287.71	293.94	294.74	349.06	345.71	481.61

编　　　　　号	单位	单价（元）	48	49	50	51	52	53	54	55	56	57
材　料　名　称			水　泥 TG 胶浆	水　泥 TG 胶砂浆	乳　胶 水泥浆	乳胶水 泥砂浆	水　泥　白　石　子　浆（刷石磨石用）					
					1:0.3	1:2:0.35	1:1.2	1:1.25	1:1.5	1:2	1:2.5	1:3
水　泥	kg	0.39	209.00	242.00	1314.00	164.00	814.00	799.00	731.00	624.00	544.00	483.00
砂　子	t	87.03		1.759		0.602						
白 石 子	kg	0.19					1307.00	1335.00	1465.00	1669.00	1819.00	1934.00
TG　胶	kg	4.41	156.00	54.00								
氯丁乳胶	kg	14.99			441.00	64.00						
水	m³	7.62	0.86	0.26	0.51	0.80	0.31	0.34	0.28	0.25	0.22	0.21
材　料　合　价	元		776.02	487.59	7126.94	1081.81	568.15	567.85	565.57	562.38	559.45	557.43

编　　　　号		单位	单价（元）	58	59	60	61	62	63	64	65	66
材　料　名　称				水泥石屑浆（剁斧石用）	白水泥浆	白水泥白石子浆	白　水　泥　彩　色　石　子　浆				石膏砂浆	素石膏浆
				1:2		1:1.5	1:1.5	1:2	1:2.5	1:3		
水　泥		kg	0.39	610.00								
白　水　泥		kg	0.64		1502.00	731.00	731.00	624.00	544.00	482.00		
石　膏　粉		kg	0.94								405.00	879.00
砂　子		t	87.03								1.205	
白　石　子		kg	0.19			1465.00						
彩色石子		kg	0.31				1465.00	1669.00	1819.00	1934.00		
色　粉		kg	4.47			20.00	20.00	20.00	20.00	20.00		
石　屑		t	82.88	1.482								
水		m^3	7.62	0.25	0.59	0.28	0.28	0.25	0.22	0.21	0.31	0.78
材　料　合　价		元		362.63	965.78	837.72	1013.52	1008.06	1003.13	999.02	487.93	832.20

単位：m³

编 号			67	68	69	70	71	72	73
材 料 名 称	单位	单价（元）	水泥石英混合砂浆	水 泥 珍 珠 岩 砂 浆			水泥玻璃碴浆	108胶混合砂浆	108胶素水泥砂浆
			1:0.2:1:0.5	1:8	1:10	1:12	1:1.25	1:0.5:2	
水　泥	kg	0.39	565.00	189.00	143.00	125.00	799.00	459.00	1471.00
108 胶	kg	4.45						16.80	21.42
白　灰	kg	0.30	66.00					134.00	
白 灰 膏	m³		(0.094)					(0.191)	
砂　子	t	87.03	0.684					1.108	
石 英 砂	kg	0.28	380.0						
珍 珠 岩	m³	98.63		1.30	1.23	1.30			
玻 璃 碴	kg	0.65					1335.0		
水	m³	7.62	0.45	0.22	0.40	0.40	0.34	0.40	0.58
材 料 合 价	元		409.51	203.61	180.13	180.02	1181.95	393.45	673.43

3.特 种 砂 浆

单位：m³

编　　　　　号			74	75	76	77	78
材　料　名　称	单位	单价（元）	重晶石砂浆	钢屑砂浆	冷　底　子　油		不发火沥青砂浆
			1:4:0.8	1:0.3:1.5:3.121	3:7（kg）	1:1（kg）	1:0.533:0.533:3.121
水　泥	kg	0.39	490.00	1085.00			
砂　子	t	87.03		0.300			
重晶石砂	kg	1.00	2467.00				
铁　屑	kg	2.37		1650.00			
石油沥青 10#	kg	4.04			0.315	0.525	408.000
汽油 90#	kg	7.16			0.77	0.55	
硅　藻　土	kg	1.76					224.00
石　棉　粉	kg	2.14					219.00
白云石砂	kg	0.47					1320.00
水	m³	7.62	0.40	0.40			
材　料　合　价	元		2661.15	4362.81	6.79	6.06	3131.62

编　　　　　　　　号			79	80	81	82	83	84
材　料　名　称	单位	单价（元）	石油沥青砂浆	耐酸沥青砂浆	沥青胶泥（不带填充料）	耐　酸　沥　青　胶　泥		
						铺砌平面块料	铺砌立面块料	隔离层用
			1:2:7	1.3:2.6:7.4		1:1:0.05	1:1.5:0.05	1:0.3:0.05
砂　　子	t	87.03	1.816					
石油沥青 10#	kg	4.04	240.00	280.00	1155.00	810.00	710.00	1013.00
石　英　砂	kg	0.28		1547.0				
石　英　粉	kg	0.42		543.0		783.0	1029.0	293.0
石棉 6 级	kg	3.76				39.0	36.0	49.0
滑　石　粉	kg	0.59	458.0					
材　料　合　价	元		1397.87	1792.42	4666.20	3747.90	3435.94	4399.82

编　　　　　号		单位	单价（元）	85	86	87	88	89
材　料　名　称				水　玻　璃　砂　浆		水玻璃稀胶泥	水　玻　璃　胶　泥	
				1:0.17:1.1:1:2.6	1:0.12:0.8:1.5	1:0.15:0.5:0.5	1:0.18:1.2:1.1	1:0.15:1
水　玻　璃	kg	2.38		412.00	504.00	911.00	636.00	852.00
氟硅酸钠	kg	7.99		70.00	75.30	137.00	115.00	126.00
铸　石　粉	kg	1.11		416.00		460.00	708.00	
石　英　粉	kg	0.42		458.00	630.00	460.00	770.00	852.00
石　英　砂	kg	0.28		1082.00	954.00			
材　料　合　价	元			2496.94	2332.89	3966.61	3541.81	3392.34

编　　　号			90	91	92	93	94	95
材　料　名　称	单位	单价（元）	环氧稀胶泥	环氧树脂胶泥	酚醛树脂胶泥	环氧酚醛胶泥	环氧呋喃胶泥	环氧树脂底料
				1:0.1:0.08:2	1:0.06:0.08:1.8	0.7:0.3:0.06:0.05:1.7		1:1:0.07:0.15
石英粉	kg	0.42	862.00	1294.00	1158.00	1231.00	1190.00	175.00
环氧树脂 6101	kg	28.33	862.00	652.00		479.00	495.00	1174.00
酚醛树脂	kg	24.09			649.00	205.00		
糠醇树脂	kg	7.74					212.00	
丙　酮	kg	9.89	258.61	65.00		29.00	30.00	1174.00
乙　醇	kg	9.69			39.00			
乙二胺	kg	21.96	60.32	52.00		34.00	35.00	82.00
苯磺酰氯	kg	14.49			52.00			
材　料　合　价	元		28664.78	20799.41	17252.16	20058.99	17229.33	46744.50

编　　　　　　号	单位	单价（元）	96	97	98	99	100
材　料　名　称			硫　黄　胶　泥	硫　黄　砂　浆	环　氧　砂　浆	环氧呋喃树脂砂浆	环氧煤焦油砂浆
			6:4:0.2	1:0.35:0.6:0.06	1:0.2:0.07:2:4	70:30:5:200:400	0.5:0.5:0.04:0.1:2:4:0.04
硫　黄	kg	1.93	1909	1129			
石　英　粉	kg	0.42	864.00	391.00	667.00	663.28	655.00
聚硫橡胶	kg	14.80	45	68			
石　英　砂	kg	0.28		672.00	1336.30	1324.00	1310.00
环氧树脂 6101	kg	28.33			337.00	233.49	165.00
糠醇树脂	kg	7.74				108	
丙　酮	kg	9.89			67.00	46.70	14.00
乙　二　胺	kg	21.96			167	17	14
防　腐　油	kg	0.52					166
二　甲　苯	kg	5.21					33
材　料　合　价	元		4713.25	3537.75	14531.46	8935.17	6020.50

编　　　　　号			101	102	103	104	105	106
材　料　名　称	单位	单价（元）	喷射砂浆	注眼砂浆	沥青稀胶泥	石油沥青玛琋脂	焦油玛琋脂	沥青膨胀珍珠岩
			1:2.5	1:1	100:30			1:0.8
水　泥	kg	0.39	432.00	885.00				
砂　子	t	87.03	1.400	0.942				
石油沥青 10#	kg	4.04			1029.06	1048.00		140.00
膨胀珍珠岩	m³	197.26						2.17
石　英　粉	kg	0.42			298.82			
滑　石　粉	kg	0.59				252.00	127.00	
煤　焦　油	kg	1.15					1078.00	
木质素磺酸钙	kg	2.71		2.60				
水	m³	7.62	0.52	0.39				
材　料　合　价	元		294.28	437.15	4282.91	4382.60	1314.63	993.65

4.垫　层

编　　　　　　号			107	108	109	110	111	112
材　料　名　称	单位	单价（元）	碎　砖　三　合　土		碎　石　三　合　土		灰	土
			1:3:6	1:4:8	1:3:6	1:4:8	2:8	3:7
砂　子	t	87.03	0.94	1.31	0.77	0.86		
碎　砖	t	85.66	1.45	1.49				
白　灰	kg	0.30	97.00	74.00	85.00	66.00	162.00	243.00
白　灰　膏	m³		(0.139)	(0.106)	(0.121)	(0.094)	(0.231)	(0.347)
黄　土	m³	77.65					1.31	1.15
碴石 25~38	t	85.12			1.67	1.72		
水	m³	7.62	0.30	0.30	0.30	0.30	0.20	0.20
材　料　合　价	元		237.40	266.13	236.95	243.34	151.85	163.72

单位：m³

编　　　　　号			113	114	115	116	117	118
材　料　名　称	单位	单价（元）	白　灰　炉　渣			水　泥　白　灰　炉　渣		
			1:3	1:4	1:10	1:1:8	1:1:10	1:1:12
水　泥	kg	0.39				177.00	147.00	126.00
白　灰	kg	0.30	184.00	147.00	67.00	74.00	61.00	53.00
白　灰　膏	m³		(0.263)	(0.210)	(0.096)	(0.106)	(0.087)	(0.076)
炉　渣	m³	108.30	1.11	1.18	1.34	1.18	1.23	1.27
水	m³	7.62	0.30	0.30	0.30	0.30	0.30	0.30
材　料　合　价	元		177.70	174.18	167.51	221.31	211.13	204.87

460

编　　　　　号			119	120	121	122	123	124	125	126
材　料　名　称	单位	单价（元）	炉　渣　混　凝　土				矿　渣　混　凝　土			
			C3.5	C5.0	C7.5	C10	C3.5	C5.0	C7.5	C10
水　泥	kg	0.39	109.00	136.00	175.00	207.00	81.00	102.00	133.00	158.00
白　灰	kg	0.30	84.00	106.00	135.00	160.00	94.00	119.00	154.00	184.00
白　灰　膏	m³		(0.120)	(0.151)	(0.193)	(0.229)	(0.134)	(0.170)	(0.220)	(0.263)
炉　渣	m³	108.30	1.60	1.54	1.46	1.38	1.53	1.46	1.41	1.36
水	m³	7.62	0.30	0.30	0.30	0.30	0.30	0.30	0.30	0.30
材　料　合　价	元		243.28	253.91	269.15	280.47	227.78	235.88	253.06	266.39

5.陶粒混凝土

单位：m³

编　　　　　　　　号			127	128
材　料　名　称	单位	单价（元）	陶　　粒　　混　　凝　　土	
			C15	C20
水　泥	kg	0.39	307.50	366.45
砂　子	t	87.03	0.693	0.636
陶　粒	m³	144.35	0.856	0.852
水	m³	7.62	0.30	0.30
材　料　合　价	元		306.09	323.54

462

6.特种混凝土

编　　　　　号			129	130	131	132	133	134
材　料　名　称	单位	单价（元）	豆石混凝土 1:2:3	沥青混凝土	耐酸沥青混凝土（中粒式）	水玻璃混凝土	重晶石混凝土	硫黄混凝土
水　泥	kg	0.39	276.00				342.00	
砂　子	t	87.03	0.668	0.944				
豆　粒　石	t	139.19	1.108					
碴石 19～25	t	87.81		0.830				
石　英　石	kg	0.58			911.0	934.0		1382.0
石　英　砂	kg	0.28			936.0	705.0		339.0
石　英　粉	kg	0.42			433.0	259.0		197.0
水　玻　璃	kg	2.38				284.0		
氟硅酸钠	kg	7.99				45.0		
铸　石　粉	kg	1.11				287.0		
重　晶　石　砂	kg	1.00					1144.0	
重　晶　石	kg	1.05					1867.0	
石油沥青 10#	kg	4.04		152.0	189.0			
滑　石　粉	kg	0.59		395.0				
硫　黄	kg	1.93						568.00
聚硫橡胶	kg	14.80						28.0
水	m³	7.62	0.30				0.17	
材　料　合　价	元		322.28	1002.17	1735.88	2201.94	3239.03	2489.86

463

编　　　　　　号			135	136
材　料　名　称	单位	单价（元）	喷　射　混　凝　土	甩　射　混　凝　土
			1:2.5:2	
水　泥	kg	0.39	401.00	401.00
砂　子	t	87.03	1.010	1.010
碴石 6～13	t	83.89		0.81
碴石 13～19	t	85.85	0.81	
促凝剂	kg	3.33	14.00	14.00
水	m³	7.62	0.52	0.52
材　料　合　价	元		364.41	362.82

附录二 现场搅拌混凝土基价

说 明

一、本附录各项配合比,仅供编制计价文件使用。

二、各项基价中已包括制作、运输所需人工和机械。

三、各项基价中已包括各种材料在配制过程中的操作和场内运输损耗。

1.现浇混凝土

编号	项目			单位	预算基价				人工	材料							机械	
					总价	人工费	材料费	机械费	综合工	水泥 42.5级	水泥 52.5级	粉煤灰	砂子	碎石 20	碎石 40	水	滚筒式混凝土搅拌机 500L	机动翻斗车 1t
					元	元	元	元	工日	kg	kg	kg	t	t	t	m³	台班	台班
									135.00	0.41	0.46	0.10	87.03	85.61	85.14	7.62	273.53	207.17
1	石子粒径 20mm	混凝土强度等级	C10	m³	**349.24**	41.58	271.96	35.70	0.308	243.27		27.295	0.798	1.149		0.22	0.051	0.105
2			C15		**357.19**	41.58	279.91	35.70	0.308	268.06		30.076	0.729	1.190		0.22	0.051	0.105
3			C20		**367.02**	41.58	289.74	35.70	0.308	298.35		33.475	0.716	1.169		0.22	0.051	0.105
4			C25		**372.26**	41.58	294.98	35.70	0.308	314.87		35.329	0.653	1.213		0.22	0.051	0.105
5			C30		**377.37**	41.58	300.09	35.70	0.308	330.48		37.080	0.647	1.202		0.22	0.051	0.105
6			C35		**382.84**	41.58	305.56	35.70	0.308	347.52		38.992	0.586	1.244		0.22	0.051	0.105
7			C40		**394.58**	41.58	317.30	35.70	0.308	383.58		43.038	0.573	1.217		0.22	0.051	0.105
8			C45		**406.24**	41.58	328.96	35.70	0.308	419.64		47.084	0.560	1.189		0.22	0.051	0.105
9			C50		**421.50**	41.58	344.22	35.70	0.308		404.38	45.372	0.565	1.201		0.22	0.051	0.105
10			C55		**432.99**	41.58	355.71	35.70	0.308		435.17	48.826	0.554	1.177		0.22	0.051	0.105
11			C60		**454.41**	41.58	377.13	35.70	0.308		491.04		0.556	1.181		0.23	0.051	0.105
12	石子粒径 40mm		C10		**345.78**	41.58	268.50	35.70	0.308	229.53		25.753	0.773		1.210	0.20	0.051	0.105
13			C15		**355.02**	41.58	277.74	35.70	0.308	257.43		28.884	0.704		1.251	0.20	0.051	0.105
14			C20		**359.51**	41.58	282.23	35.70	0.308	271.42		30.453	0.640		1.300	0.20	0.051	0.105
15			C25		**364.30**	41.58	287.02	35.70	0.308	285.42		32.024	0.636		1.291	0.20	0.051	0.105
16			C30		**368.91**	41.58	291.63	35.70	0.308	299.44		33.597	0.631		1.281	0.20	0.051	0.105

466

2.预制混凝土

编号	项 目			单位	预 算 基 价				人工	材				料		机 械	
					总价	人工费	材料费	机械费	综合工	水泥 42.5级	粉煤灰	砂子	碴石 20	碴石 40	水	滚筒式混凝土搅拌机 500L	机动翻斗车 1t
					元	元	元	元	工日	kg	kg	t	t	t	m³	台班	台班
									135.00	0.41	0.10	87.03	85.61	85.14	7.62	273.53	207.17
17	石 子 粒 径 20mm	混 凝 土 强 度 等 级	C20	m³	**355.75**	41.58	282.02	32.15	0.308	268.31	30.104	0.739	1.205		0.20	0.038	0.105
18			C25		**360.40**	41.58	286.67	32.15	0.308	282.63	31.711	0.675	1.254		0.20	0.038	0.105
19			C30		**365.83**	41.58	292.10	32.15	0.308	298.57	33.500	0.670	1.244		0.20	0.038	0.105
20			C35		**370.62**	41.58	296.89	32.15	0.308	313.23	35.145	0.664	1.234		0.20	0.038	0.105
21			C40		**381.63**	41.58	307.90	32.15	0.308	346.30	38.856	0.597	1.268		0.20	0.038	0.105
22			C45		**392.77**	41.58	319.04	32.15	0.308	379.49	42.579	0.586	1.246		0.20	0.038	0.105
23	石 子 粒 径 40mm		C20		**355.13**	41.58	281.40	32.15	0.308	259.84	29.154	0.656		1.332	0.19	0.038	0.105
24			C25		**359.95**	41.58	286.22	32.15	0.308	273.95	30.737	0.652		1.323	0.19	0.038	0.105
25			C30		**365.55**	41.58	291.82	32.15	0.308	290.91	32.641	0.646		1.311	0.19	0.038	0.105

467

3. 细石混凝土

编号	项 目			单位	预 算 基 价				人 工	材		料			机 械	
					总 价	人工费	材料费	机械费	综合工	水 泥 42.5级	粉煤灰	砂 子	碴 石 10	水	滚筒式混凝土搅拌机 500L	机 动 翻斗车 1t
					元	元	元	元	工日	kg	kg	t	t	m³	台班	台班
									135.00	0.41	0.10	87.03	85.25	7.62	273.53	207.17
26	石子粒径 10mm	混凝土强度等级	C20	m³	**372.93**	41.58	295.65	35.70	0.308	321.30	36.050	0.719	1.125	0.24	0.051	0.105
27			C25		**378.32**	41.58	301.04	35.70	0.308	338.21	37.947	0.657	1.168	0.24	0.051	0.105
28			C30		**384.35**	41.58	307.07	35.70	0.308	357.00	40.056	0.649	1.154	0.24	0.051	0.105

4.抗渗混凝土

编号	项目			单位	预算基价				人工	材料					机械	
					总价	人工费	材料费	机械费	综合工	水泥 42.5级	粉煤灰	砂子	碴石 20	水	滚筒式混凝土搅拌机 500L	机动翻斗车 1t
					元	元	元	元	工日	kg	kg	t	t	m³	台班	台班
									135.00	0.41	0.10	87.03	85.61	7.62	273.53	207.17
29	石子粒径 20mm	混凝土强度等级	C20 P6	m³	**370.83**	41.58	293.55	35.70	0.308	310.24	34.809	0.655	1.217	0.22	0.051	0.105
30			C25 P8		**375.69**	41.58	298.41	35.70	0.308	325.47	36.518	0.649	1.205	0.22	0.051	0.105
31			C30 P8		**381.88**	41.58	304.60	35.70	0.308	344.25	38.625	0.642	1.192	0.22	0.051	0.105
32			C35 P8		**386.30**	41.58	309.02	35.70	0.308	358.02	40.170	0.636	1.182	0.22	0.051	0.105
33			C40 P8		**399.27**	41.58	321.99	35.70	0.308	397.80	44.633	0.621	1.153	0.22	0.051	0.105

5.泵送混凝土

编号	项 目		单位	预 算 基 价				人 工	材				料		机 械
				总 价	人工费	材料费	机械费	综合工	水 泥 42.5级	水 泥 52.5级	粉煤灰	砂 子	碴 石 20	水	滚筒式混凝土搅拌机 500L
				元	元	元	元	工日	kg	kg	kg	t	t	m³	台班
								135.00	0.41	0.46	0.10	87.03	85.61	7.62	273.53
34	石 子 粒 径 20mm	C10	m³	**336.70**	41.58	281.17	13.95	0.308	275.40		30.900	0.777	1.118	0.24	0.051
35		C15		**344.04**	41.58	288.51	13.95	0.308	298.35		33.475	0.710	1.159	0.24	0.051
36		C20		**351.56**	41.58	296.03	13.95	0.308	321.30		36.050	0.701	1.143	0.24	0.051
37		C25		**356.97**	41.58	301.44	13.95	0.308	338.21		37.947	0.639	1.186	0.24	0.051
38		C30		**362.99**	41.58	307.46	13.95	0.308	357.00		40.056	0.631	1.172	0.24	0.051
39		C35		**368.62**	41.58	313.09	13.95	0.308	374.26		41.992	0.624	1.160	0.24	0.051
40		C40		**381.19**	41.58	325.66	13.95	0.308	413.09		46.349	0.609	1.131	0.24	0.051
41		C45		**393.84**	41.58	338.31	13.95	0.308	451.92		50.705	0.594	1.103	0.24	0.051
42		C50		**410.24**	41.58	354.71	13.95	0.308		435.49	48.862	0.600	1.115	0.24	0.051
43		C55		**422.59**	41.58	367.06	13.95	0.308		468.64	52.582	0.587	1.090	0.24	0.051
44		C60		**443.33**	41.58	387.80	13.95	0.308		525.72		0.586	1.088	0.24	0.051

470

6.水下混凝土

编号	项目		单位	预 算 基 价				人 工	材			料		机	械
				总 价	人工费	材料费	机械费	综合工	水 泥 42.5级	粉煤灰	砂 子	碴 石 20	水	滚筒式混凝土搅拌机 500L	机 动 翻斗车 1t
				元	元	元	元	工日	kg	kg	t	t	m³	台班	台班
								135.00	0.41	0.10	87.03	85.61	7.62	273.53	207.17
45		C20		370.73	41.58	293.45	35.70	0.308	307.53	34.505	0.660	1.225	0.21	0.051	0.105
46	混 凝 土 强 度 等 级	C25	m³	376.05	41.58	298.77	35.70	0.308	324.05	36.359	0.653	1.213	0.21	0.051	0.105
47		C30		381.16	41.58	303.88	35.70	0.308	339.66	38.110	0.647	1.202	0.21	0.051	0.105

附录三 材料价格

说 明

一、本附录材料价格为不含税价格,是确定预算基价子目中材料费的基期价格。

二、材料价格由材料采购价、运杂费、运输损耗费和采购及保管费组成。计算公式如下:

采购价为供货地点交货价格:

$$材料价格 = (采购价 + 运杂费) \times (1 + 运输损耗率) \times (1 + 采购及保管费费率)$$

采购价为施工现场交货价格:

$$材料价格 = 采购价 \times (1 + 采购及保管费费率)$$

三、运杂费指材料由供货地点运至工地仓库(或现场指定堆放地点)所发生的全部费用。运输损耗指材料在运输装卸过程中不可避免的损耗,材料损耗率如下表:

材料损耗率表

材 料 类 别	损 耗 率
页岩标砖、空心砖、砂、水泥、陶粒、耐火土、水泥地面砖、白瓷砖、卫生洁具、玻璃灯罩	1.0%
机制瓦、脊瓦、水泥瓦	3.0%
石棉瓦、石子、黄土、耐火砖、玻璃、色石子、大理石板、水磨石板、混凝土管、缸瓦管	0.5%
砌块、白灰	1.5%

注:表中未列的材料类别,不计损耗。

四、采购及保管费是指为组织采购、供应和保管材料、工程设备的过程中所需要的各项费用。采购及保管费费率按0.42%计取。

五、附录中材料价格是编制期天津市建筑材料市场综合取定的施工现场交货价格,并考虑了采购及保管费。

六、标准钢筋混凝土预制构件(编号601~624)产品,其价格综合计算且不含运费。

七、采用简易计税方法计取增值税时,材料的含税价格按照税务部门有关规定计算,以"元"为单位的材料费按系数1.1086调整。

材料价格表

序号	材 料 名 称	规 格	单 位	单位质量 （kg）	单 价 （元）	附 注
1	水泥		kg		0.39	
2	水泥	32.5级	kg		0.36	
3	水泥	42.5级	kg		0.41	
4	水泥	52.5级	kg		0.46	
5	膨胀水泥		kg		1.00	
6	白水泥		kg		0.64	
7	碎砖		t		85.66	
8	页岩标砖	240×115×53	千块		513.60	
9	页岩多孔砖	240×115×90	千块		682.46	
10	页岩空心砖	240×240×115	千块		1093.42	
11	陶粒混凝土实心砖	190×90×53	千块		450.00	
12	黏土平瓦	385×235	块		1.16	
13	黏土脊瓦	一级 455×195	块		1.33	
14	水泥平瓦	一级 385×235	块		1.38	
15	水泥脊瓦	455×195	块		1.46	
16	小波石棉瓦	1800×720×6	块		20.21	
17	小波石棉脊瓦	700×180×5	块		22.36	
18	白灰		kg		0.30	
19	粉煤灰		kg		0.10	
20	黄土		m³	1250.00	77.65	
21	黏土		m³		53.37	
22	硅藻土		kg		1.76	
23	膨润土		kg		0.39	
24	炉渣		m³		108.30	
25	砂子		t		87.03	

序号	材 料 名 称	规 格	单 位	单位质量（kg)	单 价（元)	附 注
26	砂粒	1~1.5mm	m³		258.38	
27	细砂		t		87.33	
28	混碴	2~80	t		83.93	
29	碴石	6~13	t		83.89	
30	碴石	13~19	t		85.85	
31	碴石	19~25	t		87.81	
32	碴石	25~38	t		85.12	
33	碴石	10	t		85.25	
34	碴石	20	t		85.61	
35	碴石	40	t		85.14	
36	石屑		t		82.88	
37	蛭石		m³		119.61	
38	毛石		t		89.21	
39	豆粒石		t		139.19	
40	白石子	大、中、小八厘	kg		0.19	
41	方整石		m³		122.56	
42	陶粒		m³	630.00	144.35	
43	彩色石子	山东绿	kg		0.31	
44	泡沫混凝土块		m³		224.36	
45	加气混凝土砌块	300×600×（125~300)	m³		318.48	
46	混凝土空心砌块	390×140×190	千块		2764.56	
47	混凝土空心砌块	390×190×190	千块		3392.32	
48	保温轻质砂加气砌块	600×250×300	m³		360.47	
49	保温轻质砂加气砌块	600×250×250	m³		361.96	
50	保温轻质砂加气砌块	600×250×150	m³		369.45	
51	粉煤灰加气混凝土块	600×150×240	m³		276.87	

序号	材　料　名　称	规　　格	单　位	单位质量（kg）	单　价（元）	附　注
52	粉煤灰加气混凝土块	600×200×240	m³		276.87	
53	粉煤灰加气混凝土块	600×300×240	m³		276.87	
54	粉煤灰加气混凝土块	600×120×250	m³		276.87	
55	粉煤灰加气混凝土块	600×240×250	m³		276.87	
56	陶粒混凝土小型砌块	390×190×190	m³		189.00	
57	水泥蛭石块		m³		442.15	
58	花岗岩石	500×400×60	千块		68862.45	
59	花岗岩石	500×400×80	千块		68862.45	
60	花岗岩石	500×400×100	千块		83130.71	
61	花岗岩石	500×400×120	千块		83130.71	
62	泡沫玻璃		m³		887.06	
63	玻璃碴		kg		0.65	
64	陶板	150×150×20	千块		678.13	
65	陶板	150×150×30	千块		813.76	
66	瓷板	180×110×20	千块		1026.82	
67	瓷板	180×110×30	千块		1036.04	
68	耐酸瓷板	150×150×20	千块		2441.57	
69	耐酸瓷板	150×150×30	千块		2999.44	
70	耐酸瓷砖	230×113×65	千块		6882.77	
71	石膏粉		kg		0.94	
72	防水粉		kg		4.21	
73	油毡		m²		3.83	
74	玻璃纤维油毡	80g	m²		6.37	
75	无机纤维棉		kg		3.50	
76	石油沥青	10#	kg		4.04	
77	石油沥青	60#	kg		3.53	

序号	材 料 名 称	规 格	单 位	单位质量 （kg）	单 价 （元）	附 注
78	沥青冷胶		kg		7.08	
79	玻璃布	0.2	m²		3.95	
80	防水浆		kg		9.29	
81	防腐油		kg		0.52	
82	聚氯乙烯薄膜	0.1mm厚	m²		1.24	
83	改性沥青嵌缝油膏		kg		8.44	
84	耐根穿刺防水卷材	4mm厚	m²		87.06	
85	聚氯乙烯防水卷材	1.5mm厚 P类	m²		31.98	
86	高分子自粘胶膜卷材	1.5mm厚 W类	m²		28.43	
87	氯化铁防水剂		kg		2.77	
88	SBS改性沥青防水卷材	3mm	m²		34.20	
89	M131快速止水剂		kg		13.76	
90	高聚物改性沥青自粘卷材	4mm厚Ⅱ型	m²		34.20	
91	JSP水膨胀橡胶止水带		m		49.08	
92	防水涂料JS	Ⅰ型	kg		10.82	
93	SBS弹性沥青防水胶		kg		30.29	
94	水泥基渗透结晶防水涂料	Ⅰ型	kg		14.71	
95	重晶石		kg		1.05	
96	重晶石砂		kg		1.00	
97	白云石砂		kg		0.47	
98	云母粉		kg		0.97	
99	石棉粉	温石棉	kg		2.14	
100	铸石粉		kg		1.11	
101	滑石粉		kg		0.59	
102	石棉	6级	kg		3.76	
103	石棉垫		个		0.89	

序号	材 料 名 称	规 格	单 位	单位质量（kg）	单 价（元）	附 注
104	石英粉		kg		0.42	
105	石英砂	5#～20#	kg		0.28	
106	石英石		kg		0.58	
107	珍珠岩		m³		98.63	
108	膨胀珍珠岩		m³		197.26	
109	沥青玻璃棉		m³	85.00	66.78	
110	沥青矿渣棉		m³	100.00	39.09	
111	沥青玻璃棉毡		m³		71.10	
112	沥青矿渣棉毡		m³		42.40	
113	沥青珍珠岩板	1000×500×50	m³		318.43	
114	水泥珍珠岩板		m³		496.00	
115	CS-BBJ板	聚苯芯 40mm厚	m²		48.46	
116	CS-XWBJ板	聚苯芯 90mm厚	m²		105.57	
117	铸石板	180×110×20	千块		2105.56	
118	铸石板	180×110×30	千块		3093.44	
119	铸石板	300×200×20	千块		6576.27	
120	铸石板	300×200×30	千块		9705.77	
121	岩棉板	30mm厚	m³		607.33	
122	岩棉板	50mm厚	m³		624.00	
123	岩棉板	60mm厚	m³		640.67	
124	岩棉板	80mm厚	m³		657.33	
125	岩棉板	100mm厚	m³		674.00	
126	岩棉板	120mm厚	m³		707.33	
127	膨胀玻化微珠保温浆料		m³		360.00	
128	胶粉聚苯颗粒保温浆料		m³		370.00	
129	FTC自调温相变蓄能材料		m³		960.05	

序号	材 料 名 称	规 格	单 位	单位质量 （kg）	单 价 （元）	附 注
130	硬泡聚氨酯组合料		kg		20.92	
131	无砂管	$D500$	m		85.16	
132	无砂管	$D600$	m		93.68	
133	水泥烟囱管	115×115	m		23.87	
134	护壁泥浆		m³		57.75	
135	抗裂砂浆		kg		1.52	
136	界面砂浆		kg		0.87	
137	界面砂浆DB		m³		1159.00	
138	聚合物粘接砂浆		kg		0.75	
139	湿拌砌筑砂浆	M5.0	m³		330.94	
140	湿拌砌筑砂浆	M7.5	m³		343.43	
141	湿拌砌筑砂浆	M10	m³		352.38	
142	湿拌砌筑砂浆	M15	m³		362.24	
143	湿拌砌筑砂浆	M20	m³		385.81	
144	湿拌抹灰砂浆	M5.0	m³		380.98	
145	湿拌抹灰砂浆	M10	m³		403.95	
146	湿拌抹灰砂浆	M15	m³		422.75	
147	湿拌抹灰砂浆	M20	m³		446.76	
148	湿拌地面砂浆	M15	m³		387.58	
149	湿拌地面砂浆	M20	m³		447.74	
150	干拌砌筑砂浆	M5.0	t		314.04	
151	干拌砌筑砂浆	M7.5	t		318.16	
152	干拌砌筑砂浆	M10	t		325.68	
153	干拌砌筑砂浆	M15	t		338.94	
154	干拌砌筑砂浆	M20	t		354.29	
155	干拌抹灰砂浆	M5.0	t		317.43	

序号	材 料 名 称	规 格	单 位	单位质量 （kg）	单 价 （元）	附 注
156	干拌抹灰砂浆	M10	t		329.07	
157	干拌抹灰砂浆	M15	t		342.18	
158	干拌抹灰砂浆	M20	t		352.17	
159	干拌地面砂浆	M15	t		346.58	
160	干拌地面砂浆	M20	t		357.51	
161	预拌混凝土	AC10	m³		430.17	
162	预拌混凝土	AC15	m³		439.88	
163	预拌混凝土	AC20	m³		450.56	
164	预拌混凝土	AC25	m³		461.24	
165	预拌混凝土	AC30	m³		472.89	
166	预拌混凝土	AC35	m³		487.45	
167	预拌混凝土	AC40	m³		504.93	
168	预拌混凝土	AC45	m³		533.08	
169	预拌混凝土	AC50	m³		565.12	
170	预拌混凝土	BC55	m³		600.07	
171	预拌混凝土	BC60	m³		640.85	
172	预拌混凝土	BC20 P6	m³		466.09	
173	预拌混凝土	BC25 P8	m³		477.74	
174	预拌混凝土	BC30 P8	m³		490.36	
175	预拌混凝土	BC35 P8	m³		504.93	
176	预拌混凝土	BC40 P8	m³		519.49	
177	松木锯材	三类	m³		1661.90	
178	红白松锯材	一类烘干	m³	600.00	4650.86	
179	红白松锯材	二类烘干	m³	600.00	3759.27	
180	红白松锯材	一类	m³	600.00	4069.17	
181	红白松锯材	二类	m³	600.00	3266.74	

序号	材　料　名　称	规　　格	单　位	单位质量(kg)	单　价(元)	附　　注
182	硬杂木锯材	二类	m³	1000.00	4015.45	
183	黄花松锯材	一类	m³	850.00	3457.47	
184	黄花松锯材	二类	m³	850.00	2778.72	
185	红白松口扇料	烘干	m³	600.00	4151.56	
186	板条	1200×38×6	千根		586.87	
187	方木		m³		3266.74	
188	苯板线条(成品)		m		34.33	
189	垫木	60×60×60	块		0.64	
190	垫木		m³		1049.18	
191	原木		m³		1686.44	
192	毛竹		根		8.20	
193	竹篾		千根		28.86	
194	竹脚手板		m²		28.10	
195	纤维板		m²		10.35	
196	板枋材		m³		2001.17	
197	木挂瓦条		m³		2319.50	
198	木支撑		m³		2211.82	
199	木模板		m³		1982.88	
200	木脚手板		m³		1930.95	
201	模板方木		m³		2545.35	
202	枕木	220×160×2500	m³		3457.47	
203	铁楔	含制作费	kg		9.49	
204	铁屑		kg		2.37	
205	铁件	含制作费	kg		9.49	
206	镀锌瓦楞铁	0.56	m²		28.51	
207	垫铁	2.0～7.0	kg		2.76	

序号	材 料 名 称	规 格	单 位	单位质量（kg）	单 价（元）	附 注
208	铸铁落水口	$D100\times300$	套		49.08	
209	铸铁弯头排水口	336×200	个		41.42	
210	冷拔钢丝	$D4.0$	t		3907.95	
211	冷拔钢丝	$D5.0$	t		3908.67	
212	镀锌钢丝	$D0.7$	kg		7.42	
213	镀锌钢丝	$D0.9$	kg		7.31	
214	镀锌钢丝	$D1.2$	kg		7.20	
215	镀锌钢丝	$D2.2$	kg		7.09	
216	镀锌钢丝	$D2.8$	kg		6.91	
217	镀锌钢丝	$D4.0$	kg		7.08	
218	钢丝绳	$D7.5$	kg		6.66	
219	钢筋	$D10$以内	t		3970.73	
220	钢筋	$D10$以外	t		3799.94	
221	钢背楞	$60\times40\times2.5$	kg		6.15	
222	钢筋	HPB300 $D10$	t		3929.20	
223	钢筋	HPB300 $D12$	t		3858.40	
224	圆钢	$D8$	t		3903.57	
225	圆钢	$D10$	t		3923.39	
226	圆钢	$D12$	t		3926.24	
227	圆钢	$D14$	t		3926.24	
228	圆钢	$D16$	t		3908.96	
229	圆钢	$D18$	t		3908.96	
230	圆钢	$D20$	t		3888.10	
231	圆钢	$D22$	t		3888.10	
232	圆钢	$D25$	t		3886.42	
233	圆钢	$D30$	t		3884.17	

序号	材　料　名　称	规　　　格	单　位	单位质量（kg）	单　价（元）	附　　注
234	螺纹钢	D20以内	t		3741.46	
235	螺纹钢	D20以外	t		3725.86	
236	螺纹钢	D25以外	t		3789.90	
237	螺纹钢	HRB 335 10mm	t		3762.98	
238	螺纹钢	HRB 335 12～14mm	t		3733.55	
239	螺纹钢	HRB 335 16～25mm	t		3714.22	
240	螺纹钢	HRB 335 28～32mm	t		3715.73	
241	螺纹钢	HRB 335 36mm	t		3741.82	
242	螺纹钢	HRB 400 10mm	t		3685.41	
243	螺纹钢	HRB 400 12～14mm	t		3665.44	
244	螺纹钢	HRB 400 16～18mm	t		3648.79	
245	螺纹钢	HRB 400 20～25mm	t		3640.75	
246	螺纹钢	HRB 400 28～32mm	t		3653.39	
247	螺纹钢	HRB 400 36mm	t		3682.98	
248	扁钢	（综合）	kg		3.67	
249	热轧扁钢	50×5	t		3639.62	
250	镀锌扁钢	40×4	t		4511.48	
251	热轧等边角钢	25×4	t		3715.62	
252	镀锌角钢	50×3	t		4593.04	
253	等边角钢	45×4	t		3751.83	
254	热轧等边角钢	40×4	t		3752.49	
255	热轧等边角钢	63×6	t		3767.43	
256	热轧不等边角钢	75×50×7	t		3710.65	
257	热轧工字钢	$10^{\#}$～$14^{\#}$	t		3619.05	
258	镀锌槽钢	$10^{\#}$	kg		3.90	
259	热轧槽钢	$10^{\#}$～$14^{\#}$	t		3609.42	

序号	材 料 名 称	规 格	单 位	单位质量 （kg）	单 价 （元）	附 注
260	热轧槽钢	20#	kg		3.57	
261	合金钢钻头		个		25.96	
262	型钢	（综合）	t		3792.61	
263	钢板	（综合）	t		3876.58	
264	钢板	$\delta \leqslant 4$	t		3720.77	
265	钢板	$\delta > 4$	t		3710.44	
266	普碳钢板	$\geqslant 6$	t		3696.76	
267	普碳钢板	$\geqslant 8$	t		3673.05	
268	普碳钢板	11～13	t		3646.26	
269	热轧薄钢板	$\geqslant 2.0$	t		3715.46	
270	镀锌薄钢板	0.70	m²		25.82	
271	镀锌薄钢板	0.56	m²		20.08	
272	钢挡土板		kg		6.66	
273	钢管	$D60 \times 3.5$	m		47.72	
274	无缝钢管	$D32 \times 2.5$	m		16.51	
275	焊接钢管		t		4230.02	
276	镀锌钢管	$DN40$	m		22.98	
277	钢制波纹管	$DN60$	m		236.09	
278	钢材	栏杆（钢管）	t		3844.55	
279	钢材	墙架	t		3672.95	
280	钢材	铁件制作用材料	t		3776.67	
281	钢材	钢柱 3t以内	t		3625.07	
282	钢材	钢柱 3～10t	t		3632.20	
283	钢材	钢屋架 3t以内	t		3641.32	
284	钢材	钢屋架 3～8t	t		3640.92	
285	钢材	轻型屋架	t		3799.96	

序号	材　料　名　称	规　　　格	单　位	单位质量 (kg)	单　价 (元)	附　　注
286	钢材	托架梁	t		3643.22	
287	钢材	防风桁架	t		3641.82	
288	钢材	檩条(组合式)	t		3720.66	
289	钢材	檩条(型钢)、天窗上下挡	t		3590.53	
290	钢材	钢支撑	t		3656.62	
291	钢材	钢拉杆	t		3801.38	
292	钢材	平台操作台、走道休息台(钢板为主)	t		3706.12	
293	钢材	平台操作台、走道休息台(圆钢为主)	t		3832.97	
294	钢材	栏杆(圆钢)	t		3842.98	
295	钢材	栏杆(型钢)	t		3683.05	
296	钢材	花饰栏杆	t		3756.55	
297	钢材	踏步式扶梯	t		3658.17	
298	钢材	爬式扶梯	t		3738.28	
299	钢材	滚动支架	t		5380.30	
300	钢材	悬挂支架	t		3752.49	
301	钢材	管道支架	t		3825.70	
302	钢材	箅子	t		3750.30	
303	钢材	盖板	t		3769.00	
304	钢材	零星构件	t		3769.55	
305	钢材	碳钢板卷管	t		3755.45	
306	钢材	钢网架	t		6478.48	
307	钢丸		kg		4.34	
308	镀锌扁钢钩	3×12×300	个		1.85	
309	镀锌扁钢钩	3×12×400	个		2.06	
310	六角空心钢		t		4.03	
311	钢管柱套		t		2841.72	

序号	材 料 名 称	规 格	单位	单位质量（kg）	单 价（元）	附 注
312	铝模板		kg		33.62	
313	彩钢板双层夹芯聚苯复合板	0.6mm 板芯厚75mm V205/820	m²		75.77	
314	彩色压型钢板	YX 35-115-677	m²		271.43	
315	彩钢板檐口堵头	WD-1	m		13.04	
316	彩钢屋脊板	2mm厚	m		32.01	
317	彩钢板外天沟	B600	m		63.37	
318	彩钢板内天沟	B600	m		64.89	
319	彩钢板天沟专用挡板		块		5.37	
320	彩钢板外墙转角收边板		m²		52.84	
321	彩钢板墙、屋面收边板		m²		52.84	
322	铁钉		kg		6.68	
323	扒钉		kg		8.58	
324	圆钉		kg		6.68	
325	射钉	RD62S8×M8×62	个		0.75	
326	钢丝	D3.5	kg		5.80	
327	水泥钉		kg		7.36	
328	镀锌钢丝网		m²		11.40	
329	密目钢丝网		m²		6.27	
330	镀锌拧花铅丝网	914×900×13	m²		7.30	
331	铅丝网球	D100出气罩	个		8.14	
332	电焊条		kg		7.59	
333	低碳钢焊条	（综合）	kg		6.01	
334	低合金钢焊条	E43系列	kg		12.29	
335	焊锡		kg		59.85	
336	焊剂		kg		8.22	
337	焊丝	D1.2	kg		7.72	

序号	材　料　名　称	规　　　格	单　位	单位质量 （kg）	单　价 （元）	附　　　注
338	焊丝	$D1.6$	kg		7.40	
339	焊丝	$D3.2$	kg		6.92	
340	焊丝	$D5$	kg		6.13	
341	自攻螺钉	$M4×35$	个		0.06	
342	镀锌螺钉	$M7.5$ 带垫	套		1.10	
343	带帽螺栓		kg		7.96	
344	圆帽螺栓	$M4×（25～30）$	套		0.19	
345	普通螺栓		套		4.33	
346	预埋螺栓		t		7766.06	
347	地脚螺栓	$12×50$	个		0.86	
348	对拉螺栓		kg		6.05	
349	膨胀螺栓	$M6×60$	套		0.45	
350	膨胀螺栓	$M8×80$	套		1.16	
351	卡箍膨胀螺栓	$D110$以内	套		1.73	
352	卡箍膨胀螺栓	$D110$以外	套		2.60	
353	塑料膨胀螺栓	$D8$	套		0.10	
354	镀锌螺栓钩	$M4.6×600$	个		1.46	
355	镀锌螺栓钩	$M4.6×800$	个		1.86	
356	螺母	$M30$	套		2.94	
357	六角螺母		套		0.33	
358	预埋螺杆		kg		7.81	
359	铝拉铆钉	$4×10$	个		0.03	
360	拉片		kg		6.79	
361	销钉销片		套		2.16	
362	扣件		个		6.45	
363	直角扣件		个		6.42	

序号	材料名称	规格	单位	单位质量（kg）	单价（元）	附注
364	回转扣件		个		6.34	
365	对接扣件		个		6.58	
366	大钢模		kg		11.67	
367	支撑钢管	DN610	t		4824.98	
368	脚手架钢管		t		4163.67	
369	组合钢模板		kg		10.97	
370	拉箍连接器		个		9.49	
371	工具式金属脚手		kg		4.49	
372	底座		个		6.71	
373	底盖		个		1.73	
374	防尘盖		个		1.73	
375	梁卡具		kg		5.10	
376	零星卡具		kg		7.57	
377	钢支撑		kg		7.46	
378	直探头		个		206.66	
379	镀锌瓦钉带垫	长60	套		0.45	
380	伸缩节	D110以外	个		35.77	
381	伸缩节	D110以内	个		15.83	
382	钻头	D14	个		16.22	
383	钻头	D16	个		16.65	
384	钻头	D22	个		20.09	
385	钻头	D28	个		37.06	
386	钻头	D40	个		107.02	
387	斜支撑杆件	D48×3.5	套		155.75	
388	立支撑杆件	D48×3.5	套		129.79	
389	螺纹连接套筒	D32	个		6.79	

序号	材 料 名 称	规 格	单 位	单位质量 （kg）	单 价 （元）	附 注
390	螺纹连接套筒	D40	个		12.59	
391	调和漆		kg		14.11	
392	无光调和漆		kg		16.79	
393	聚氨酯磁漆		kg		18.93	
394	过氯乙烯磁漆		kg		18.22	
395	过氯乙烯清漆		kg		15.56	
396	过氯乙烯漆稀释剂	X-3	kg		13.66	
397	熟桐油		kg		14.96	
398	聚氨酯清漆		kg		16.57	
399	沥青耐酸漆	L50-1	kg		14.18	
400	防锈漆		kg		15.51	
401	漆酚树脂漆		kg		14.00	
402	酚醛树脂漆		kg		14.03	
403	氯磺化聚乙烯		kg		18.17	
404	氯磺化聚乙烯面漆		kg		13.55	
405	聚氨酯底漆		kg		12.16	
406	聚氨酯防潮底漆		kg		20.34	
407	过氯乙烯底漆		kg		13.87	
408	清油		kg		15.06	
409	稀料		kg		10.88	
410	腻子膏		kg		1.33	
411	聚氨酯腻子		kg		10.02	
412	硫酸		kg		3.55	
413	硫黄		kg		1.93	
414	色粉		kg		4.47	
415	水玻璃		kg		2.38	泡花碱

序号	材料名称	规格	单位	单位质量（kg）	单价（元）	附注
416	胶合板模板	15mm	m²		49.85	
417	木质素磺酸钙		kg		2.71	
418	氯化钙		kg		1.20	
419	定型柱复合模板	15mm	m²		118.00	
420	防火涂料	超薄型	kg		15.49	
421	防火涂料	薄型	kg		6.13	
422	防火涂料	厚型	kg		2.47	
423	环氧树脂	6101	kg		28.33	
424	酚醛树脂	219#	kg		24.09	
425	二甲苯		kg		5.21	
426	三乙醇胺		kg		17.11	
427	苯磺酰氯		kg		14.49	
428	甲苯二异氰酸酯		kg		37.21	
429	丙酮		kg		9.89	
430	乙二胺		kg		21.96	
431	糠醇树脂	F120防腐用	kg		7.74	
432	乙醇		kg		9.69	
433	苯二甲酸二丁酯		kg		7.50	
434	氟硅酸钠		kg		7.99	
435	邻苯二甲酸二丁酯		kg		14.62	
436	氯丁乳胶		kg		14.99	
437	聚氨酯	甲料	kg		15.28	
438	丙烯酰胺		kg		20.36	
439	聚氨酯	乙料	kg		14.85	
440	混合气		m³		8.70	
441	丙烷气		kg		22.50	

序号	材 料 名 称	规 格	单 位	单位质量（kg）	单 价（元）	附 注
442	水溶性聚氨酯		kg		38.68	
443	氧气	6m³	m³		2.88	
444	乙炔气	5.5～6.5kg	m³		16.13	
445	三乙胺		kg		12.39	
446	过硫酸铵		kg		14.79	
447	亚甲基双丙烯酰胺		kg		103.56	
448	甲苯		kg		10.17	
449	松香		kg		8.48	
450	聚醚		kg		23.32	
451	柠檬酸		kg		10.50	
452	硅油		kg		32.35	
453	促凝剂		kg		3.33	
454	水泥快燥精		kg		2.25	
455	减摩剂		kg		16.17	
456	脱模剂		kg		5.26	
457	801堵漏剂		kg		13.15	
458	无机纤维罩面剂		kg		17.50	
459	润滑冷却液		kg		20.65	
460	胶泥带	1000×20×3	m		1.53	
461	胶粘剂		kg		3.12	
462	胶粘剂		kg		23.36	防水
463	植筋胶粘剂		L		35.50	
464	FL-15胶粘剂		kg		15.58	
465	聚丁胶胶粘剂		kg		17.31	
466	轻质砂加气砌块专用胶粘剂		kg		0.82	
467	TG胶		kg		4.41	

序号	材 料 名 称	规 格	单 位	单位质量 （kg）	单 价 （元）	附 注
468	108胶		kg		4.45	
469	玻璃胶	310g	支		23.15	
470	密封胶		kg		31.90	
471	聚氯乙烯热熔密封胶		kg		25.00	
472	防水密封胶		支		12.98	
473	界面处理剂	混凝土面	kg		2.06	
474	锡纸		m²		3.03	
475	干粉式苯板胶		kg		2.50	
476	木柴		kg		1.03	
477	煤		kg		0.53	
478	焦炭		kg		1.25	
479	汽油	90#	kg		7.16	
480	机油	5#～7#	kg		7.21	
481	废机油		kg		4.44	
482	铅油		kg		11.17	
483	煤焦油		kg		1.15	
484	油漆溶剂油	200#	kg		6.90	
485	液化石油气		kg		4.36	
486	冷底子油	30:70	kg		6.41	
487	苇席		m²		9.24	
488	纸筋		kg		3.70	
489	阻燃防火保温草袋片	840×760	m²		3.34	
490	麻丝		kg		14.54	
491	麻刀		kg		3.92	
492	砂纸		张		0.87	
493	砂布	1#	张		0.93	

序号	材 料 名 称	规 格	单 位	单位质量 （kg）	单 价 （元）	附 注
494	汤布		kg		12.33	
495	棉纱		kg		16.11	
496	耐碱玻纤网格布	（标准）	m²		6.78	
497	耐碱玻纤网格布	（加强）	m²		9.23	
498	聚硫橡胶		kg		14.80	
499	耐压胶管	D50	m		22.50	
500	高压胶管	D50	m		17.31	
501	硬泡沫塑料板		m³		415.34	
502	聚苯乙烯泡沫板	40（硬质）	m³		335.89	
503	聚苯乙烯泡沫塑料板	1000×500×50	m³		387.94	
504	塑料薄膜		m²	0.15	1.90	
505	热固性改性聚苯乙烯泡沫板		m³		442.80	
506	安全网	3m×6m	m²		10.64	
507	单面钢丝聚苯乙烯板	15kg/m³	m²		40.00	
508	塑料帽	D32	个		1.38	
509	塑料帽	D40	个		1.85	
510	塑料管		m		32.88	
511	硬塑料管	D50	kg	0.45	11.02	
512	塑料压条		m		3.23	
513	塑料注浆管		m		12.65	
514	尼龙布		m²		4.41	
515	金属加强网片		m²		16.44	
516	塑料管	D20	m		2.33	
517	套接管	DN60	个		25.50	
518	注浆管		kg		6.06	
519	接头管箍		个		12.98	

序号	材 料 名 称	规 格	单 位	单位质量（kg）	单 价（元）	附 注
520	水		m³		7.62	
521	电		kW·h		0.73	
522	软胶片	85×300	张		16.89	
523	增感纸	85×300	张		4.85	
524	显影剂	5000mL	袋		9.60	
525	定影剂	1000mL	瓶		8.15	
526	油封		个		13.33	
527	无齿锯片		片		22.21	
528	砂轮片		片		26.97	
529	车脚		组		199.02	
530	吐温		kg		22.96	
531	电雷管		个		2.10	
532	硝铵炸药	2#	kg		4.50	
533	泵管		m		60.57	
534	卡箍		个		76.15	
535	密封圈		个		4.33	
536	橡胶压力管		m		90.86	
537	膨胀剂	UEA	kg		2.60	
538	促进剂	KA	kg		0.61	
539	塑料排水管	DN50	m		11.17	
540	塑料排水三通	DN50	个		23.55	
541	塑料排水弯头	DN50	个		19.18	
542	塑料排水外接	DN50	个		23.67	
543	UPVC短管		个		37.93	
544	UPVC弯头	90°	个		41.53	
545	UPVC雨水斗	160带罩	个		71.10	

序号	材 料 名 称	规 格	单 位	单位质量（kg）	单 价（元）	附 注
546	UPVC雨水管	D110以内	m		25.96	
547	UPVC雨水管	D110以外	m		46.73	
601	预制混凝土方桩	津06G304 JZH-235-9 9A	m³		1163.03	
602	预制混凝土方桩	津06G304 JZH-240-9 12B	m³		1452.45	
603	预制混凝土方桩	04G361 JZHb-235-11 11B	m³		1849.16	
604	预制混凝土方桩	04G361 JZHb-240-10 10C	m³		1878.42	
605	预制混凝土方桩	04G361 JZHb-245-13 13C	m³		1729.50	
606	预制混凝土方桩	04G361 JZHb-350-11 11 12C	m³		1704.55	
607	预制混凝土空心方桩	津06G305 JKZH-235-9 9	m		120.36	
608	预制混凝土空心方桩	津06G305 JKZH-240-9 9	m		148.91	
609	先张法预应力混凝土管桩	10G306（津标） PHC400×95A	m		117.59	
610	先张法预应力混凝土管桩	10G306（津标） PHC400×95AB	m		126.80	
611	先张法预应力混凝土管桩	10G306（津标） PHC500×100A	m		167.04	
612	先张法预应力混凝土管桩	10G306（津标） PHC500×100AB	m		178.65	
613	先张法预应力混凝土管桩	10G306（津标） PHC600×110A	m		232.16	
614	先张法预应力混凝土管桩	10G306（津标） PHC600×110AB	m		248.93	
615	先张法预应力混凝土管桩	10G409（国标） PHC400×95A	m		118.51	
616	先张法预应力混凝土管桩	10G409（国标） PHC400×95AB	m		128.18	
617	先张法预应力混凝土管桩	10G409（国标） PHC500×100A	m		168.25	
618	先张法预应力混凝土管桩	10G409（国标） PHC500×100AB	m		179.22	
619	先张法预应力混凝土管桩	10G409（国标） PHC500×125A	m		182.06	
620	先张法预应力混凝土管桩	10G409（国标） PHC500×125AB	m		198.11	
621	先张法预应力混凝土管桩	10G409（国标） PHC600×110A	m		230.76	
622	先张法预应力混凝土管桩	10G409（国标） PHC600×110AB	m		247.82	
623	先张法预应力混凝土管桩	10G409（国标） PHC600×130A	m		252.34	
624	先张法预应力混凝土管桩	10G409（国标） PHC600×130AB	m		271.22	

附录四　施工机械台班价格

说　明

一、本附录机械不含税价格是确定预算基价中机械费的基期价格,也可作为确定施工机械台班租赁价格的参考。

二、台班单价按每台班8小时工作制计算。

三、台班单价由折旧费、检修费、维护费、安拆费及场外运费、人工费、燃料动力费和其他费组成。

四、安拆费及场外运费根据施工机械不同分为计入台班单价、单独计算和不计算三种类型。

1.工地间移动较为频繁的小型机械及部分中型机械,其安拆费及场外运费计入台班单价。

2.移动有一定难度的特、大型(包括少数中型)机械,其安拆费及场外运费单独计算。单独计算的安拆费及场外运费除应计算安拆费、场外运费外,还应计算辅助设施(包括基础、底座、固定锚桩、行走轨道枕木等)的折旧、搭设和拆除等费用。

3.不需安装、拆卸且自身能开行的机械和固定在车间不需安装、拆卸及运输的机械,其安拆费及场外运费不计算。

五、采用简易计税方法计取增值税时,机械台班价格应为含税价格,以"元"为单位的机械台班费按系数1.0902调整。

施工机械台班价格表

序 号	机 械 名 称	规 格 型 号	台班不含税单价（元）	台班含税单价（元）	附 注
1	推土机	（综合）	835.04	891.44	
2	履带式推土机	75kW	904.54	967.60	
3	挖掘机	（综合）	1059.67	1151.32	
4	履带式单斗液压挖掘机	$0.6m^3$	825.77	889.13	
5	履带式单斗液压挖掘机	$0.3m^3$	703.33	749.91	
6	履带式单斗液压挖掘机	$1m^3$	1159.91	1263.69	
7	拖式铲运机	$7m^3$	1007.24	1071.48	
8	电动夯实机	20～62N·m	27.11	29.55	
9	电动夯实机	250N·m	27.11	29.55	
10	强夯机械	1200kN·m	916.86	989.53	
11	强夯机械	2000kN·m	1195.22	1301.30	
12	锚杆钻孔机	$D32$	1966.77	2165.42	
13	轮胎式装载机	$1.5m^3$	674.04	733.92	
14	压路机	（综合）	434.56	463.11	
15	平整机械	（综合）	921.93	984.84	
16	风动凿岩机	（手持式）	12.25	12.90	
17	潜水钻孔机	$D1250$	679.38	708.39	
18	柴油打桩机	（综合）	1048.97	1144.44	
19	履带式柴油打桩机	2.5t	888.97	964.26	
20	振动沉拔桩机	400kN	1108.34	1190.74	
21	静力压桩机	4000kN	3597.03	3992.04	
22	静力压桩机	5000kN	3660.71	4063.73	
23	静力压桩机	6000kN	3755.79	4170.71	
24	三轴拌桩机		762.04	819.48	
25	单重管旋喷机		624.46	651.69	

序号	机 械 名 称	规 格 型 号	台班不含税单价（元）	台班含税单价（元）	附 注
26	双重管旋喷机		673.67	706.83	
27	三重管旋喷机		756.84	800.45	
28	回旋钻机	1000mm	699.76	736.03	
29	回旋钻机	1500mm	723.10	762.55	
30	履带式旋挖钻机	1000mm	1938.46	2139.77	
31	履带式旋挖钻机	1500mm	2612.95	2896.43	
32	转盘钻孔机	D800	676.74	710.02	
33	汽车式钻孔机	D1000	967.24	1043.45	
34	气动灌浆机		11.17	11.69	
35	电动灌浆机	3m³/h	25.28	27.71	
36	履带式起重机	15t	759.77	816.54	
37	履带式起重机	25t	824.31	889.30	
38	履带式起重机	40t	1302.22	1424.59	
39	履带式起重机	60t	1507.29	1654.40	
40	汽车式起重机	8t	767.15	816.68	
41	汽车式起重机	12t	864.36	924.77	
42	汽车式起重机	16t	971.12	1043.79	
43	汽车式起重机	20t	1043.80	1124.97	
44	汽车式起重机	25t	1098.98	1186.51	
45	自升式塔式起重机	800kN•m	629.84	674.70	
46	油压千斤顶	200t	11.50	11.90	
47	制作吊车	（综合）	664.97	705.06	
48	安装吊车	（综合）	1288.68	1400.72	混凝土、金属构件用
49	装卸吊车	（综合）	641.08	698.91	一类混凝土构件用
50	装卸吊车	（综合）	658.80	718.22	其他混凝土、金属构件和木结构用

序号	机 械 名 称	规 格 型 号	台班不含税单价（元）	台班含税单价（元）	附 注
51	装卸吊车	（综合）	1288.68	1400.72	Ⅰ类金属构件用
52	载货汽车	4t	417.41	447.36	
53	载货汽车	6t	461.82	496.16	
54	载货汽车	8t	521.59	561.99	
55	载货汽车	15t	809.06	886.72	
56	自卸汽车	（综合）	588.65	635.22	
57	机动翻斗车	1t	207.17	214.39	
58	平板拖车组	20t	1101.26	1181.63	
59	壁板运输车	15t	629.23	671.11	
60	泥浆罐车	5000L	511.90	552.35	
61	轨道平车	10t	85.91	92.39	
62	卷扬机	（综合）	226.04	233.44	
63	卷扬机	电动单筒慢速10kN	199.03	202.55	
64	滚筒式混凝土搅拌机	500L	273.53	282.55	
65	混凝土搅拌机	400L	248.56	254.67	
66	灰浆搅拌机	200L	208.76	210.10	
67	灰浆搅拌机	400L	215.11	217.22	
68	干混砂浆罐式搅拌机		254.19	260.56	
69	灰浆输送泵	3m³/h	222.95	227.59	
70	混凝土湿喷机	5m³/h	405.21	410.95	
71	混凝土喷射机	5m³/h	405.21	410.95	
72	钢筋调直机	D14	37.25	40.36	
73	钢筋调直机	D40	37.25	40.36	
74	钢筋切断机	D40	42.81	47.01	
75	钢筋弯曲机	D40	26.22	28.29	

序号	机 械 名 称	规 格 型 号	台班不含税单价（元）	台班含税单价（元）	附 注
76	钢筋挤压连接机	D40	31.71	34.84	
77	木工圆锯机	D500	26.53	29.21	
78	木工压刨床	单面600	32.70	36.69	
79	普通车床	630×2000	242.35	250.09	
80	台式钻床	D35	9.64	10.85	
81	摇臂钻床	D63	42.00	47.04	
82	剪板机	20×2500	329.03	345.63	
83	可倾压力机	1250kN	386.39	399.36	
84	管子切断机	DN150	33.97	37.00	
85	管子切断机	DN250	43.71	47.94	
86	半自动切割机	100mm	88.45	98.59	
87	型钢矫正机		257.01	265.34	
88	螺栓套丝机	D39	27.57	30.38	
89	喷砂除锈机	3m³/min	34.55	38.31	
90	液压锻铆机	11.25kW	88.99	98.89	
91	抛丸除锈机	219mm	281.23	315.77	
92	液压弯管机	60mm	48.95	54.22	
93	金属结构下料机		366.82	387.71	
94	内燃单级离心清水泵	DN50	37.81	41.54	
95	电动单级离心清水泵	DN100	34.80	38.22	
96	电动多级离心清水泵	DN100扬＜120m	159.61	179.29	
97	泥浆泵	DN50	43.76	48.59	
98	泥浆泵	DN100	204.13	230.13	
99	潜水泵	DN100	29.10	32.11	
100	液压泵车		293.94	324.34	
101	直流弧焊机	32kW	92.43	102.77	

序号	机 械 名 称	规 格 型 号	台班不含税单价（元）	台班含税单价（元）	附 注
102	交流弧焊机	32kV·A	87.97	98.06	
103	交流弧焊机	42kV·A	122.40	137.18	
104	对焊机	75kV·A	113.07	126.32	
105	点焊机	长臂 75kV·A	138.95	155.68	
106	电焊机	（综合）	89.46	99.63	制作
107	电焊机	（综合）	74.17	82.36	安装
108	电渣焊机	1000A	165.52	184.81	
109	气焊设备	0.8m³	8.37	9.12	
110	自动埋弧焊机	1200A	186.98	209.32	
111	二氧化碳自动保护焊机	250A	64.76	69.55	
112	电焊条烘干箱	800×800×1000	51.03	56.51	
113	电焊条烘干箱	450×350×450	17.33	18.59	
114	电动空气压缩机	0.6m³/min	38.51	41.30	
115	电动空气压缩机	3m³/min	123.57	136.82	
116	电动空气压缩机	10m³/min	375.37	421.34	
117	内燃空气压缩机	12m³/min	557.89	621.17	
118	导杆式液压抓斗成槽机		4136.84	4619.58	
119	多头钻成槽机		3425.79	3820.96	
120	液压注浆泵	HYB50/50-1型	219.23	239.00	
121	工程地质液压钻机		702.48	732.94	
122	锁口管顶升机		574.80	588.40	
123	泥浆制作循环设备		1154.56	1292.43	
124	沥青熔化炉	XLL-0.5t	282.91	308.43	
125	轴流通风机	7.5kW	42.17	46.69	
126	超声波探伤机	CTS-22	194.53	212.08	
127	X射线探伤机	2005	258.70	282.03	

附录五　地模及金属制品价格

说　明

本附录各子目可用于企业内部成本核算时参考,在工程计价中不作为基价子目使用。

编号	项目	单位	预算基价				人工	材										
			总价	人工费	材料费	机械费	综合工	钢材墙架	钢材	预埋螺杆	钢筋D10以外	普碳钢板≥6	热轧薄钢板≥2.0	热轧等边角钢25×4	热轧不等边角钢75×50×7	热轧槽钢10#～14#	热轧工字钢10#～14#	热轧扁钢50×5
			元	元	元	元	工日	t	t	kg	t	t	t	t	t	t	t	t
							135.00	3672.95	3776.67	7.81	3799.94	3696.76	3715.46	3715.62	3710.65	3609.42	3619.05	3639.62
1	钢 滑 模	t	14215.55	7357.50	5496.51	1361.54	54.50				0.072	0.083	0.094	0.136	0.329	0.264	0.011	0.027
2	钢 骨 架		7293.05	2254.50	4317.77	720.78	16.70	1.06										
3	铁 件		9485.40	4677.75	4299.59	508.06	34.65		1.06									
4	螺 栓		13037.57	4677.75	8337.60	22.22	34.65			1060.00								

铁件、螺栓制作

	料												机						械				综合机械
铁件	带帽螺栓	电焊条	氧气 6m³	乙炔气 5.5~6.5kg	防锈漆	稀料	制作场内运费	防锈材料费	零星材料费	钢模试装费	木模板周转费	剪板机 20×2500	摇臂钻床 D63	电焊机(综合)	点焊机 长臂 75kV·A	金属结构下料机	台式钻床 D35	制作吊车(综合)	钢筋弯曲机 D40	钢筋切断机 D40	螺栓套丝机 D39	综合机械
kg	kg	kg	m³	m³	kg	kg	元	元	元	元	元	台班	台班	台班	台班	台班	台班	台班	台班	台班	台班	元
9.49	7.96	7.59	2.88	16.13	15.51	10.88						329.03	42.00	89.46	138.95	366.82	9.64	664.97	26.22	42.81	27.57	
50.00	84.00	40.00	12.00	4.35				64.74	27.38	106.15		1.25	3.00	6.50	0.50							173.29
	1.00	30.00	2.50	1.09	3.72	0.38	49.10		43.16		9.91			5.75			0.25	0.17	0.17			
		29.83	1.10	0.48			28.73		30.27								4.08	0.39				
							28.73		30.27										0.23	0.23	0.23	

编号	项　　　目	单位	预　算　基　价				人　工	材		
			总　价	人工费	材料费	机械费	综合工	页岩标砖 240×115×53	水　泥	砂　子
			元	元	元	元	工日	千块	kg	t
							135.00	513.60	0.39	87.03
5	混　凝　土　地　模		260.09	147.15	109.49	3.45	1.09		84.83	0.290
6	砖　　地　　模	m²	96.02	55.35	37.32	3.35	0.41	0.045	0.30	0.105
7	砖　胎　模		118.40	66.15	48.25	4.00	0.49	0.063	0.35	0.123

地模、砖胎模制作

料									机			械	
碴 石 19～25	碴 石 25～38	白 灰	铁 钉	阻燃防火保温草袋片	水	零星材料费	木模板周转费	滚筒式混凝土搅拌机 500L	灰浆搅拌机 400L	木工圆锯机 D500	电动夯实机 250N·m	卷扬机（综合）	
t	t	kg	kg	m²	m³	元	元	台班	台班	台班	台班	台班	
87.81	85.12	0.30	6.68	3.34	7.62			273.53	215.11	26.53	27.11	226.04	
0.233	0.257	0.05		0.22	0.180	0.44	5.95	0.007	0.005	0.007	0.010		
	0.047	1.12			0.081				0.009		0.002	0.006	
	0.047	1.12			0.094				0.011		0.002	0.007	

附录六　企业管理费、规费、利润和税金

一、企业管理费:

企业管理费是指施工企业组织施工生产和经营管理所需的费用,包括:

1.管理人员工资:是指按工资总额构成规定,支付给管理人员和后勤人员的各项费用。

2.办公费:是指企业管理办公用的文具、纸张、账表、印刷、邮电、书报、办公软件、现场监控、会议、水电、烧水和集体取暖降温(包括现场临时宿舍取暖降温)、建筑工人实名制管理等费用。

3.差旅交通费:是指职工因公出差、调动工作的差旅费、住勤补助费,市内交通费和误餐补助费,职工探亲路费,劳动力招募费,职工退休、退职一次性路费,工伤人员就医路费,工地转移费以及管理部门使用的交通工具的油料、燃料及牌照费。

4.固定资产使用费:是指管理和试验部门及附属生产单位使用的属于固定资产的房屋、设备、仪器等的折旧、大修、维修或租赁费。

5.工具用具使用费:是指企业施工生产和管理使用的不属于固定资产的工具、器具、家具、交通工具和检验、试验、测绘、消防用具等的购置、维修和摊销费。

6.劳动保险和职工福利费:是指由企业支付的职工退职金、按规定支付给离休干部的经费,集体福利费、夏季防暑降温、冬季取暖补贴、上下班交通补贴等。

7.劳动保护费:是企业按规定发放的劳动保护用品的支出,如工作服、手套、防暑降温饮料以及在有碍身体健康的环境中施工的保健费用等。

8.检验试验费:是指施工企业按照有关标准规定,对建筑以及材料、构件和建筑安装物进行一般鉴定、检查所发生的费用,包括自设试验室进行试验所耗用的材料等费用,不包括新结构、新材料的试验费,对构件做破坏性试验及其他特殊要求检验试验的费用和建设单位委托检测机构进行检测的费用,对此类检测发生的费用,由建设单位在工程建设其他费用中列支。但对施工企业提供的具有合格证明的材料进行检测不合格的,该检测费用由施工企业支付。

9.工会经费:是指企业按《工会法》规定的全部职工工资总额比例计提的工会经费。

10.职工教育经费:是指按职工工资总额的规定比例计提,企业为职工进行专业技术和职业技能培训,专业技术人员继续教育、职工职业技能鉴定、职业资格认定、安全教育培训以及根据需要对职工进行各类文化教育所发生的费用。

11.财产保险费:是指施工管理用财产、车辆等的保险费用。

12.财务费:是指企业为施工生产筹集资金或提供预付款担保、履约担保、职工工资支付担保等所发生的各种费用。

13.税金:是指企业按规定缴纳的城市维护建设税、教育附加、地方教育附加、房产税、车船使用税、土地使用税、印花税等。

14.其他:包括技术转让费、技术开发费、工程定位复测费、投标费、业务招待费、绿化费、广告费、公证费、法律顾问费、审计费、咨询费、保险费等。

企业管理费按分部分项工程费及可计量措施项目费中的人工费、机械费合计乘以相应费率计算,其中人工费、机械费为基期价格。企业管理费费率、企业管理费各项费用组成划分比例见下列两表。

企业管理费费率表

项 目 名 称	计 算 基 数	费 率	
		一 般 计 税	简 易 计 税
管理费	基期人工费＋基期机械费 （分部分项工程项目＋可计量的措施项目）	12.82%	13.06%

企业管理费各项费用组成划分比例表

序 号	项 目	比 例	序 号	项 目	比 例
1	管理人员工资	24.74%	9	工会经费	9.88%
2	办公费	10.78%	10	职工教育经费	10.88%
3	差旅交通费	2.95%	11	财产保险费	0.38%
4	固定资产使用费	4.26%	12	财务费	8.85%
5	工具用具使用费	0.88%	13	税金	8.52%
6	劳动保险和职工福利费	10.10%	14	其他	4.34%
7	劳动保护费	2.16%			
8	检验试验费	1.28%		合计	100.00%

二、规费：

规费是指按国家法律、法规规定,由政府和有关部门规定必须缴纳或计取的费用,包括：

1.社会保险费：

（1）养老保险费：是指企业按照规定标准为职工缴纳的基本养老保险费。

（2）失业保险费：是指企业按照规定标准为职工缴纳的失业保险费。

（3）医疗保险费：是指企业按照规定标准为职工缴纳的基本医疗保险费。

（4）工伤保险费：是指企业按照规定标准为职工缴纳的工伤保险费。

（5）生育保险费：是指企业按照规定标准为职工缴纳的生育保险费。

2.住房公积金:是指企业按照规定标准为职工缴纳的住房公积金。

$$规费 = 人工费合计 \times 37.64\%$$

规费各项费用组成比例见下表。

规费各项费用组成划分比例表

序　号	项　　目		比　　例
1	社会保险费	养老保险	40.92%
		失业保险	1.28%
		医疗保险	25.58%
		工伤保险	2.81%
		生育保险	1.28%
2	住房公积金		28.13%
	合计		100.00%

三、利润:

利润是指施工企业完成所承包工程获得的盈利。

$$利润 = (分部分项工程费合计 + 措施项目费合计 + 企业管理费 + 规费) \times 利润率$$

利润中包含的施工装备费按附表比例计提,投标报价时不参与报价竞争。

人防工程利润根据工程类别计算(利润率、工程类别划分标准见下列两表);打成品桩工程、分包工程(包括土方、强夯、构件运输、分包打桩、构件吊装)、机械独立土石方工程均不分工程类别,按7.5%利润率计算(其中施工装备费费率2.0%)。

人防工程利润率表

项　目　名　称	计　算　基　数	费　　率							
		一　般　计　税				简　易　计　税			
		一类	二类	三类	四类	一类	二类	三类	四类
利润	分部分项工程费 + 措施项目费 + 管理费 + 规费	12.41%	10.35%	7.76%	4.66%	12.00%	10.00%	7.50%	4.50%
其中:施工装备费		3.10%	3.10%	2.07%	1.03%	3.00%	3.00%	2.00%	1.00%

工程类别划分标准表

项　　　目			一　　类	二　　类	三　　类	四　　类
单层厂房	跨度	m	>27	>21	>12	≤12
	面积	m²	>4000	>2000	>800	≤800
	檐高	m	>30	>20	>12	≤12
多层厂房	主梁跨度	m	≥12	>6	≤6	
	面积	m²	>8000	>5000	>3000	≤3000
	檐高	m	>36	>24	>12	≤12
住宅	层数	层	>24	>15	>6	≤6
	面积	m²	>12000	>8000	>3000	≤3000
	檐高	m	>67	>42	>17	≤17
公共建筑	层数	层	>20	>13	>5	≤5
	面积	m²	>12000	>8000	>3000	≤3000
	檐高	m	>67	>42	>17	≤17
构筑物	烟囱	高度	m	>75	>50	≤50
	水塔	高度	m	>75	>50	≤50
	筒仓	高度	m	>30	>20	≤20
	贮池	容积	m³	>2000	>1000	>500	≤500
独立地下车库	层数	层	>2	2	1	1
	面积	m²	>10000	>5000	>2000	≤2000

注：1.以上各项工程分类标准均按单位工程划分。

2.工业建筑、民用建筑，凡符合标准表中两个条件方可执行本类标准（构筑物除外）。

3.凡建筑物带地下室者，应按自然层计算层数。

4.工业建设项目及住宅小区的道路、下水道、花坛等按四类标准执行。

5.凡政府投资的行政性用房以及政府投资的非营利的工程，最高按三类执行。

6.凡施工单位自行制作兼打桩工程，桩长小于20m的打桩工程按三类工程计取利润，桩长大于20m的打桩工程按二类工程计取利润。

四、税金：

税金是指国家税法规定的应计入建筑工程造价内的增值税销项税额。税金按税前总价乘以相应的税率或征收率计算。税率或征收率见下表。

税率或征收率表

项 目 名 称	计 算 基 数	税 率 或 征 收 率	
		一 般 计 税	简 易 计 税
增值税销项税额	税前工程造价	9.00%	3.00%

附录七 工程价格计算程序

一、人防工程施工图预算计算程序:

人防工程施工图预算,应按下表计算各项费用。

施工图预算计算程序表

序 号	费 用 项 目 名 称	计 算 方 法
1	分部分项工程费合计	Σ(工程量×编制期预算基价)
2	其中:人工费	Σ(工程量×编制期预算基价中人工费)
3	措施项目费合计	Σ措施项目计价
4	其中:人工费	Σ措施项目计价中人工费
5	小 计	(1)+(3)
6	其中:人工费小计	(2)+(4)
7	企业管理费	(基期人工费+基期机械费)×管理费费率
8	规 费	(6)×37.64%
9	利 润	[(5)+(7)+(8)]×相应利润率
10	其中:施工装备费	[(5)+(7)+(8)]×相应施工装备费费率
11	税 金	[(5)+(7)+(8)+(9)]×税率或征收率
12	含税造价	(5)+(7)+(8)+(9)+(11)

注:基期人工费=Σ(工程量×基期预算基价中人工费)。

基期机械费=Σ(工程量×基期预算基价中机械费)。

二、建筑安装工程费用项目组成（见下图）：

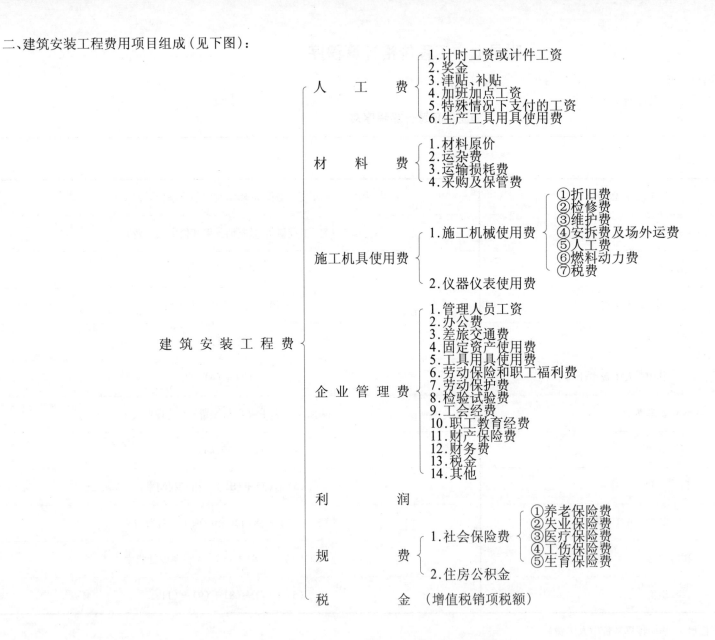

建筑安装工程费
- 人 工 费
  1. 计时工资或计件工资
  2. 奖金
  3. 津贴、补贴
  4. 加班加点工资
  5. 特殊情况下支付的工资
  6. 生产工具用具使用费
- 材 料 费
  1. 材料原价
  2. 运杂费
  3. 运输损耗费
  4. 采购及保管费
- 施工机具使用费
  1. 施工机械使用费
    ① 折旧费
    ② 检修费
    ③ 维护费
    ④ 安拆费及场外运费
    ⑤ 人工费
    ⑥ 燃料动力费
    ⑦ 税费
  2. 仪器仪表使用费
- 企 业 管 理 费
  1. 管理人员工资
  2. 办公费
  3. 差旅交通费
  4. 固定资产使用费
  5. 工具用具使用费
  6. 劳动保险和职工福利费
  7. 劳动保护费
  8. 检验试验费
  9. 工会经费
  10. 职工教育经费
  11. 财产保险费
  12. 财务费
  13. 税金
  14. 其他
- 利 润
- 规 费
  1. 社会保险费
    ① 养老保险费
    ② 失业保险费
    ③ 医疗保险费
    ④ 工伤保险费
    ⑤ 生育保险费
  2. 住房公积金
- 税 金 （增值税销项税额）

建筑安装工程费用项目组成图

512